チェルノブイリ事故も
地震で起こった

巨大地震が原発を襲う

船瀬俊介

地《ち》湧《ゆう》社

巨大地震が原発を襲う

——チェルノブイリ事故も地震で起こった——

◆目　次

プロローグ

「あわやチェルノブイリのような事故に……！」

　新潟県中越沖地震の柏崎刈羽《かしわざきかりわ》原発直撃は、まさに大惨事の一歩手前でした。二〇〇七年七月一六日、午前一〇時一三分。震度六強で、新潟、長野を襲った巨大地震は原発関係者を震撼させました。それは、無謀な「原子力立国」をめざす国のエネルギー政策の根幹を揺るがしたのです。柏崎刈羽原発（以下、柏崎原発）からわずか九キロメートルしか離れていない海底一七キロメートルを震源とした、マグニチュード（M）六・八の大地震は、死者一一名、被害総額一兆五〇〇〇億円という大惨害をもたらしました。

「放射能汚染による〝急性死二〇万人〟寸前だった」と胸を撫で降ろす専門家も。関係者が顔面蒼白となったのは、すべてが〝想定外〟だったからです。地下の揺れは想定した「耐震設計」の三倍超、六〇六ガル（ガル：地震加速度）。地上では、「設計強度」最大八三四ガルを想定していたのに対し、地震計は二・五倍の二〇五八ガルを記録しました。

　最大予想の二・五～三倍の巨大地震が直撃し、柏崎原発の施設・設備はズタズタの状態に陥りました。これほどの巨大地震が原発を直撃したのは世界の原発史上初めてのことです。

稼働中だった原発四基は辛うじて緊急自動停止しましたが、激しい揺れの中で原子炉ブレーキである制御棒が挿入できたことは奇跡に近いことです。

その後、火災発生、使用済み核燃料プール漏水、海水汚染、排気筒からの放射能漏れ、核廃棄物ドラム缶倒壊、クレーン破損、構内地盤液状化、陥没……など、一二六〇件を超すトラブルが発生していたことがわかりました。まさに原子炉が暴走し、爆発にいたるには一触即発の大事故だったのです。

もし原子炉が爆発したら、原子炉から噴出する〝死の灰〟による強烈な放射能汚染で、柏崎市と刈羽村の約九万五〇〇〇人のうち、九九％は急性放射能障害で死亡。長岡市（約二八万人）と小千谷市（約四万人）も半数が急死。東海・近畿で最低五〇万人がガン死。死者は最低七〇万人超の大惨事となったでしょう。強制退去措置により本州中央部はポッカリ空洞の〝無人地帯〟と化すことになります。むろん日本経済は壊滅。円は紙切れ同然になり、住まいを無くした人々は流浪の難民として生きるしか道はありません。

すべての過ちは、世界に類を見ない地震列島に五五基もの原発を建設してしまった愚行にあります。なぜ、日本人はこれほどまでに、悲しいほどに愚かなのでしょう？

じつは、地震による原発破壊は、すでに過去に起こっていました。それがあのチェルノブイリ原発事故。すべての悲劇は、そこから始まっているのです。

「チェルノブイリ原発事故一六秒前に地震発生……制御棒が降りず大爆発」

この真実を、あらゆる人々に知って欲しい。その思いが、私にこの一冊の本を書かせました。手にとったあなたは、まさか……と絶句するか、冷笑するかのいずれかでしょう。

「そんなこと、だれも言ってない」。そのとおり。チェルノブイリ事故は、作業ミスに原発欠陥が重なった。それが一般〝常識〟として定着しています。

「地震説なんて、どのマスコミも書いてない」。そのとおり。だから「チェルノブイリ事故地震説」は〝非常識〟に見えます。私も最初はまさかと思いました。ところが地震説を結論づけたのは、ロシアとウクライナ両国の科学アカデミーの公式「最終報告書」なのです。事故で甚大な被害をこうむった当事国が公式発表した最終結論、それが「チェルノブイリの事故は地震で起こった」という真実なのです。一九九九年四月、一三年もの年月をかけて両アカデミーの研究者たちは不屈の調査研究を推し進め、ついに真実に到達しました。

「では、なぜ――」。あなたは深い疑問にとらわれることでしょう。「どうしてその真実が、世界の人々に知らされないのか？」。その深い闇の謎を解き明かすことも、本書の目的なのです。

これは、一人の主婦が書いた『まだ、まにあうのなら――私の書いたいちばん長い手紙』（地湧社）

の書き出しです。

何という悲しい時代を迎えたことでしょう。

（中略）

一年前に起きたソ連のチェルノブイリ原発事故後の、ソ連やヨーロッパの母親たちの悲しみは想像を絶します。（同書八～九頁）

地湧社の編集部に届いた一通の便り、それは福岡県に住む二人の子どもを持つ主婦、甘蔗珠恵子《かんしゃたえこ》さんの静かな、悲しみの手紙でした。彼女は一年前までは〝原発〟が原子力発電所の略称であることすら知らなかった、ごくふつうの主婦でした。その彼女が原発の恐ろしさにめざめ、講演会に参加し、関係文献をよみあさったのです。そして、いたたまれなくなって自分の知ったことを手紙に綴りました。それが小冊子（『湧』増刊号一九八七年七月）にまとめられ、一人の主婦のいちばん長い手紙は五〇万部を超えるベストセラーになりました。

甘蔗さんは、語りかけます。

今、私は絶望のがけっ淵に立って震えています。

人類滅亡のときが見えるようで――。（同書六二頁）

その声が痛切に、私の胸に響いて来ました。なぜなら、私もまた、同じ思いにとらわれているからです。

ある小さな新聞記事が目に止まりました。私は一九九九年四月一六日付けの『毎日新聞』の「チェルノブイリ原発事故の原因に〝地震説〟」という衝撃的な内容に、釘付けになりました。これまでに耳にしていた作業員ミス説とはまったく異なる〝新説〟に、私の胸は高鳴りました。すぐに思い浮かんだのは、日本で稼働する五〇基を超える原発群です。世界屈指の地震大国の海岸線に、それは林立しています。

私は広瀬隆さんの著書『柩《ひつぎ》の列島』（光文社）などで、日本の原発がいかに危ういかをすでに知っていました。たとえば、佐賀県の玄海一号機では、ある昼下がり、直径一〇センチのパイプの溶接部分から、突然熱水が噴出。原因は溶接か所の劣化腐食でした。外因的な事故など何もないのに噴出したのです。そんな原子炉を阪神淡路大震災クラスの直下地震が襲ったら、確実に〝ギロチン破断〟します。高速道路のコンクリート製橋脚を粉砕する一撃です、腐食した溶接か所などひとたまりもありません。広瀬さんは、その直下地震が〝原発銀座〟を襲えば「一〇基、一五基の原発が連続爆発する」と断言します。私は、その恐怖に打ちのめされました。

そして、チェルノブイリ原発事故の地震説です。それを具体的に報じたロシアの『新イズベスチヤ』紙の記事コピーを入手し、ロシア語に堪能な方を探し求め翻訳を依頼しました。そこに詳述された内容は、これまでの常識を完全に覆すものでした。

ロシアとウクライナ両科学アカデミーが、事故を「地震が原因」と結論づけている！。

私はさらに、地震説の根拠となる『ロシア・ウクライナ最終報告書』を入手し、専門家に翻訳を依頼し、その全文を読みました。完璧な科学証拠に裏打ちされた論文です。反論の余地など一切ありません。さらにまた、科学アカデミー研究者たちの奮闘を伝える映像が存在していました。それはデンマーク国立放送局が制作した『チェルノブイリ原発・隠されていた真実』（以下『隠されていた真実』と略）。なんと、それはＮＨＫの海外ドキュメンタリーとして放映されていたのです！

そのビデオを観て、事故後の四号機内に、身の危険も顧みずに踏査する研究者たちの姿に感動しました。ビデオは、まさに〝隠された真実〟——地震原因——を明白に立証していました。一九八六年四月二六日、人類が遭遇した未曾有の大事故の原因は隠蔽《いんぺい》され、偽の〝原因〟が捏造《ねつぞう》されていたのです。

では、なぜ、だれが隠蔽工作を行ったのでしょう？

ビデオは、その恐るべき背景まで浮き彫りにします。

事故直後、ソ連の秘密警察ＫＧＢ（ソ連国家保安委員会）とＩＡＥＡ（International Atomic Energy Agency＝国際原子力機関）とのあいだに密約があったのです。それは「事故情報は一切をＫＧＢが〝管轄〟する」というものでした。「真実はすべて隠せ」という極秘文書を、ビデオは暴いています。

デンマークのＴＶスタッフの取材能力と勇気は、絶賛に値します。ＩＡＥＡは原発利権の総本山です。チェルノブイリ原発が地震で爆発した——という真実は、何としてでも隠蔽したかった、原発が地震にもろいということが知られれば、原発ビジネスの大きな痛手となることは明白です。とりわけ彼らの念頭にあったのは巨大マーケットの日本でしょう。日本はいわずと知れた地震大国ですから、チェルノブイリ地震説が知れたら、日本をはじめ世界の反原発運動に火が付きます。だから、地震説はあらゆる手段をつかって抹殺する必要がありました。彼らはそれを実行に移したようです。それも冷酷に。

事故直後、地震発生の事実を公表しようとした地球物理学者ミハイル・チャタエフは、一九九五年三月に突然〝失踪〟して行方不明になりました。偽の〝操作ミス説〟をウィーンＩＡＥＡ総本部での国際記者会見で公表したソ連代表のバレリ・レガソフ第一副所長は、事故から二年後、モスクワにある自宅の階段で、首吊り死体で発見されました。闇は底無しに深い……。

●

一方でチェルノブイリ事故などなかったかのように原発建設は世界で続行され、日本では五五基もの原発が林立する有様となりました。

日本での原発導入は当初からいかがわしさがつきまといます。敗戦後、原発導入に奔走した正力松太郎は、戦前は警視庁の元官房主事で、警視庁特別高等課を所管するセクションにいて、敗戦後はA級戦犯容疑者（不起訴）でした。それが突然、原子力委員長に収まっているのです。その正体は、なんとCIAの工作員で、〝ポダム〟という暗号名まで与えられていた人物です（有馬哲『週刊新潮』二〇〇六年二月一六日参照）。つまり、日本への原発導入はアメリカによる秘密工作の一環だったのです。時に一介の青年代議士だった中曽根康弘も、突然、原子力予算として二億五〇〇〇万円もの巨額予算を成立させました。敗戦からわずか一年後の、総理大臣ですらまったく原発の知識がない時ですから、これは奇怪な出来事として学界も驚愕しました。これもアメリカの思惑、同じ流れなのです（佐野眞一『巨怪伝』文藝春秋　三五、五〇六〜五〇七頁参照）。

「人類を破壊する力をどこまで発展させるかもわからない……人々の頭脳は分裂し、たとえようもない不安と緊張が心を圧する」。矢内原忠男東大総長の、この〝暴走〟に対する深い憂慮です。

●

私は思うのです。日本への原発導入は、アメリカにとって経済政策であると同時に軍事政策でもあった。日本は原発市場であると同時に支配地域である。原子炉という〝核地雷〟を列島各所に埋設しておけば、未来永劫に支配は可能となる。言うことを聞かなければ原子炉への攻撃を〝臭わせる〟だけですむ。その意味で原発は経済支配と軍事支配の二重支配を可能にした。

原発政策は、国策だといいます。それは占領国アメリカによる〝国策〟に他なりません。戦後六〇年余り、自民党政府は〝従属国〟として唯々諾々と、アメリカによるこの恐怖の占領政策に従って来たのです。

戦慄の破局は、日に日に迫っています。三〇年余を経た原子炉は老朽劣化がはなはだしく、美浜原発三号機では肉厚一〇ミリのパイプが〇・六ミリに減肉し、二〇〇四年に灼熱水蒸気を噴出。五名の作業員の命を奪いました。なんと、肉厚が二〇分の一に！　炉心隔壁には四メートルもの亀裂が走ります。もはや日本の原発はボロボロです。

静岡県の浜岡原発は、東海地震の想定震源域の真上に位置しています。耐震設計は最大六〇〇ガル。ところが、二〇〇四年の中越地震は二五一五ガルです。

最新の巨大地震は一〇〇〇ガル超が当たり前です。そんな激震に襲われればひとたまりもなく爆発します。また〝ゆっくり地震〟の共振でも、原子炉は破壊されるのです。

東海地震は、三〇年以内に八七％の確率でマグニチュード（Ｍ）八以上の凄まじい巨大地震として襲ってくることがわかっています。

浜岡原発が地震で爆発すれば、約一三〇〇万人が放射能障害やガンで死亡します（京都大学原子炉実験所作成『日本の原発事故〝災害予測〟』）。これは専門家の冷酷な予測です。五基の原子炉が二基、三基と爆発すれば、二〇〇〇万人以上の死者が出ても不思議はありません。首都東京は壊滅するでしょう。

暗澹《あんたん》たる思いでふと、冒頭の甘蔗さんの『まだ、まにあうのなら』を思い起こしました。

みんな、みんな同じ、同じいのちなのです。

みんなの乗っているこの船は、地球の破滅へとまっしぐらに進む船。早く気づいて降りましょう。一《イチ》ぬーけた、二《ニ》ぬーけた。

原子力は無用なのです。

火力、水力、風力、さらに太陽エネルギーの利用や、少しの省エネだけで、すべての原発を止めても日本は、十分やっていけるのです。停電なんか起こりません。この本にはその理由も書いてあります。

どうぞ、最後までお読み下さい。

子や孫たちとともに笑顔で生きられる世のために……。

■“第二のチェルノブイリ”となる寸前だった……
世界最大規模を誇る、柏崎刈羽原子力発電所。
（東京電力ホームページより）

第一章

あわやチェルノブイリ…！　柏崎原発の戦慄

中越沖地震！〝想定〟の三倍超でトラブル多発

●震度六強、国内原発で最大の揺れ

「〝急性死二〇万人〟寸前だった」（『週刊現代』二〇〇七年八月四日）、「『放射能漏れ』はチェルノブイリ級事故寸前…！」（『アサヒ芸能』二〇〇七年八月二日）、「今、そこにある〝原発震災〟クライシス」（『プレイボーイ』二〇〇七年八月六日）――マスコミ各誌を震撼させた、新潟県中越沖地震の柏崎原発大事故。被害総額一兆五〇〇〇億円。うち七〇〇〇億円は原発停止損害（新潟県算出）。

……突然、直下の衝撃、続く大きな横揺れ。それは一分近くも続いた。震度六強、マグニチュード（M）六・八。二〇〇七年七月一六日午前一〇時一三分、新潟、長野を激震させた中越沖地震の衝撃波だ。東電・柏崎刈羽原発（新潟県、刈羽村）の四基はいっせいに緊急自動停止。止まったのは二、三、四、七号機。震源は原発施設から北方わずか九キロメートル、海底約一七キロメートル。余震は震源から南西方向に長さ約三〇キロメートル、幅約一五キロメートルの範囲で広がった。死者一一名。被害家屋は新潟県だけで一万棟超。被災七日目でも柏崎市内はガス停止九九％、断水六二％。市民生活も壊滅的打撃を受けた（図1－1）。

地震発生からわずか二分後、三号機変圧器から出火。続発するトラブルは一二六〇件にも及んだ

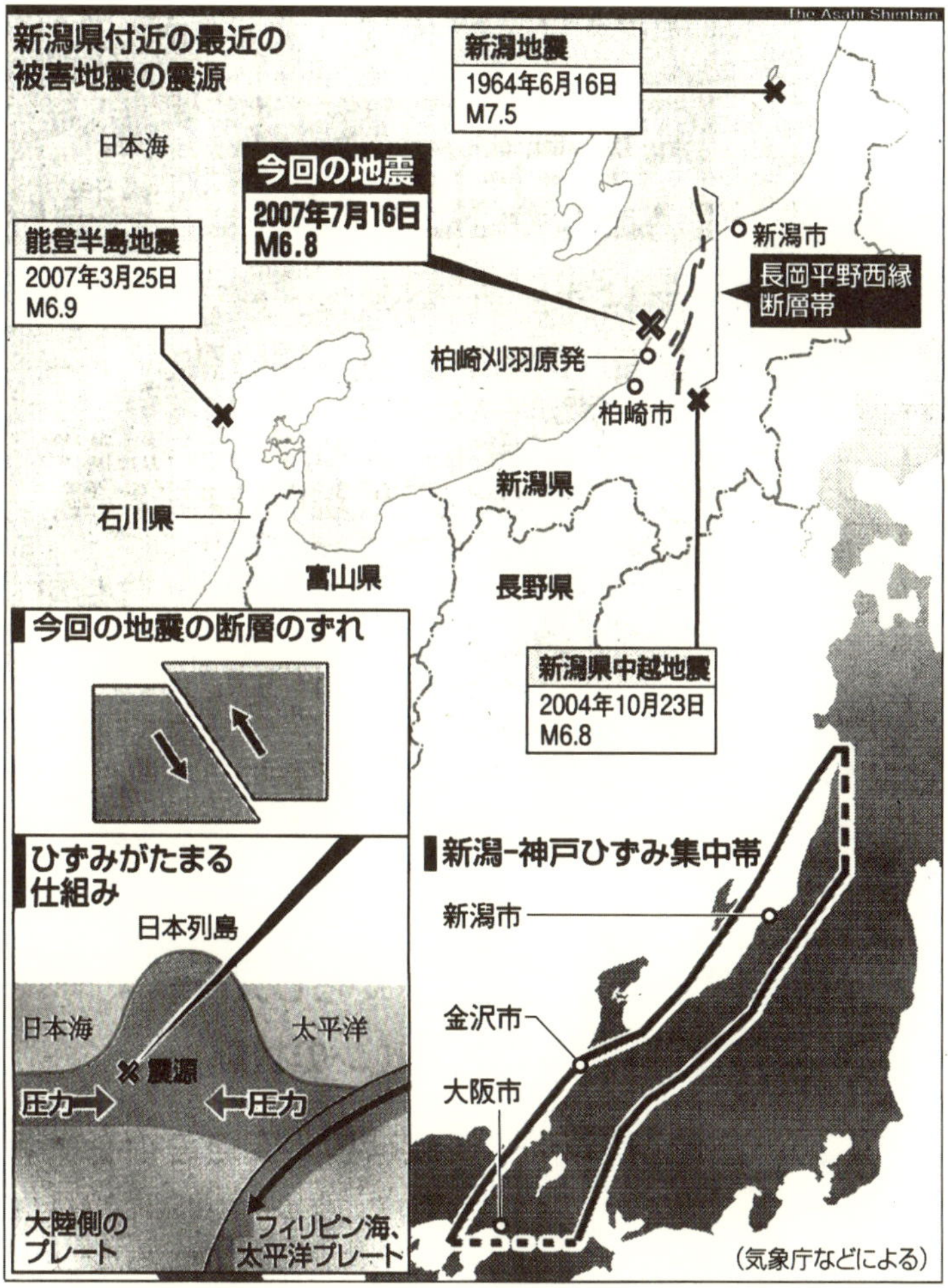

図1－1　■中越地震から三年弱で最激震！「ひずみ集中帯」が危ない。

（『朝日新聞』2007年7月17日）

（二〇〇七年七月二六日時点）。使用済み核燃料プールの漏水、放射能大気漏れ、ボルト折損、配管亀裂、低レベル廃棄物ドラム缶倒壊、横転。構内地盤液状化、寸断……などなど。原発内はパニックに陥った。地震発生時「異常はない」としたのに変圧器から出火し、猛烈な火勢と黒煙。消火に二時間もかかる失態をさらした。

東京電力は「放射能漏れはない」と発表したのも束の間、放射能漏れを含む多数のトラブルが発覚。「危機管理マニュアルの徹底がまったくできていない。トラブルはまだ隠されているのでは?」。専門家も呆れ果てる周章狼狽ぶり。

●「停電」「変圧器火災」で炉心溶融へ

「チェルノブイリ原発事故に匹敵する事故が起きてもおかしくない、危機一髪だった」と証言するのは京都大学原子炉実験所の小出裕章氏。地震により原発内部で火災が起きたことも世界初。小出氏は「さらに危ないことが起きていた」と警告。東電は事故発生時に事故への対応が遅れた理由を「停電が起きたため」と釈明。これこそ「極めて重大事態」だと言う。

「原発内の停電は大変危険。停電で冷却水を動かすポンプに何か支障が発生すると、冷却水は一気に高温になり放射能は溢れ大事故が起きる」と小出氏は指摘する。「……ですから、発電所は二重三重の措置を講じて、絶対に停電が起きないようにしなければならない。なのに、東電はあっさりと『停電があった』と言った。耳を疑いたくなる言葉でした」（『週刊現代』前出、要約）

とくに変圧器火災は「非常に危険」と専門家は慄然とする。

なぜなら緊急停止しても原子炉の中には膨大な熱エネルギーがある。その熱を冷却するため冷却水を炉心に送り続ける〝電源〟が必要だ。しかし強烈な地震では内部の非常用発電機が故障する恐れがある。その場合は外部からの電力に頼って冷却水ポンプを動かすしかない。その電力窓口の「変圧器」が燃え上がった。その間、三号機は〝孤立〟していた。同機内部のディーゼル発電機が故障していたら、発電機もダメ、外部電源もダメで冷却不能となり、原子炉は急激にメルトダウン（炉心溶融）に向かう。その悲劇は実際に米スリーマイル島原発事故で発生している。

●〝想定〟の二・五〜三倍激震パニック

「揺れ、設計時の想定外――耐震設計甘かった可能性、震源の活断層考慮せず」（『朝日新聞』二〇〇七年七月一七日）

三号機の発電タービン建屋一階の地震計は二〇五八ガルを記録。これは設計上の最大加速度八三四ガルを約二・五倍も上回る超激震。二号機地下五階の揺れも〝想定〟加速度の三倍超、六〇六ガルに達していた。激烈震動はこれまで国内の原発で観測されたなかで最大だ。

柏崎刈羽原発――。敷地面積、東京ディズニーランドの約五倍の広さ、四二〇万平方メートルに七基の原子炉が稼働する。一か所の発電所としての出力は世界最大。東電が誇る巨大発電設備だ。そこを最大級の直下地震が襲った。

〝想定〟三倍の揺れで、原発が四機共自動停止できたのは奇跡としか言いようがない。チェルノブイリ原発は、わずか震度四の揺れで制御棒が入らず、核暴走から一六秒後に大爆発を起こした。

間一髪！　放射能汚染で七〇万人死亡、本州壊滅

●爆発したら最低七〇万人は死ぬ

もし、チェルノブイリと同じような事故を柏崎原発が起こした場合どうなるか。最悪のシナリオでは、柏崎原発で放射能漏れの大事故が起きると……。人口約九万人の柏崎市、同五〇〇〇人の刈羽村の住民九九％が、急性放射能障害で死亡。一帯は死の街となる。中越地方の中心都市長岡市（人口約二八万人）小千谷市（人口約四万人）の住民の半数は死亡する。これら新潟県、中・南部全域で「最低二〇万人が『急性死』する」（『週刊現代』二〇〇七年八月四日）。「急性死」とは「被曝後、数週間以内に死亡する」こと。さらに放射能汚染は風に乗って南下する。関東では約二万人以上、東海・近畿地方では五〇万人以上がガンで死亡する。

つまり急性、晩発性の死亡者は最低七〇万人に達する。

住民強制退去地域は、北信越、東海、関東地方の全域、秋田県さらに宮城県南部以南の東北地方、滋賀県全域、京都府北部まで及ぶ。つまり本州中央部はポッカリ〝無人地帯〟と化す。むろん、この時点で日本経済は壊滅し、円は紙屑同然となるであろう。（『日本原発事故〝災害予想〟』京大原子炉実験所作成より）

「耐震設計」の三倍を超える激震は世界でも例がなく、チェルノブイリ級大爆発が起きても不思議はなかった。もっとも恐ろしいのは制御棒の脱落。

「沸騰水型原子炉の場合、制御棒は原子炉に対して、重力に逆らう形で、下から押し上げて制御しているため、震動により脱落のリスクがある。脱落すれば、原子炉は臨界状態となり、手のつけられない暴走を引き起こします。チェルノブイリ型の大災害に直結するケースです」と慶応義塾大学助教授、藤田祐幸氏（『アサヒ芸能』前出）。

変圧器火災を二時間も燃えるにまかせて放置したのも「原子炉の制御棒が落下寸前になり、その対応に必死だった」からと藤田氏はみる。

●パニックで発表も二転三転、暗転

海外メディアも一斉に大きく報じた。

たとえば、中国「中央電子台」ニュース。「日本で核廃棄物入りの容器が倒れ、中身が流出しました」「東電は事故の発表が遅れたうえに、数も少なく発表しており、住民に不安と恐怖を与えています」。画面は黒煙を上げる柏崎原発の空撮映像。

「原発はだいじょうぶか?」

大地震の一報にだれもが胸騒ぎを覚えた。

政府の塩崎官房長官は震災当日の昼、「原発の放射能漏れはない」と発表。不安沈静に努めた。ところが、これがまったくの虚報。東電の放射能漏れに関する発表は地震直後は「確認されていない」だったが、その後「海に流れ出た」と訂正。「漏洩量は約六万ベクレル」を、一八日には「九万ベクレル」と修正する二転三転ぶり。

世界最大の発電施設の予想外のもろさに国民も暗澹。施設内トラブルは次々に明らかに。殺到する報道陣。

●地震データ消えた！　排風装置閉め忘れ！

東電は「地震発生から最大一時間半分の観測データが〝消えた〟」と発表し記者たちを絶句させた。「地震発生後、短時間に多くの余震が起きたから」と苦しい言い訳をする。「貴重な地震データを本店（東京電力本社）に送る前に、新しい余震データを優先し〝上書き〟してしまった……」。

一七日、微量放射性物質は空気中からも検出。放射能は大気中にも放出されていた！　七号機排気筒から漏れを確認。なのに担当職員は排風装置を閉め忘れ、放出をそのまま続けた。信じられない人為的ミスだ。様々なトラブルについて東電側は、当初発表した数字を相次いで訂正する醜態を続けた。「倒れた核廃棄物入ドラム缶は一〇〇本」の発表を四三八本と大幅修正。三九本のドラム缶の蓋が外れ、放射能を含む水漏れも確認。ドラム缶から漏れ出た放射能汚染水は当初発表六リットルから九リットルに訂正された。

何が起こっているのか、東電にもわからない

●「これを〝いい体験〟に」東電社長

一八日、初めて報道陣の前に姿を現した東電、勝俣恒久社長。「今度のことを〝いい体験〟に生かしていきたい」「すべてパーフェクト（完全）は、非常に難しい」と、とぼけた答弁に周辺住民は怒り心頭だ。さらに「社長としての責任」を問われると、「どういう責任か?」「何を指すのか?」と報道陣に食ってかかる始末。

一方、新潟県、泉田裕彦知事は一八日、原発行政を痛烈批判した。「官房長官が『放射能漏れなし』と発表した後に『実は海に流れた、空中にも出ていた』とは……!」と怒りを隠さない。原発管理責任者である原子力安全・保安院の薦田康久院長も県庁訪問。「我々もたくさん反省する点がある」と平身低頭、知事に深々と陳謝した。

住民説明会——。周辺住民たちは怒りに震え殺気立つ。

住民　情報をキチンと出さない。この状態はまったくまずい。どう考えているのか?

東電　わかり次第ご報告しているが一度に全部はわからない。次々に起こるもので……。

住民　何が起こっているか、東電ですら把握できない。それが実態でしょう。

東電　一号機から七号機までありますので……。

住民　結局、あなたがたは全体を把握できていない。

東電　皆様方に安心していただける情報提供をするつもりです。
住民　これが、また動きだすことがあれば市民は許しませんよ。

現地視察した原子力安全委員会、東邦夫・委員長代理のコメント。「希望的には炉心内部も問題がないことを望むが、開けてみないと正確なことはわからない」。再稼働について「炉心内を見ていない今は、コメントできない」。

そのとおり。炉心がどれだけ破損しているか、現段階ではだれにもわからない。

●原発内火災を燃えるにまかせる

――主なトラブルをあげてみよう。

変圧器出火　当初のテレビ映像を見て、だれもが不安に駆られたはずだ。柏崎原発から黒煙がもうもうと空に上がっている。原発内部で火災が発生している！　空撮映像はさらに異様だ。消防車が見当たらず、周辺には人影も見えない。盛んに黒煙を上げているのに、燃えるにまかせているのだ。原発内部の火災が、消火活動もされず放置されている。これほどの異常事態があろうか。

三号機の火災は二時間も燃え続け、ようやく駆け付けた消防車で消し止められた。その後、消防庁、県、市職員が火災跡に立ち入り、地盤が大きく沈下、損傷していることに驚く。出火原因は、地震の揺れで発電施設とタービン建屋を結ぶ送電ケーブルがショートし、火花が飛び、変圧器の油に引火したとみられる。「世界中で地震時の原発火災の例は皆無」と専門家も驚く。

放射能漏れ海水汚染　七機の核燃料プールはすべて溢れ出し、従業員はモロにしぶきを浴びた。他の

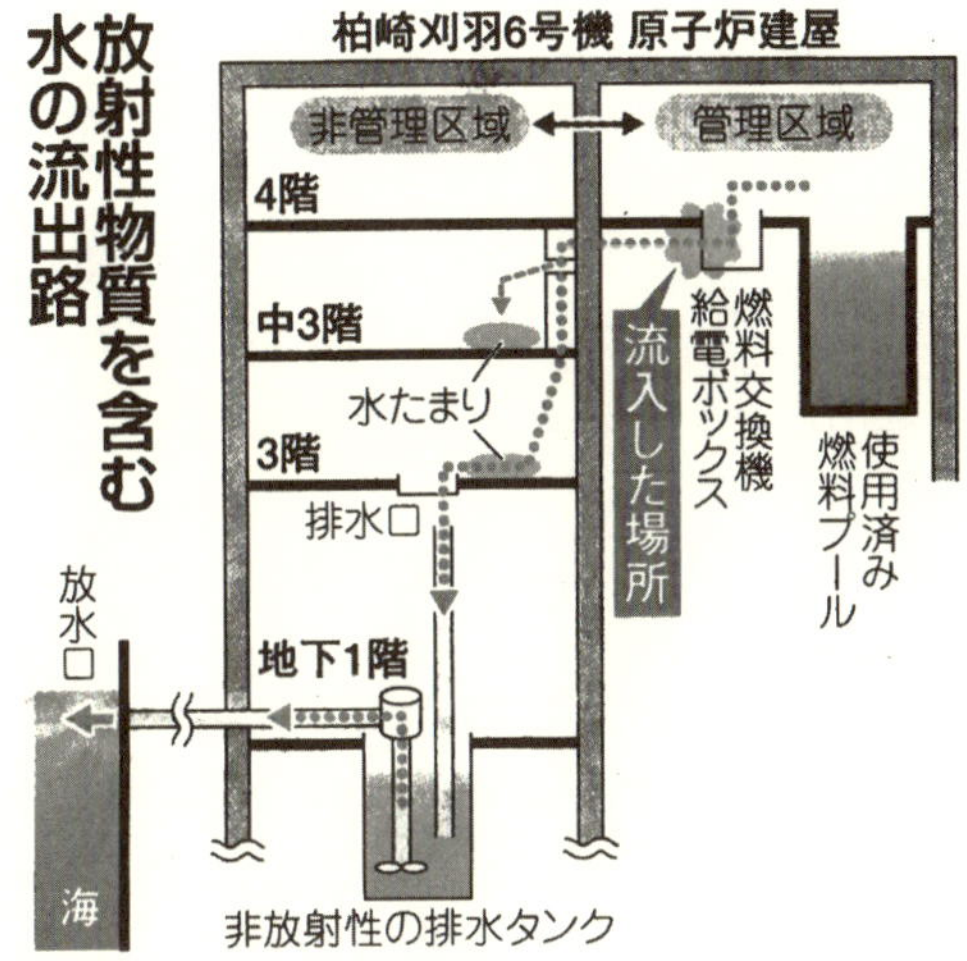

図1－2 ■プールから溢れた水はケーブル孔を伝わり屋外へ。
（『東京新聞』2007年7月24日）

施設内に放射性物質を含んだ水たまりを見つけて国や自治体に連絡するまでに四時間もかかっている。六号機からは汚染水が海水中に流出した。揺れで使用済み核燃料貯蔵プール二三〇〇キロリットルの水面が大きく波打ち、一部が外に溢れ出た（図1－2）。

漏れた汚染水は「管理区域」の燃料交換機給電ボックスから電源ケーブルのすきまを伝い中三階に漏れ出し、さらに下の三階に流れ出し、さらに排水口を通じて地下一階まで流出。地下排水槽に溜まり排水口から海に流れ出てしまった。

東電の釈明。「汚染水がケーブル孔を伝わるのは想定外」「床の不完全防水が原因」。

海への流入量は最低でも一・二トンに達し、漏水か所にはピンクのシートが敷かれ「立入禁止」表示がされた。

六号機だけで、汚染水が環境に漏れ出た

と言うが、他のプールで溢れた水はどうなっているのか疑問である。

作業台プールに落下　強震で使用済み核燃料プールの中に、約二〇〇キログラムもの作業台が落下、水没した。

放射能を排気放出　失態は続く。一七日、七号機排気筒から放射能漏れを検出。発覚した一七日正午から翌一八日夜まで排気をフィルターで漉したところ、放射性ヨウ素が検出された。タービン内の水蒸気を封じ込める装置が、地震で故障したためだ。高圧蒸気に含まれる放射性ヨウ素、コバルト、クロムが排風装置を通じて排気筒から外部に放出されてしまったのだ。

運転マニュアルでは「停止三〇分後に排風装置を閉める」ことが明記されている。なのに七号機は放射能漏れ検出後も放出を続けていた。原因は、信じられない〝うっかりミス〟。職員は「排風機スイッチを切る」という単純動作すら〝忘れていた〟。慌てて排風装置を閉めたのは地震発生からまる二日経った一八日。

消えた！　地震記録　敷地内に設置されている約一〇〇台の地震観測データのうち、六三台で「記録が消えた……！」。そんなお粗末なことがあるのだろうか。「最初の地震データ上に余震データを上書き」してしまった。「旧式地震計だったから」には開いた口がふさがらない。

本震記録は残さない？　二〇〇四年、中越地震以降に導入された新式地震計三〇台には「データが残っていた」。地震に余震はつきものなのだから、「余震が来たから本震記録が消えました」では、子どもの言い訳にもならない。他原発の地震計も、大半が〝自動消去装置〟つきなのだ。うがった見方をすれば、「地震にもろい原発」という現実を国民に知られないため、〝記録が残らない装置〟

を配置していたのではないか、とさえ考えてしまう。

崩落！　廃棄物ドラム缶　固体廃棄物貯蔵庫内に積み上げられていた低放射性廃棄物入りドラム缶（容量二〇〇リットル）が崩落した。うち三九本は蓋が外れ汚染水等が漏れ出す。

クレーン破損　六号機真上の天井クレーン継ぎ手が破損。その重さ三一〇トン。揺れに強い頑丈構造物の破壊に、東電関係者は青ざめた。クレーンは、原子炉圧力容器の上蓋を持ち上げると全体で四〇〇トンにもなる。巨大機械を動かす鋼鉄製の動力継ぎ手が、揺れでポッキリ折れていた。

クレーンは安全上「重要機械」に分類されている。継ぎ手は建築基準法で定められた基準の一・八倍もの地震に耐える設計だった。落下しなかったのが不幸中の幸い。天井クレーンは、原子炉の真上八メートルのレールを行き来する。揺れで落下したら三一〇トンが原子炉の上蓋を直撃するところだった（図1-3）。

地下に二〇〇〇トン浸水　消火用配管が破損し、一号機の複合建屋に浸水。漏水は地下五階に深さ四八センチ、二〇〇〇トンも溜まっていることが二四日わかった。同建屋は「放射線管理区域」なので、漏水は全量放射能汚染されていたとみられる。地中埋設の消火用配管が約三〇センチの地盤沈下で破損、噴出した水は電線ケーブル引込口から一気に建屋に流れ込んだ。放射性物質が漏出しないよう何重にも「多重防護」されているはずの建屋である。そこにあっさり二〇〇〇トンもの水が外部から流入してしまった。これも〝想定外〟。

——これらは一二六〇件中のほんの数例。さらに原子炉内の驚くべき故障、損壊などがいずれ明らかになるだろう。

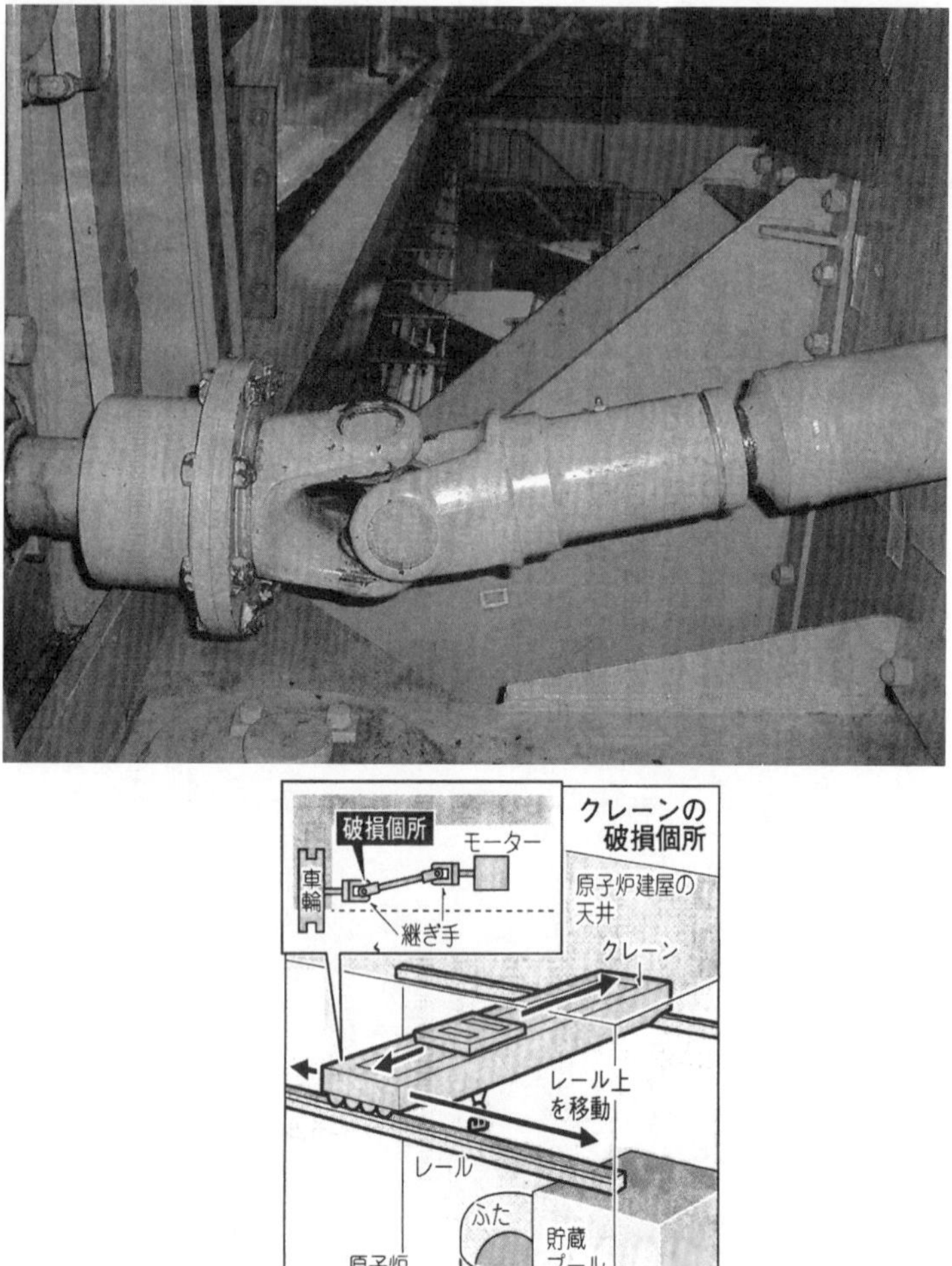

図1－3

■原子炉の真上にある310トンの巨大クレーンの継ぎ手が破損した！

（『東京新聞』2007年7月25日）

貧弱、ずさん、パニック……おそまつな防災態勢

●化学消防車も消火服も訓練もない

マスコミ各社が呆れたのが「ずさんな防災態勢」だ。

「防火服着ず現場へ」「化学消防車はなし」「立ちのぼる黒煙。東電社員らは、ただ遠巻きに見守るだけ」（『日経新聞』二〇〇七年七月二〇日）

数十メートルの黒煙をあげて燃えたのは、変圧器から漏れた油。油火災には化学消防車でないと手の打ちようがない。しかし、油火災も〃想定外〃なので、原発施設内には化学消防車はゼロ。柏崎原発には約一一〇〇人の社員がいるが、消火活動にあたる消火班員はわずか二〇名。ところが消火訓練すらやっていなかった。

火災発生時には構内に約一二〇人の社員がいたが、出火後、現場に駆け付けた職員はわずか四人。消火服どころか消防用機材もなく素手のままだった。建屋脇の消火栓に気付き栓をひねったが、地震の影響で水圧が下がり、水が一メートルしか出ない！　自前の小型ポンプ車が配備されてはいたが、職員は使い方を知らなかったため、結局、使われないまま。お粗末のかぎりである。

高さ六・六メートルの炎を上げて燃える変圧器の火勢が手に負えず、一一九番に電話。ところが、つながらない。ようやく消防受付が出たのが一二分後。返事は「出動要請が多く到着は遅くなる。到着まで自衛消防隊で対応して欲しい」。当直長は自衛消防隊を招集する当番責任者に連絡。ところが

当番からの呼び出し電話が地震の影響でつながらない。やがて当番も別の作業に忙殺され、結局、消防隊は招集できず。

猛然たる火勢に太刀打ちできず、変圧器には油が詰まっているので爆発の恐れを感じ、職員たちは退避。結局、火災は燃えるにまかせた。空高く黒煙が上がる原発施設を、放送局のヘリコプターが中継。その映像は世界中に配信された。

●職員は物影から火災を〝監視〟とは

原子力安全委員たちもその光景に唖然。

「国民の不安を思い、歯痒い思いがした」「手をこまねいて何もしない時間があった」「消防が対応できないことを想定した危機管理をすべき」「これだけ油を使う施設で化学消防車がないのは信じられない」。

原発安全対策の専門家たちが、これだけ驚いていることに驚いてしまう。安全委員のセンセイ方は、日頃、何を審査していたのか？

「満足な消火活動が行えず、鎮火までに時間を要した」と柏崎原発・高橋明男所長が苦渋の会見。当初、消火を試みた職員も「爆発などを避けるために、体を隠せる施設の物影から、火災を〝監視〟していた」とは。

勝俣社長は当初「消防車到着が遅れた」ことを火災理由にしていた。ところが消防署長は「われわれが到着するまで原発職員は〝傍観していた〟」と苦言を呈する。「消火作業がなされていなかった。

屋外消火栓もある。東電職員が活動すれば消せるはず」と反論。「設備があるのに使ってなかったのか、どうしちゃったのかなと」（前沢泰男署長）。

「東電が持つ自衛消防隊の力でも消せる」火災だったと消防署長は語り、「燃えるものはない、とたかをくくって防火訓練、消火訓練もしていなかった」「地震で火災が起きることを電力会社側は“想定”してこなかった」とずさんさを批判する。

●地震火災を〝想定〟しない防災体制

『朝日新聞』（七月二二日）は見出しで「貧弱 原発防災」と、トラブルが次々に発覚する原発に「果たして安全なのか」と問いを突き付ける。「原発内の事務本館には、ハンドルを回せば柏崎市消防本部につながる消防直通電話（ホットライン）があった」。しかし、事務本館は「一般のオフィス並みの造り」（東電）。「震災で被害を受けて職員は中に入れなかった。柏崎市消防本部は『〝多重防護〟をうたう原発がこんなことでは困る』と消防計画の抜本的な改善を求めている」（『朝日新聞』同）。

「原発を持つ電力一〇社、地震に伴う火災発生に〝想定〟マニュアルなし」（『毎日新聞』二〇〇七年七月二〇日）にも呆れ果てる。「地震と火災は複合して起きるのに、地震と火災対策を別々に作っている」と識者も呆然。地震、即、出火を〝想定〟していなかったお粗末さだ。変圧器など油を大量に含む施設が所内に多くあるのだから、複数か所から同時出火してもおかしくない。〝想定〟自体があまりにいい加減。油は火が着きやすいことなど、子どもでもわかる。〝想定〟基準を甘くしているから、すべてが滑稽きわまりない。

「情報連絡や消火活動などソフト面に課題を残し、深く反省している」（東電、勝俣社長）

七月二〇日、目に余る失態つづきに経産相は電力一一社社長を急遽召喚。以下二点を命じた。①原発敷地内で火災が発生した場合、職員自らの消火態勢を整える。②原発耐震性のチェックを早急に完了する。一週間以内の「改善計画」提出を指示。これも参議院選挙を直近に控えてのパフォーマンスにしか見えない。

●原発事故は〝起きない〟ことになっている？

私が浜岡原発の担当者に取材したとき「チェルノブイリ原発も地震で爆発した。日本の原発でも同じことが起こるはずでは？」と質問した。すると「安心してください。日本の原発は地震による事故は〝想定〟していません」と自信満々。〝想定〟していないから事故は起こらない……とは！　天を仰ぐ詭弁の極致。驚きいって声も出ない。

かつての太平洋戦争のとき、下級兵士たちが上官殿に「この戦争はだいじょうぶでありますか？」と不安混じりで尋ねたら「心配するな！　天皇の軍隊は〝負けない〟コトになっておる」と、ふん反り返った馬鹿たれ軍国主義者どもと、まったく変わらぬ精神構造。

原発関係者に取材すると、何度も次のような言葉を聞いた。「日本の原発は事故を〝起こさない〟ことになっています……」。それも安心しきった口ぶりなので、こちらは青ざめてしまう。知性（痴性）の崩壊きわまれり。この人たちの脳の回路はどうなっているのだろう？

震源活断層を黙殺──東電、調査会、裁判所の深い罪

●東電、裁判所が無視した活断層が震源

「震源断層は柏崎原発の直下に位置する」ことが、気象庁等の余震解析で判明した。地震を起こした活断層が柏崎原発の真下に延びている！　住民の怒りはさらに爆発。住民はそれまで、東電から「断層はない」と説明されていた。結局、騙され続けてきたことになる。

ところが断層は、実際は南北約三〇キロメートルに及び、原発の真下が「震源となった可能性がある」ことが、断層研究の専門家の分析で七月一九日、判明した。気象庁の解析でも、余震域となった長さ三〇キロメートルの範囲がこの断層と重なっており、地形分析からも同結果が出ている。東電が〝想定外〟とした「震源にはならない」はずの活断層で起こったのだ。

「余震分布を見て、震源断層が原発の直下にあることを認識した」（東電広報部）

東電は柏崎原発も「直下地震を〝想定〟し耐震強度など設計している」と釈明する。しかし、その〝想定〟は最大マグニチュード（M）六・五と、今回の地震を下回る。Mが〇・二違うと地震エネルギーは約二倍になるのだ。設計時の過少見積もりは、今回の中越沖地震で完膚なきまでに吹き飛ばされた。

かつて、本震震源の西側約一五キロメートル地点に、断層群の地形が発見されていた（産業総合研究所による海底調査）。なのに原発建設の適否を決める地震調査委員会は、なぜか、それらを「地震発生確

率など『評価対象外』」と黙殺している。

東電も六、七号機設置許可を申請した八八年以前に、海底にこれら四本の断層を発見。やはり「耐震設計上、活断層と考慮しなくてよい」と身勝手な論法で無視している。初めから建設強行は既定路線であり、地震調査などは、たんなるアリバイ作りだったのだ。

柏崎原発一号機の設置許可をめぐって周辺住民が、かつて国の許可処分取消しを求め訴訟を起こしている。二〇〇五年、その控訴審判決で、東京高裁は次のように切り捨てている。

「……原告側（住民側）が主張する活断層は、それ自体、断層ですらないもの。地震の原因にならない」

その活断層が今回の震源となった。

裁判所ですら黒を白と言いくるめている。背筋が寒くなる。

●「知見が不十分で」と苦しい言訳

中越沖地震の揺れが「〝想定〟の三倍以上だった……」という東電の言い訳は滑稽だ。勝手に三分の一以下に過少評価していたにすぎない。

「〝想定外〟の活断層が動いた」という発表も噴飯もの。活断層の存在を知りながら無視したツケに慌てている。

東電の苦しい言い訳。「当時の知見が不十分だった。この断層を活断層ではないと評価したが、過少評価だったとの認識を持っている」「今後の海底の断層調査でも、今回の指摘を考慮して評価した

■波打つ敷地、陥没は「堅固地盤」の嘘を砕いた。
（左：放射能排気した7号機。右：汚染水漏れの6号機）
（『読売新聞』2007年7月22日）

い」」。

「過少評価」の証拠は、東電の同原発、増設時の提出書類に残っている。

「……この断層は、同原発の西約二〇キロメートルの日本海の海底にあり、（東電は）長さ七～八キロメートルと推定。断層上地層に動いた形跡がなく、断層活動は長らく起こっておらず、原発の『耐震設計』上考慮する必要はない」（原子炉設置変更許可申請書、要約）

しかし、広島工業大学教授（地形学）、中田高氏は、東電の測量データから「断層は、さらに延びて、中越沖地震の断層と一致する」と結論。『評価を間違い、審査でそれが見逃された理由を検証し、ほかの原発の安全性再検討に生かすべきだ』と指摘している」（『asahi.com』二〇〇七年七月二〇日）。

●地盤沈下、陥没でばれた「堅固地盤」の嘘

〝想定外〟の一つが地盤沈下だ。地震発生直後からもうもうと黒煙をあげた変圧器火災。その原因は、強い揺れで地盤沈下し、高圧ケーブルがショートして発火したとみられる。変圧器は、国の「原発耐震指針」では、もっとも重要度が低い「C」ランク。しかし、それをあざ笑うかのように地盤沈下という〝想定外〟の事態が発生した。

事故後、原発構内を案内された報道陣は、あまりの損壊の酷さに一様に絶句した。敷地は波打ち、アスファルト舗装には亀裂が縦横に走り、さらに各所で陥没している。三号機の変圧器火災も、地盤が五〇センチも陥没したことが原因である。軽油タンク近くの地面は一・六メートルの段差が生じていた。

「原発は堅固な地盤の上に建てられているので安全です」。これが推進派のお題目キャンペーンだった。それが真っ赤な嘘であったことを、中越沖地震はあらわにしてくれた。

他の原発は、柏崎大事故を黙殺して運転強行！

●事故を「耐震点検」に適用しない

「柏崎刈羽原発の使用停止を命令する」

会田洋柏崎市長は七月一八日、東京電力に対して柏崎刈羽原発全機の停止命令を発動した。市長の面前に呼び出され、東電勝俣社長は直立不動。市長は強い口調で命令書を読み上げ、直接手渡した。「現段階で安全とは言えない」」、これは消防法に基づいての判断だ。すでに経済産業省が「耐震安全性が確保できるまで全号機の運転禁止」を指示。この年、三月にも柏崎原発ではトラブル隠しが発覚し、「安全より営業を優先させている」と市長の憤激を買ったばかりだった。

今回、柏崎原発は〝想定〟を上回る大地震に襲われ、火災や放射能漏れなど大事故を起こした。本来なら、全国の原発を一斉停止して、「耐震性」など徹底点検を行うのが道理だ。にもかかわらず、各地の電力会社は「今回の事故を『耐震点検』には適用しない」と言う。

「全国の原発──耐震性点検、前倒し困難。電力各社『柏崎』検証なしに運転」（『東京新聞』二〇〇七年七月一九日）

●見よ！　大地の〝耐震実験〟の結果を

これまで全国の原発では国の新指針に基づき「耐震性点検」が進められてきていた。完了目標は二〇一〇年。ところが今回、中越沖地震の一撃で、既成原発の耐震性の脆弱さが露呈した。いわば大地が実行した〝耐震性実験〟の結果は目を覆うものだった。

この「柏崎の教訓」を、現在行われている全国の原発「耐震性点検」に前倒しで生かすべきだし、国民も、当然原発チェックに生かされると思っている。ところが一八日、電力各社は東京新聞の取材に対して「前倒しは難しい」と回答している。つまり電力会社は、この「柏崎の教訓」を〝黙殺〟する、と表明したのだ。柏崎原発の地下では〝想定〟の三倍加速度を記録している。地上で二・五倍。当然、同じ条件で「耐震設計」した他の五四基も、新潟と同じ地震が襲えば確実に「耐震限度」を軽く超えてしまう。

一七日、甘利経産相は「新指針に基づく安全性再確認をできるだけ急がせたい」と公言。二〇日、電力一一社社長に早急な「耐震性チェック」を命じている。これに対して同省、原子力安全・保安院は「『耐震性点検』の大幅短縮は難しい。大臣発言はメッセージ」と最高責任者の発言すらおとしめる始末。電力会社側も「国の具体的な指示がない。この段階では『耐震性再点検』は、これまでの実施計画に沿って進めるしかない」と柏崎事故などどこ吹く風だ。

●IAEAの調査要求を政府は拒否

「……早急に事故を調査し、結果を公表せよ」

思わぬ方向から要求の矢が飛んで来た。IAEA（国際原子力機関）が柏崎原発被災地の調査を東電に要求してきた。「IAEA調査官を柏崎に派遣する用意がある」とまで通告。当然、原発の安全性は日本国内だけでの問題ではない。放射能拡散は国境を超えて地球全体を汚染する。大事故となれば被害は全世界に及ぶ。これはチェルノブイリの悪夢で体験ずみだ。エルバラダイＩＡＥＡ事務局長は一八日、クアラルンプールでの記者会見で、柏崎原発が地震被害で海への放射能漏れを起こした問題などを重視し、「国際的教訓を得るためにも、全面的調査が必要」との見解を表明した。同事務局長は地震強度が設計想定を越えた可能性を指摘し、「損傷したという意味ではないが、日本は原子炉の構造やシステム、構成部品について全面的な調査を行う必要がある」と強調した。

さらにＩＡＥＡは「国際的チームを派遣する用意がある」と具体的に言及。チェルノブイリ原発事故では、当時の旧ソ連秘密警察ＫＧＢと共謀し「地震説」隠蔽を行ったと疑われているＩＡＥＡが、である。今回は、日本原発の〝想定外〟の脆弱さに驚いての助け船なのだろうか？ところが不可解なのは日本政府。調査受入れを「当面見送りたい」と〝拒否〟。しかし、ＩＡＥＡ調査団六名は八月六日より立入調査。「われわれにとって初めての事態。国際社会が共有できる情報を集めたい」とフィリップ・ジャメ団長。しかしチェルノブイリ原発事故隠しの前例もあり疑念も消せない。

●夏本番が……。観光、地場産業に大打撃

夏本番を迎えて、地元観光も大打撃をこうむった。中越沖地震で街は瓦礫だらけ、それに原発事故が追い打ちし放射能汚染の風評被害も広まっている。中越地震の悪夢から三年弱、またもや襲った激震。もはや地元は悲鳴を上げる気力すら失せている。ちょうど夏休み直前、柏崎海岸の海水浴場は予約満杯から一転、全室キャンセルとなった。

柏崎市内には一五もの海水浴場があり、夏シーズンには一〇〇万人を越える行楽客が押し寄せる。それが、一瞬の激震で、一帯は水道、ガス、電気の止まった〝沈黙の街〟と化した。しかし、インフラが回復しても客足が回復する見込みは薄い。今回は原発事故が追い打ちをかけた。県観光協会には「魚も汚染されて食べられないんでしょ?」という問い合わせもある。風評被害が新潟県にボディブローのように利いてくる。

客離れ、農林水産業への打撃……こうしてまた、地域格差が広がるのかと思うと、やりきれない。

●根底から揺らぐ「原子力立国」政策

しかし、最も深刻な打撃を受けたのは国の原子力政策だ。

国は原発依存をさらに増やす「原子力立国」政策を推進してきた。地震列島に原発を林立させようなど、まさに狂気の沙汰。それが、図らずも柏崎原発大事故で立証された。

国と市から運転禁止命令を受けた柏崎原発の、再開めどはまったく立たない。放射能の汚染除去作業だけで数週間。炉心がある原子炉格納容器の内部を点検するためには、上部の蓋を外さなければならない。吊り下げるクレーンが破損し関係者は衝撃を受けた。他のクレーンも安全チェックが必要だ。一から七号機まで破壊、破損した機器や設備の復旧、消防体制の確立、耐震安全性の確認など、問題山積だ。「炉心点検の開始は九月までずれこむ」と東電側。ましてや発電再開など絶望的である。

炉心内はどうなっているのだろうか? 東電によれば「圧力容器内部は冷却水で満たされている。

燃料集合体やそれを支える格子板、制御棒などの構造物の被害状況は、水中カメラを入れて確認する必要がある」という。

さらにやっかいなのが圧力容器上にある「運転階」だ。地震の揺れで、核燃料プールから溢れた放射能汚染水が溜まったままである。これを排出し、汚染を除去するなど、困難な苦しい作業が続く。

●政界きっての推進論者、経産相も絶句

チェルノブイリの悪夢……それがついに日本全土に暗雲のように覆いかかってきた。中越沖地震で柏崎原発はガタガタになった。爆発しなかったことを僥倖《ぎょうこう》とすべきだ。

「……『日本はどこに（原発を）建てても地震はある』と言われると、ちょっと返答もない」。

甘利経産相は地震直後の記者会見で言葉に窮し顔をゆがめた。

同相は「政界きっての原発推進論者」として有名。口癖は「世界で一番安全・安心な原子力立国を構築したい」であった。それがこの醜態、狼狽ぶりだ。日本が「地震大国であることを知らなかった」ような口ぶりである。この程度の知的レベルの人間が、原発推進の旗を振ってきたのだ。背筋が寒くなる。今回は日本で初めて原発が直下型地震に遭遇したケースである。原子炉はかろうじて緊急停止した。しかし重大事故が発生し、トラブル、不備が噴出した。

しかも、全国五五基の原発のうち、国内最大規模で、原発立国のシンボル的存在の「柏崎」がやられた。そして、目を覆うばかりの原発内のパニック、混乱、人為的ミス。すべてが原発推進の大きなブレーキとなった。

二〇日、東電社長は記者会見で運転再開について「いま、これはとても無理」と苦渋の顔。停止は少なくとも一年以上になるとみられる。(この際永遠に停止して欲しいものだが)

●原発比率を四〇%以上に！　狂気の計画

日本がこれまで掲げた「原子力立国」とは電力量に占める原発比率を現在の三〇%から、二〇三〇年には四〇%以上にするという計画。正気の沙汰とは思えない目標だ。しかし国際的原発マフィアに支配された国なら、それも当然の成り行きだろう。

原発を持つ国は世界三一か国。中でも日本は突出した地震大国だ。「耐震設計」にコストがかかるため、原発一基の建設費は三〇〇〇億円以上かかる。中部電力は浜岡原発（静岡県）の耐震補強工事に、一基当たり数十億円から百億円も再投資している。それでも三〇年以内に九割近い確率で起こるといわれる東海地震の激震に耐えられるという保証はない。

中越沖地震が起こった場所は「新潟―神戸ひずみ集中帯」と呼ばれる細長い区域の一角である。「ひずみ集中帯」は幅五〇～二〇〇キロメートル（19頁図1-1　右下）。日本海沿いに新潟市、金沢市、大阪市、神戸市などが含まれる。阪神淡路大震災をはじめとする大地震が続発している場所だ。太平洋プレートが大陸側に沈み込むときに、日本列島は東西に押され縮む。その中でも「ひずみ集中帯」は縮み方が数倍速く、それが地震頻発につながる。

地元では「中越地震から三年も経たないのに……」と驚きと困惑の声。ところが、今回は中越地震の〝古傷〟が引き金となったと専門家はみる。

この十数年間で、阪神淡路大震災（一九九五年）、鳥取県西部（二〇〇〇年）、福岡沖（二〇〇五年）、能登半島（二〇〇七年）など、大地震が続発している。東海、東南海地震など、予想されるプレート型巨大地震を前に、各地の地震が活発化しているのだ。「巨大地震が起きる数十年前から周辺内陸で大地震が活発化する」と地震学者は警告する。

東海地震など巨大地震が目前に迫っている。日本の原発の運命は……即、日本人の運命。すなわち日本人の喉元に、刃の切っ先が突き付けられた。

抜き難い「事故隠し」——秘密主義が不信をさらに募らせる

●隠蔽事故四四五件！　うち二件は臨界事故

仏の顔も三度まで。中越沖地震での東電の説明にも、国民の心には疑問符が点りっ放しだった。それもそのはず、この年の一月には原発検査データ改ざんなど、なんと一九九件もの不正工作が露呈した。さらに定期検査の偽造、原子炉緊急停止の隠蔽《いんぺい》など、枚挙にいとまがない。三月、電力一二社が公表した底無し「事故隠し」スキャンダルは、さらにわが目を疑う惨状だった。それまで、国民の目に触れないよう密かに処理されてきた原発事故は、なんと四四五件！　その中で、原子炉の核分裂が暴走する恐怖の臨界事故が二件。この底無しの「事故隠し」体質の露呈で、国民が抱いていた電力会社「性善説」は完全に崩壊した。彼らは本能的に「嘘をつき」「隠蔽し」「捏造する」。

「……批判は事故を見抜けなかった国にも向けられた。原子力安全・保安院は『いずれの案件も検査体制が不備だった過去の事案』と強調。『検査体制のさらなる強化を図る』としている。だが、だまされ続けた地元住民のまなざしは今も懐疑に満ちている」

これは『東京新聞』の「こちら特報部」田原牧記者の論評である。常に鋭い報道で他紙を寄せ付けない「特集」の見出しは、「電力事故隠し、保安院は大丈夫か」「原発ごとの検査官わずか」と原発の保安体質に警鐘を鳴らしている。

皮肉なことに、記事掲載の二〇〇七年七月一六日、まさに、その朝一〇時一三分、新潟と長野を震度六強の激震が襲った。柏崎原発構内が一・六メートルも陥没。前代未聞の揺れに火災が発生、放射能が大気や海水中に漏出した。東電側が何を発表しても、もはやオオカミ少年。「まだ何か隠しているのでは？」と疑惑疑念が込み上げる。

●三本の制御棒が脱落し重大臨界事故に

この年三月に発覚した驚愕の「原発事故隠し」の実態は、次のとおり。

北電志賀《しが》原発・制御棒脱落　一九九九年六月、石川県志賀町、同原発一号機の制御棒が三本脱落し、原子炉は臨界事故にいたった。制御棒は核反応のブレーキ役だ。

「もし、あのとき事故が公表されていたら二号機は存在していなかった」

能登原発差止め訴訟の原告団メンバーは切歯扼腕《せっしやくわん》する。この事故の二か月後に二号機差止め提訴を行っていたが、結果は敗訴。

「……事故の発生は午前二時過ぎ。中央制御室で警報が一二回鳴り続けたが、作業中の現場に届かず、全館放送の指示でようやく停止。北電は直後の会議で事故隠しを決め、記録データを廃棄、改ざんした」（『東京新聞』同）

一二回も警報が鳴り続けたのに、だれも気付かない、という現場の体質に慄然とする。

原告団の怒りの矛先は監視役の国にも向けられる。保安院は二〇〇七年四月の「報告書」で「生データを見ない」当時の監視体制の限界を指摘している。ところが、その「表題」は「想定外の制御棒の引き抜け事象」とある。原告住民たちは呆れ果てる。

「事故ではなく、なぜ『事象』なのか⁉」

制御棒が抜け落ちれば、まさに恐るべき重大事故。なのに、それを〝事故〟とは認めたくない。保安院の〝事故隠し〟体質が図らずも露呈した。それにしても、電力会社の事故隠しに猛然と世論の憤激が高まっているのにこの始末。まさに、官民あげての隠蔽体質、抜きがたし。志賀原発では〝ブレーキ棒〟が抜け落ちる重大事故が発生し、原子炉の一部で核反応が進む臨界に達した。……が、間一髪。チェルノブイリのように暴走することなく炉は鎮静化。関係者は胸を撫で下ろした。

●福島は五本脱落！　役に立たない保安院

東電福島第一原発・制御棒五本脱落　七八年一一月、同原発で制御棒が五本も脱落する重大事故発生。やはり一触即発の臨界事故であった。反対派の住民は怒りに震えた。

「事故から三〇年近く、『安全、安全』とよくシラを切り通したもんだ。まだ何を隠しているか、知れたもんじゃない」

福島第一原発は原子炉六基で構成され、広さは東京ドーム一〇個分。一方、周辺農家の平均年収はわずか三九万円。地元の三軒に一軒は原発絡みの仕事で生計を立てている。

反対同盟の住民はつぶやく。「この界隈で原発反対を言うのは〝特殊な人〟。でも嫌がらせがあるわけじゃない。みんな、本音ではやばいと思っているから。でも、原発抜きでは食えない。地域全体が、薬物依存みたいな状態だ」「保安院に頼るしかない。でも常時、下請けも入れて三〇〇〇人以上働いている原発に、検査官は八人だけ。百の不正で、わかるのは一つじゃないか」。

一九九九年、ＪＣＯ臨界事故を受け、翌年、原子力保安検査官制度がスタート。二〇〇一年。経産省外局として設置。保安院は、現在、全国五五基の原発と一一か所の核燃料事業所を二一の検査事務所が監視している。職員数は原子炉の数に所長、副所長を加えた数。災害対策を担当する原子力防災専門官は保安検査官が一部兼務している、という。（『東京新聞』前出参照）

●「異議申立」など二五件も棚ざらし

国（経産省）の基本政策は原発推進である。その下にある保安院が、原発運営を厳しくチェックできるはずがない。素人でも疑問符がつく。

身内に甘いのは日本人の特性だ。いわゆる〝ナアナア体質〟。阿吽《あうん》の呼吸で目をつむる。民間出身の第三者監視システムでないかぎり、事故隠し、不正隠し、データ改ざんは果てしなく続くだろう。

その先にあるのはハルマゲドン（終末）ともいうべき日本の終わり、原発大爆発ではないのか。

ずさんさは政府の対応にも言える。原子力施設の「安全審査」などに対して地元住民らが経産省や旧科技庁に提出した「異議申立」と「審査請求」は、計五九件ある。そのうち二五件が〝未処理〟のまま棚の上でホコリをかぶっていた。最長で二〇年以上も放置されていた！　二〇〇七年七月一三日、経産省の調査（大掃除？）で〝古文書〟が出てきた。〝未処理〟分は六年前に保安院が設立された後、受け付けたケースが六件。旧科技庁がほったらかしにしていたもの一八件など。通常は「審査請求」などがなされたら聴取会を開催して訴えを聴き、異議や審査を、認めるか棄却するかを決定しなければならない。なのに一八件は聴取会すら開かれていなかった。まさに棚ざらし、恐るべし役人の怠慢。

呆れるべし役人の厚顔……。

●元技術者の証言「安全な原発など造れない」

「国や電力会社はチェルノブイリ事故のようなアクシデントは起こらないと信じているが、安全な原発を造れるほど技術は進んでいない。金属の腐食ひとつとっても、よくわかってないんです」。米国の原発メーカーGE（ゼネラル・エレクトリック）社の元・企画工程管理者、菊地洋一氏（六五歳）の告白だ。（『東京新聞』二〇〇七年三月一一日　インタビュー記事）

菊地氏は、一九七三年から八〇年まで、原発メーカー社員として福島第一原発の建設などにかかわった。しかし「危険性を指摘した配管が数年も放置され、はらわたが煮えくり返った」。またパイプ厚の「減肉」についても「全部の配管を調べるのは不可能に近い」と言う。

美浜原発二号機は九一年、水蒸気発生器の「減肉」した配管が〝ギロチン破断〟し、緊急炉心冷却装置（ＥＣＣＳ）が作動した。「美浜のような事故は、どの原発で起きてもおかしくない」。定期検査などでデータ改ざんが続出した不祥事については「怒られるのが嫌で、下請けが隠す」と言う。「青春のすべてをかけた原発に、今度は命がけで反対する」。

白髪の風貌の菊地氏の、その発言は痛切だ。原発技術者としての警鐘だけにその言は重い。

●死者一三〇〇万人、浜岡を止めろ！

実は柏崎原発は、全原発五五基の中では、それほど〝危ない原発〟とは〝想定〟されていなかった。

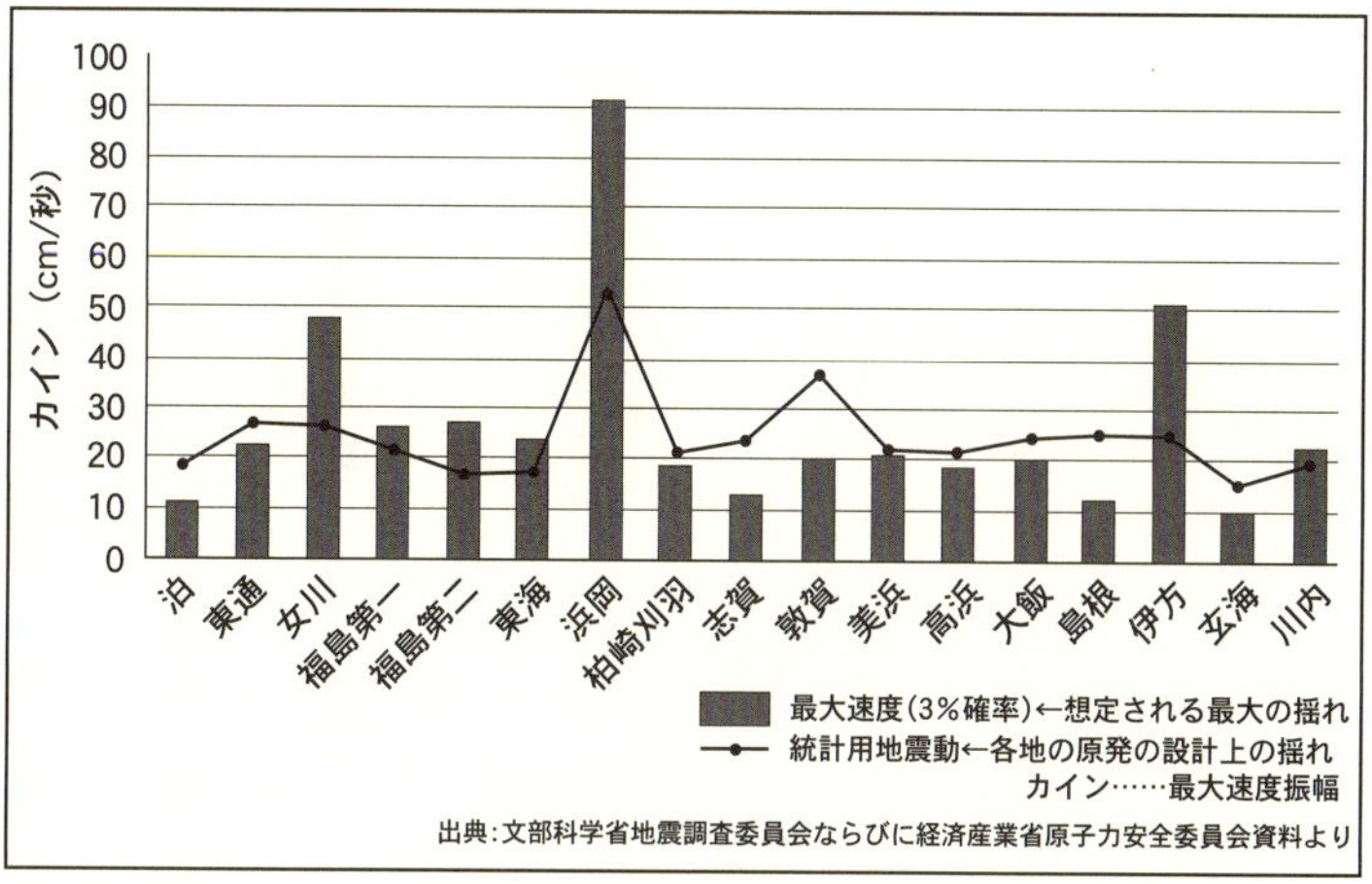

図1－4　■最も危ない浜岡原発！　1300万人が死亡する。

（『放射能で首都圏消滅』三五館より）

「もっとも危ないのは、浜岡原発（静岡）です」と断言するのは「原発震災を防ぐ全国署名連絡会」事務局長の古《こ》長《なが》谷《や》稔《みのる》氏。彼は『放射能で首都圏消滅』（三五館）という著書もあり、原発事故に関する知識は深い。

「……〝危ない原発〟は伊方原発（愛媛）、女川原発（宮城）と続きます」

図1‐4は、原発敷地で起こり得る地震規模を表すデータ（想定される最大揺れ：棒グラフ［文科省］）と原発ごとの「耐震設計」基準を設定したデータ（設計耐震強度：線グラフ［経産省］）を重ねたもの。

突出して危ないのは浜岡原発であることが一目でわかる。今回、破壊した柏崎原発は危険度では〝平均レベル〟。浜岡を襲う巨大地震、東海地震はプレート型地震なので、確実に周期的に襲いかかる。浜岡原発を直撃する地震強度は、他の原発の二～九倍とケタ外れだ。「耐震設計」

の二倍の激震が襲い、最悪大爆発する恐れがある。

「浜岡原発の一～五号機がドミノ倒し的に爆発すれば、東京都だけの死者数でも約二八〇万人にのぼると推定されます」（古長谷氏）。全国の想定死者数は一三〇〇万人だ。

●国の「耐震設計指針」は〝ザル法〟

この衝撃事実を報じた『日刊ゲンダイ』（二〇〇七年七月一九日）は告発する。

「そもそもの原因は政府のズサンな原発管理にある。国の『耐震設計指針』は昨年改定されているが、これが〝ザル法〟同然なのだ」

なるほど、経産省の言い分には絶句する。

「昨年できた新しい設計『指針』は、〝これから建てる〟原発についての基準。既設原発には当てはまりません。もちろん注意喚起はしますが、法的効力はありません」（耐震安全審査室）

呆れて声もない。そして、各電力会社は今回の柏崎原発の惨状を「無視して運転続行する」と表明しているのだ。

第二、第三の柏崎原発の悲劇は、確実に起こる。なかでも焦眉の急は浜岡原発だ。

浜岡原発がチェルノブイリのように爆発すると、死者は最悪一三〇〇万人を超えるという。日本人、約一〇人に一人の確率で死亡することにつながる。日本は壊滅する。あなたは、そんな未来に耐えられるか。声を上げよう。行動を起こそう。

浜岡をいますぐ、止めろ！

第二章

チェルノブイリ事故は地震が原因だった

学者たちが検証したチェルノブイリの激震――『新イズベスチヤ』

●大惨事の原因は地震だった

一九九九年四月一五日付『新イズベスチヤ』トップの見出しは「チェルノブイリの激震――学者たちは認めている『大惨事の原因は地震だった』」というものだった。

一九八六年四月二六日に起こったチェルノブイリ原発事故について、ロシア科学アカデミー（地球物理学総合研究所）とウクライナ国立科学アカデミー（地球物理学研究所）が合同で、長い年月をかけて独自の分析を行った結果「事故を起こした第四号原子炉直下で事故直前一六秒前に地震があり、その揺れで制御棒が挿入不能となり爆発にいたった」という結論に達した。その「最終報告論文」が『地球物理学ジャーナル』（一九九七年第三号）に発表された。どういう経緯で二年の空白が生じたのか不明だが、一九九九年、『新イズベスチヤ』の報じるところとなったのである。記事はその論文の内容と研究当事者の生の声を伝え、「同様の悲劇が他の原子力発電所に起こらないという保証はない」とした。

●三か所の地震計がすべてを物語る

まずはこの記事の内容を追ってみる。

「それは、ロシア原子力省の幹部たちや国際原子力機関（ＩＡＥＡ）にとって、あまり快いニュースではないだろう」と、記事は始まる。研究の指揮をとったのは、ロシア科学アカデミー地球物理学総合研究所の統括官であるウラジミール・ストラホフ。

大惨事発生当時、チェルノブイリ原発からさほど遠くない場所に、地震観測所が三か所あった。測定所は政府の特別総合地震学課が設置したもので、世界各地の核実験の様子をチェックしていた。もし事故の前に同地方で地震があったのなら記録されていたはずである。ところが、原発事故の発生で、地震観測所の職員はすべての機器を回収し、チェルノブイリからカザフスタンに緊急避難させた。そのカザフスタンで、地震計による過去の膨大な観測データが発見されたのである。これまでに、事故当日のデータ解析を試みた者はいなかった。核実験に関連のないデータの解析は、研究員に課せられていなかったのだ。

観測データの解析は、研究発起人の一人、エブゲニー・バルコフスキーの主導で一九九五年に始まった。事故後の早い時期から地球物理学研究所の学者たちは、事故当日にチェルノブイリ地域で若干の「地下振動が発生していた」という説を打ち出していたが、観測データはこれを実際に裏付けていた。

バルコフスキーは語っている。

「震源地は原子力発電所エリアにあったのです。事故を起こした第四号機区画直下と言ってもいい。我々の調査では、この局地地震の震度は一〇～一一バール（bar＝圧力単位。一バールは一〇万パスカル）もあった。一方、チェルノブイリ原発の他の動力区画に加わった地盤の揺れの強さは五～六バール以下だった。このことはチェルノブイリ地震の地域特性をさらに物語っています」

●爆発二三秒前から強烈な地下振動

学者たちは、地震と原子炉爆発の時間的パラメーター（媒介変数。いくつかの変数間の関数関係を間接的にあらわす変数）を比較検討した。その結果は、「誤差の可能性は一秒以下だった」という。これは、地震測定システムと原発の各動力区画に起こった爆発を一体化したもので、きわめて正確な世界的尺度で判定された。つまりチェルノブイリ地域での強烈な地下振動は、爆発の二三秒前から感じられている。

最初の振動は、原子炉に重大な損傷を与えることはなかった。しかし、この瞬間に、原発動力区画（第四動力区画）で働いていた運転員は、床が沈むのを足で感じた。そして、振動の第二波が襲った。それは大惨事の九～一〇秒前だが、それから修復し難い損害が発生したのだ。

爆発した四号機のある第四区画の運転員たちは、事故直後に行われた聞き取り調査で「地震を思わせる不思議な揺れを感じた」と述べている。しかし、政府の事故調査委員会は「これらの証言は、単なる思い付きか重いストレスの結果だ」と決め付けた。つまり黙殺したのだ。

●幻想に満ちた「人為的ミス・構造欠陥」説

事故調査委員会は大惨事の主要な要因を「人為的ミス」または「原子炉の構造の欠陥」としたが、「多くの専門家はこの結論に、あまり信憑性はないと考えている」と記事は語る。このような〝幻想的な〟説を信じるのはＩＡＥＡの外国専門家くらいのものだ、と。そして、施設耐震性の研究分野では著名なロシアの学者、セルゲイ・スミルノフ氏の言葉を引いている。

「彼らは、いつもソ連製原子炉は世界最低の性能だと考えたがっている」

「ロシアの原子力〝専門家たち〟は『原子炉が爆発した』と言っているが、彼らは、自分たちがＩＡＥＡの圧力を受けて、そう言わざるを得ないことをよく承知しているのだ」

●「秘密実験」でも原子炉は爆発せず

さらに記事は、大惨事の後、カザフスタンの実験場でチェルノブイリ型原子炉の「秘密の実験」が行われたことを伝えている。原子力専門家たちは、原子炉に（内側から）最大圧力をかけてこれを爆発させようと努めたが、この試みは成功しなかった。原子炉は無傷だったのだ。

結局、どのような状況で「原子炉爆発」が起こったのか、未解明のままである。実際問題、きわめて多くの事柄が解明されないまま残されている。事故の結果があまりに悲惨だったので、その原因究明は次第に後退していき、事実上中止されてしまった。バルコフスキーらの学者グループだけが独自の分析を頑固に推し進め、政府委員会の「見解」を否定する数多くの事実を収集していたのである。

●無傷の部品。爆発はなかった？

とくに疑わしいのは、チェルノブイリ事故の「爆発」の性格である。

原子炉の上部カバーと動力区画の鋼鉄製の屋根は吹き飛んで、放射性物質が噴出した。同時に原子炉の鋼鉄製部分の溶接面に割れ目が生じた。それなのに、圧力管の周囲の防御装置の鋼鉄製シリンダーは無傷だった。さらに原子炉から吹き飛ばされた圧力管の内壁も、ほとんど異常がなかった。つまり、爆発があったとするならば、圧力管もシリンダーも破壊されてしかるべきではないか。ということは、（当局が主張するような）〝爆発〟はなかったという結論になるのではないか。

●一年前から現れていた地震の予兆

この合同研究の学者たちの分析では、多くのパラメーターが、局地地震を想起させる何らかの外的要因の存在を確信させた。

地球物理学によると、地震というものはまったく突然に発生するわけではなく、地球は必ず前もって強力な揺れの「予告」をする。地震発生の数日前から数週間前に、地殻の各巨大地層が歪む。実は同じようなことが、チェルノブイリでも起きていた。

たとえば、大惨事発生の数週間前に、第四動力区画の原子炉タービンの基礎部が歪む現象が起きている。タービンはねじれ始めた。原子力発電所の幹部は、ただちにタービン工場の専門家たちを呼び集めた。だが、彼らは、不具合の原因を突き止めることはできなかった。

さらにそれ以前の一九八五年、チェルノブイリ原子力発電所所長からソビエト社会主義共和国連邦科学アカデミー地球物理学総合研究所宛に「原子力発電所の基礎安定制御の専門家を派遣してほしい」という手紙が届いている。この派遣要請の理由こそが、第四動力区画の基礎部の歪みだったのだ。測量専門家は、現地でこの変異を認めた。

しかし、この特別な事象に関する原因究明はやはりできなかった。彼らの解答は「地盤沈下ではないか」というものだったが、地盤沈下なら基礎部自体が沈下するはずである。基礎部は逆に隆起していたのだ。

●断層が四号機直下で交差していた！

地震学者たちの長年の研究によって、局地地震は地殻の深部の断層のあるか所で発生することがわかっている。ところが、このような断層が二か所、不運にも第四動力区画の直下で交差しているのだ。一九八六年四月二六日のような地震は、この地域では初めてではない。年代記には、中世期にこの地域で恐ろしい地下振動があったことが記録されている。

チェルノブイリ原発が建てられているロシア平原は、一九七〇年代の初めまでは、地震という点では比較的危険性は少ないと考えられてきた。また、実際にその通りだった。しかし一九八六年から九二年にかけて、この地域ではとりわけ頻繁に局地地震が発生していたのである。チェルノブイリ事故の数か月後、八月二六日にはキエフを地震が襲った。

『新イズベスチヤ』は断言する。

「つまり、全世界を震撼させ、驚愕させたあの大惨事の主原因は、地震の危険性の要素を考慮しなかった開発者と地質学者たちのミスだったのだ」

●地震の危険を予告する特別装置の設置を！

バルコフスキーは次のように呼びかけている。

「政府は作業ミスの汚名を着せられたまま亡くなった四号機の作業員たちと、〝不完全〟とみなされたこの大出力チャンネル原子炉の名誉回復をするように」さらに「原子力発電所が建設されている各地域について、地質特性の研究にただちに取りかかるように」。

「地下深部に断層が発見されたらどうするか？　そこには地震の危険を予告する特別装置を設置することが必要だ。学者たちの意見では、これが原発大惨事の再発を防ぐことのできる唯一の手段なのだ」。（『新イズベスチヤ』）

と、記事は結んでいる。

●独立自尊の研究者魂に拍手

『新イズベスチヤ』が報道したこの「最終報告論文」はかなり専門的なものなので、難解な部分も多い。とくに高等数式のくだりは、かつて大学の理科系に進んだ私ですら、もはやお手上げだ。

とにかく、彼らは長い年月を労して証拠資料、文書を徹底的に収集分析し、極めて客観的、科学的な証明手法で「地震説」を証拠付けた。その不撓不屈《ふとうふくつ》の研究者魂には拍手を送りたい。

彼らにとっては「地震説」を唱えても、何のメリットもあるまい。それどころかこれは、ロシア政府やウクライナ政府当局、体制側の学界、さらには国を敵に回すことになりかねない研究であった。要領のよい学者なら、政府当局とＩＡＥＡが発表した「作業員ミス説、構造欠陥説」にくみすればすむ。波風も立たず、出世にもさしつかえない。政府権力や隠然たる政治力をもつＩＡＥＡを敵に回して、なんの得があろうか。

●結論、「地震多発地域に原発建設は危険だ！」

にもかかわらずバルコフスキーら学者たちは、緻密に根気よく冷静に地震説を立証する作業に没頭した。世慣れた人ならこう言っただろう。

「いまさら地震でも作業ミスでも、変わりないさ。もう悲劇は起こっちまったんだぜ」

バルコフスキーらがこの妥協案に屈しなかった最大の理由は、「原発が建設されている各地域の地質特性の研究にただちに取りかかるように」という呼びかけに込められている。私はこれを、ロシア国内だけでなく、全世界に向けて発信されたアピールと解釈する。

「地震の起きる可能性を無視しての原発建設は危険だ！」

その緊急警告は、実ははるか東方の島国日本を意識して発信されたものと信じて疑わない。

作業員のミスなら職務教育と訓練を徹底すれば防げる。構造的欠陥なら設計しなおせばすむ。しかし、直下の未知なる地震の一撃には対応のしようがない。

アメリカの原子力専門機関ですら、「地震は原発に対する最大の脅威である」と認めている。ならば悲劇の大惨事を回避する方法は一つ、地震の起こりうる場所には原発を建設しないことなのだ。

「地震説」を証言する人々

●貴重な映像証言（デンマークドキュメント）

実は「地震説」の存在を公にしたのはこの『新イズベスチヤ』報道が初めてではなかった。一九九七年、デンマークのミルトン・メディア及びデンマーク放送協会が制作したドキュメンタリーの中で、「チェルノブイリ原発は活断層の上にあり、震度四ほどの直下型地震が事故の引き金になった」「地震は原発にとって大変重要である」と指摘されていたのである。これは同年八月一五日にNHK教育テレビが『チェルノブイリ原発・隠されていた真実』として放送した。私は後になってこれを知り、幸い知人から録画ビデオを借りて見ることができた。そこには最重要キーパーソンたちの迫真的証言の数々、さらに、原子炉内部の克明な映像が写し出されていた。チェルノブイリ事故後わずか二か月、何人もの研究者たちが爆発した原子炉内部に踏み入って、詳細な調査を重ねてきたことを知って驚く。それは人の侵入を拒む〝石棺〟のはずだった。

以下、『新イズベスチヤ』の記事内容と必ずしも合致しないか所もあるが、このドキュメンタリーの中からとくに「地震説」に関わってくる内容と関係者の証言を、かいつまんで紹介する。

●「真実の情報公表を絶対に禁ず」ＫＧＢ指示

まず耳を疑ったのは、事故から三か月後の一九八六年七月、ＫＧＢ（ソ連国家保安委員会：旧ソ連の秘密警察）がソビエト主要機関に対して、「事故の真の原因を明かす情報は、絶対に公表してはならない」というう方針を打ち出した、というくだりである。チェルノブイリ原発事故は「真実を公表しない」というのが、当局の方針だったのだ。

「だから、公式に行われた説明は、真実ではないわけです」と、核物理学者コンスタンチン・チェチェロフは語る。彼は当時、モスクワ、クリチャトフ研究所に所属。事故の二か月後、そして二年後にも事故炉の内部を踏査し、その様子を写真やビデオテープに収め、何百ものサンプルを採取し、何千回も測定を繰り返した。炉内の状態は旧ソ連政府の公式発表とは似ても似つかぬものであった。

●地震発生に気付いた学者が行方不明

その彼の元に一本の電話。一九九〇年、地球物理学者ミハイル・チャタエフからだった。チャタエフは「チェルノブイリ事故の真相をつきとめた」と語った。「事故当時の地震記録があり、事故の時に地震が発生したのは間違いない」と言う。チャタエフは打ち明けたことをひどく心配しているようだった、KGBの命令を気にしていたのではないか、とチェチェロフは感じる。それは杞憂《きゆう》ではなかった。

その後一九九五年、チャタエフは忽然と姿を消した。物理学者としてエリートの地位も捨て、アパートも売り払われていた。その後、行方はようとして知れず、不明のままである。

消えた（消された？）チャタエフはチェルノブイリ事故の「地震原因説」の論文を発表しようとしていた。彼は「重要証拠を握っている」と主張していた。しかし命の危険を感じ、公開はできないまま突然〝行方不明〟となったのだ。まるでミステリー映画ではないか。

謎の失踪と同じ頃、チャタエフが密かに作成していた「資料」がモスクワで発見された。これを入手したのが地球物理学総合研究所所長、ウラジミール・ストラチョフ、のちに「地震説」を発表することになる、あの合同研究チームの主導者である。チャタエフが残した「チェルノブイリ地震記録」の重要性に即座に気付いたストラチョフはこれを公表しようとした。原発はチェルノブイリだけではない。チェルノブイリ事故が地震の影響を受けて起こったのだとしたら、それは、他のどの地域でも起こりうるからだ。ところが、彼を待っていたのは冷笑と黙殺だった。しかし、逆にこの精力的な学者は発奮。調査、解析に没頭し、地震説を世に広める大きな役割を果したのである。

●事故は「低い地響き」から始まった！

事故当時、制御室やタービン室にいただれもが、事故は「低い地響きのような連続音で始まった」と回想している。

「低い連続音の後に床が揺れ、壁が揺れ、そして天井から破片が降ってきた」

「それから地面が動いた」

またはっきりと「あれは地震だった」と言っている人さえいる。一九九〇年に作成された「ウクライナ報告書」でも「原子炉の緊急停止前に〝振動〟が始まっている」となっており、一二〇人の証言記録が残っている。

「カミナリのような音がして、天井からタイルが落ちてきた」

「床が波うち電気が消え、非常灯がついた。その三〇秒後、耳をつんざく音がした」

「壁、天井、そして足もとの床が揺れた。二度目の爆発は小さなものだった」

など、地震の存在を想起させるものが多い。これら重要証言を含むこの報告書の重要性は、なぜかまったく黙殺されたままだ。

チェチェロフは、最初に激しい揺れと強い衝撃が走り、電気が消え、再び電気がついた時に原子炉停止が決定されたことが重要なポイントだと語る。

『新イズベスチヤ』でも伝えられていたように、事故直前の地震を観測した記録が残されている。このドキュメンタリーによると、遠方核実験を記録するために一九八五年に設立された軍の地震観測所が、チェルノブイリ原発から西へ一一〇キロから一七〇キロ離れた所に三か所あった。そこにチェルノブイリ直下で発生した地震が正確に記録されていたにもかかわらず、当局は事故当時から「地震が発生した」という説を否定し続けている。

「チェルノブイリは昔から地質的に安定した場所だから、地震は起こりえない」のだそうだ。

それに対してウクライナの地質学者F・アブタカエフは、「事故後にも地震が記録されている。つまり同地域が、地震が頻発する場所であることは明白な事実だ」と語っている。

ストラチョフらは、チェルノブイリ事故での「出火時刻」と「爆発時刻」とに着目。その結果、チェルノブイリで起きた地震は、誤差があっても爆発二一秒あるいは二三秒前に発生したと考えた。

●震度四でも内部破壊が起こる

地震記録によれば、事故当時に発生した地震は狭い範囲で起きたもので、震源地は発電所のかなり近くと見られている。ストラチョフは語っている。

「データでは揺れはたいして大きくはない。しかし、四号機下あたりには、堅い変成岩の地盤の下、深さ四五〇メートルのところに断層が存在している。だから、震度四ほどの揺れでも、この断層が発電所や設備に深刻な影響を及ぼす可能性はかなり高い。

原子炉を破壊できない比較的小さい地震でも、内部設備や冷却系統に被害を与えることは十分に考えられる。冷却系統一六〇〇本のパイプのうち操作マニュアルによれば、二〇本が破裂すると事故とみなされ、それ以上、五〇本とか一〇〇本単位で破裂すると冷却機能に支障が出る」（『新イズベスチヤ』）

震度四で、原発の内部破壊を憂えるこのロシア地球物理学者が、日本で頻発する震度五、震度六の揺れを体感したら顔面蒼白になるだろう。

●原発が断層の上に建てられるのは必然

地震説の合同研究にも名を連ねているウクライナの地球物理学者、V・オメルチェンコは「チェルノブイリ原発は、テテロフ断層とプリピャチ断層という、二つの大きな断層の接点にある」と証言。断層は地殻の亀裂である。亀裂に蓄積されたエネルギーが突然放出され、断層がずれ、その振動が地震波として震源からあらゆる方向に伝わっていく。ストラチョフは語る。

「原子力発電所の稼働には大量の冷却用水が必要だ。したがって原子力発電所は、どうしても川岸などの水辺に建設せざるを得ない。そして、概して川は断層に沿って流れているのだ。冷却水を確保しようとすると、必然的に原子力発電所を断層の上に建設する結果を招いてしまう。これが実態だ」(『新イズベスチヤ』)

そしてチェチェロフの次の証言には全身が凍り付く。

「当局は原発を断層上に建設することに、何の注意も払ってこなかった。立地基準も建設基準も、まったく定めてない。だから設計士たちが従わなければならない基準はまったくない。断層から『どれくらい離れていなければならない』かなどだれも考慮していない」(『新イズベスチヤ』)

これは、まったく日本も同じと言ってよい。「あとは野となれ!」なのだ。

旧ソ連領域には、チェルノブイリを含め立地に問題のある原発が八か所あると言う。だが、日本列島はロシアと比較にならないほどの地震の巣窟、活断層列島だ。そこに五五基も原子炉が林立しているのだ。

ストラチョフはこう結論づけている。

「地震はいつ起きるかわからない。だから国民の命を大切に思っている国家は、地震が原発に及ぼす危険を十分に認識し、必要な調査を進んで行わなければならない」(『新イズベスチヤ』)

●そして「地震説」は発表された

私は、ロシアとウクライナ両科学アカデミーの「最終報告論文」を入手した時、よくこれだけの真実に肉薄する研究ができたものだと感服した。秘密主義の両国で、これらの研究が妨害も受けずに進行したことは、奇跡としか言いようがない。このデンマーク制作ドキュメンタリーに登場して、顔をあらわにしてKGBやIAEAの「決定」に反した意見を表明することも、まかり間違えば、生命の危険に関わりかねない。それはKGB命令書の恐怖を思えば想像に難くない。

なぜ、最初に地震に気付いた地球物理学者ミハイル・チャタエフは、突然〝行方不明〟になったのか。その現実を思うと　科学者たちの勇気に心を打たれる。その実直一途な行動に深い共感を覚える。そして、チャタエフが〝行方不明〟前に残した「地震記録」などの資料を握りつぶさず、世に問い続けたストラチョフ所長にも深い敬意を感じる。

彼は、ロシア政府の最高諮問機関である安全保障会議と、その傘下の科学委員会に調査要請の手紙を書いた。科学委員会会長は熱意あふれるストラチョフ書簡に心を動かされたのであろう。調査開始を決断、両国共同の調査団が設置されたのだ。

そして、最初の報告書は一九九六年に作成された。それは「事故の約二〇秒前に、チェルノブイリ地域一帯で地震が発生した」という、初めて地震説を明記した公式リポートとなったのである。

作られたシナリオ——真実を隠してきたのはだれだ？

●無視・黙殺を決め込んだ日本政府

ところが、世の大半は地震説反対派である。反原発市民グループのメンバーなどに、地震説をどう思うか尋ねてみると、ほとんどが「それはデマですよ」とにべもない。

地震説は、国会でも取り上げられた。一九九七年九月、参議院決算委員会でこのNHK番組についての質問がなされた。これに対して当時の科学技術庁原子力安全局長は「公式の報告書と異なっており、理解できにくい」「震度四の地震で配管が相当数壊れることは考えにくい」と一蹴。とりつく島もなかった。

しかし、こののち二〇〇〇年七月、福島原発六号機はわずか震度四で配管が破断して停止している。女川原発も震度四でダウン。安全局長は、これら具体的事実にどのような説明を与えるのだろうか。

さらに一九九九年四月二七日、『毎日新聞』が『新イズベスチヤ』の記事を報道（一九九九年四月一六日）したことを受けて、チェルノブイリ地震説が再び国会で取り上げられた。参議院予算委員会での質問に科学技術庁が回答している。

Q　チェルノブイリ事故原因が地震とする新聞記事への対応は？

科技庁　問い合わせはしていない。

Q　地震国なのに原発があるのだから、迅速に調査し、問い合わせるべきではないか？

科技庁　ＩＡＥＡ報告では、事故の原因は運転員による人為的ミスと原子炉の構造上の欠陥……云々（と、公式発表の事故原因を説明。省略する）。

Ｑ　要するに関心がないのか？

科技庁　関心がないというのは言い過ぎだが、そのレベルの扱いです。

私はこのやりとりに失笑するしかない。つまり、ＩＡＥＡ「公式」報告があるので、地震説について日本政府は、いっさい「調査」も「問い合わせ」もしない——と国会で言い切ったのだ。ＩＡＥＡ報告を踏まえての地震説の無視、黙殺、もみ消しである。

ちなみに私の知る限り、『新イズベスチヤ』の報道を日本で伝えたのは前記『毎日新聞』だけだ。なぜか、『朝日新聞』、『読売新聞』など日本の大手メディアは、まるで示し合わせたかのように沈黙している。

●ソ連も日本も黙らせるＩＡＥＡ圧力？

さて、日本政府もこだわるＩＡＥＡ「公式」報告は、なぜ地震の存在を黙殺するのか。

事故の原因をたとえば「作業ミス、構造欠陥、さらに直前の地震。この三つが複合要因となってチェルノブイリの悲劇は起きた」と結論付ければ、いちばんスッキリするではないか。どうしても作業ミスにしたいのなら、「直前の地震発生に、作業員がパニックになって誤操作をしてしまった」という〝シナリオ〟だって可能だったはずだ。

しかし、チェルノブイリ関連の書を繰ってみても、「地震」という単語を見つけることさえ困難だ。

科学的に存在が証明されている地震の存在を、ＩＡＥＡが必死に無視黙殺するのは異常極まりない。よほど彼らにとって「都合の悪い情報」なのにちがいない。

「ロシアの原子力〝専門家たち〟は、自分たちがＩＡＥＡの圧力を受けて、そう言わざるを得ないことをよく承知しているのだ」（『新イズベスチヤ』）と言うスミルノフ氏の言葉を思い出してほしい。

これほどのＩＡＥＡの「圧力」とは何なのか？

●ＩＡＥＡ、「情報独占」を宣言

事故直後からのＩＡＥＡの動向を子細に見ると、事故原因の究明に関して彼らは奇妙な動きをしている。一九八六年、事故発生からの動きを追う。

四月二六日　チェルノブイリ原発四号機が炎上、爆発。

四月二八日　スウェーデン、「ソ連で原発事故の可能性」と第一報。ＩＡＥＡブリックス事務局長、事故発生を確認。

四月二九日　ソ連側大使に同事務局長は反原発運動の拡大を懸念。

五月二日　ブリックス事務局長、ソ連側に「大騒ぎを静める路線を取る」と確約。

五月五日　東京で開かれていた第一二回先進国首脳会議（東京サミット）で、同事故に関する緊急声明を採択、発表。その中身は①ＩＡＥＡ、事故分析にソ連参加を要求、②ＩＡＥＡ加盟国に事故報告・情報交換を義務づける国際協定をつくる。つまり、チェルノブイリ原発事故から、わずか一〇日足らずのうちに「真相究明はＩＡＥＡが仕切る」と決定したのだ。

五月六日　事故現場から半径三〇キロメートルゾーンを「危険地域」として立入禁止とする。
五月八日　ＩＡＥＡブリックス事務局長ら幹部がヘリで高度八〇〇メートルから現場を視察。
五月九日　（ソ連）国内七か所からＩＡＥＡへ放射能データ・テレックス送信開始。ＩＡＥＡ事務局長、内外記者と会見。「放射能遮蔽材、中性子吸収剤などの上空からの投下により、事故炉からの放射能漏れは大幅に減少した」と発表。
六月一日　ソ連政府閣僚らは記者会見で「チェルノブイリ原子炉事故で放出された放射能は、炉内の核分裂生成物の一〜三％だった」とコメント。
八月二五〜二六日　ＩＡＥＡウィーン本部で、チェルノブイリ事故検討委員会を開催。ソ連側代表はワレリー・レガソフ原子力研究所副所長。六〇か国、五〇〇人が参加。そこで、レガソフ氏は事故原因について「作業員の操作ミス」と述べた。
九月三〇日　『プラウダ』紙は、ソ連政府が「ＩＡＥＡウィーン総会結果に満足」と伝えた。

●「操作ミス」説は捏造だった

不可解なことはいくつもある。

ＩＡＥＡはまず、事故原因究明にソ連当局を強引に巻き込んだ。そして「情報公開」窓口をＩＡＥＡ一本に絞った。これはソ連側に対する口封じである。

そして早くも五月六日、三〇キロ圏内を立入り禁止にして、上空から炉を目撃したのはＩＡＥＡ幹部らのみ。この当時公表された事故状況は、実は事実とずいぶん異なるものであった。これについてはまた後で触れる。

一連の情報隠しを経て、八月二五日からウィーン本部で開かれたチェルノブイリ原発事故検討委員会は、事故原因を「作業員の操作ミス」と結論付けた。「制御棒を誤って引き抜いてしまったために原子炉が暴走した」というものである。そして「作業員が非常用炉心冷却装置（ＥＣＣＳ）の安全装置を、実験の前に切っていた」等、「六つの規則違反」を挙げた。席上で原因説明を行った原子物理学者、レガソフは、ソ連の学者らしからぬヒューマンな語り口、犠牲者に哀悼を表する巧みな弁舌で、会議参加者の心を打ち、ウィーン会議の立て役者と称えられた。

しかし、彼の胸中は複雑だったはずだ。なぜなら、事前に彼は「事故原因を作業員の操作ミスとする」ことについて、当時のゴルバチョフ大統領に了解を求めていたのだ。

●捏造報告を認めた〝同志〟ゴルバチョフ

「同志ゴルバチョフ、アメリカのスリーマイル島原発事故では、アメリカ当局は事故の内容についてわかっている情報のわずか四分の一しか発表しませんでした。そのことをよくお考えください」

結局、ゴルバチョフは初志に反して、運転員だけに責任を負わせる道を選択せざるを得なかった。（七沢潔『原発事故を問う』岩波新書　一二八頁）

パニックを防ぐため、ソ連代表レガソフに嘘の説明を許したのだ。レガソフはウィーン会議で予定どおり「従業員たちが犯した危険きわまりない六つの規則違反」を列挙した。

●ソ連代表レガソフ、首吊り死体で発見

レガソフは、その後、友人にこう独白している。

「ウィーンでは真実を語ったが、完全な真実ではなかった」（『原発事故を問う』一五四頁）

実に、意味深長な発言ではないか。明朗な性格の彼はその後「原発の安全性を確保するためには、体制の改革が必要」との主張を続けていた。真実をねじまげる根深い秘密主義の官僚体制のもとでは、真の安全性などありえないことを、事故の検証で痛感したのであろう。彼は改革を主張し続け、次第に孤立を深めていった。とにかく、レガソフは、チェルノブイリ原発事故のすべてを知る男だった。言い換えると「知りすぎて」しまった男かもしれない。

一九八八年四月二七日深夜。事故からちょうど二年目。レガソフは自宅階段で首を吊った状態で発見された。すでにこと切れていた。遺書はなかった。享年五二歳。衝撃が世界を走り、巷間に噂が飛び交った。他殺の疑いでＫＧＢと検察が捜査に着手したが、うやむやのままで終わった。すべてを知る男の口は、こうして永遠に閉ざされたのだ。

●五年後に突然出てきた「構造欠陥説」

その後、一九九一年、旧ソ連政府は、突然次のような報告書を発表した。

「事故の第一の原因は、原子炉の設計の欠陥、とりわけ制御棒の構造的欠陥であった」

それまでの「操作ミス説」と一八〇度異なる「構造欠陥説」が、五年もたった後に唐突に公式発表されたのである。なんとも不自然極まりない。「従業員たちの六つの規則違反」はどこに行った？その一方で、直前の地震の存在は、完全に黙殺され続けたのだ。不可解、ミステリーだらけだ。

それも「原発利権」という一語を想起すれば、謎は一瞬にして解ける。「作業員ミス説」も「構造欠陥説」も、どちらも実に都合のいい原因だ。欧米諸国には、旧ソ連は遅れている、後進国だという発想があるから、作業ミスだと言えば「やっぱりそうか」でおしまいになる。構造欠陥だ、と言えば「さもありなん」だ。

「なぜ、構造欠陥なのだ？」「爆発して壊れたからだ」、これでは論理が逆ではないか。「なぜ、爆発したのか？」の問いには答えていない。

●破綻した隠蔽工作

ＩＡＥＡやソ連当局が画策した「隠蔽工作」は、少しずつ綻び始めた。それを決定的にしたのが、ロシア科学アカデミーとウクライナ科学アカデミーの研究者たちの地道な不屈の研究だ。彼らは、チェルノブイリ原発の「石棺」の内部に何度も足を踏み入れて、現場踏査を続けてきた。その炉内調査は七年以上に及ぶ。

これまでの報道では、チェルノブイリ炉内は致死的放射能で汚染されているはずだった。ところが、事故後わずか二か月で調査隊が何回も炉内に足を踏み入れたという事実、それは、全世界に配信されたチェルノブイリ原発事故報道自体が、まやかしであったことを証明する。

八六年公表のソ連政府報告書では「放出された放射能は一～三％で、核燃料の九六％が炉心室に残っている」とされているが、炉内に入ったチェチェロフら専門調査チームは、炉内に核燃料はまったく残っていないことを確認。事実は政府報告の逆で、実際は九〇％以上が放出されていたと見る。

つまり、公式発表の約三〇倍もの放射能がチェルノブイリ事故で放出、拡散したことになる。ソ連政府はなぜ三％というウソの発表をしたのだろう。それは「パニックを防ぐ」「反原発運動を鎮める」と言うＩＡＥＡ、さらに各国との「合意」で明らかだ。事故の被害を少なめに見せるため、放出したと見られる核燃料量を三〇分の一に過少見積もりしたことになる。

●そして事実は明らかに

このほかにも、チェチェロフらは政府の報告とは異なる数々の事実を挙げている。ＩＡＥＡは事故後、上空から放射能遮蔽材として合計五〇〇〇トンもの砂やホウ素、鉛を投下したと発表したが、炉の中は「空洞」だった。大量の遮蔽材投下は虚偽ではないかと言う。また、この投下作戦自体、無意味であったことも判明。火災を鎮火できず、逆に核燃料混合物を覆って熱を籠らせてしまったのだ。

さらに、当初原子炉を囲む水タンクは事故で完全破壊されたと思われていた。しかしタンクは、無事で、かすかな傷があっただけだった。原子炉内の塗装はほとんどそのまま残っていた。原子炉の中はメチャクチャになっていると思われていたが、実際には四分の一ほどしか被害を受けていない。

チェチェロフは語る。

「もし事故が非常に高温で起きたものであって、局所的なものでなかったとすると、塗料は残るはずがない。こうした情報がたくさん記録され、写真、ビデオカメラに収められているのに、公式説明には、何も盛り込まれていない」（『隠されていた真実』）

●すべては「地震説」を闇に葬るため

事故現場の作業員たちが残した「爆発が二回あった」という証言は、世界中の科学者の頭を悩ませたと言われるが、一回目が直下地震の振動、数秒後に原子炉爆発の振動……と考えれば納得がいく。二回目の震動が地震記録には残されていないことを、ストラチョフは明快に説明していた。すなわち、二回目の爆発のエネルギーはすべて上に向かっていたので地下の震動はなかったのだと（『隠されていた事実』）。

これまでの公式発表には不可解なことがまだたくさんあるのだが、こうして俯瞰回顧してみると、原発推進の国際機関ＩＡＥＡにとって、チェルノブイリの事故隠しは、ただ一つ、当初から「地震説を闇に葬る」ためだけにあったように思える。

原発巨大マーケット、日本を失わないために

●核大国アメリカが設立したＩＡＥＡ

ここで、原発や核問題というと必ず出てくるＩＡＥＡの存在について、確認しておこう。原発推進の強力な国際機関、それがＩＡＥＡ＝国際原子力機関だ。

ＩＡＥＡは一九五七年七月二九日に設立、国連総会の承認を得て、国連専門機関の一つと位置付けられた。設立の目的は「原子力の〝平和利用〟」である。それを通じて「世界の平和と健康と繁栄に貢献する」という建前だ。その設立を提唱したのは、当時の米大統領アイゼンハワーである。つまり核大国アメリカによって設立された組織なのだ。

主な業務は、原子力〝平和利用〟のための、①科学者や技術者の交換、訓練、②核物質などが、軍事目的に利用されないための保障措置の実施、③核物質や設備の提供、④共同研究、セミナーや国際会議の開催など。

●加盟国に「核開発は許さない」

業務内容の②にある「保障措置」とは、加盟国の原子力の軍事利用、すなわち核開発を防ぐ目的で核査察を行うことを指す。これは、なんという得手勝手な理屈だろう。設立国アメリカ自身が核兵器開発に血道をあげる一方で、他の加盟国には「原子力の軍事利用は一切許さない」と言うのだ。なん

というエゴイズム。さすがに一般解説でも「そのため既存の核保有国の優位を保つ側面を持つ」(百科辞典『マイペディア』)と指摘されている。

核兵器の保有は、公的には米、露、英、仏、中国の五か国に限定されていることになっている。自分たちはいくらでも核兵器開発はOK。他国にはいっさい認めないとは、IAEAはスタート時から大国主導の偏頗な不平等組織だったのだ。IAEA事務局はウィーン。日本は設立当初から加盟。加盟国は一三九か国(二〇〇六年一月現在)。

●原発利権の総本山、最大の危機

IAEAの重要な業務が「原子力の〝平和利用〟」すなわち「原発推進」である。よって、この国際機関に世界中の原発利権が集中するのは当然の帰結だ。だからIAEAは、原発利権の〝総本山〟と化す。彼らは「推進」の障害となる存在・事柄を慎重に巧妙に排除していく。

彼らにとって最大危機はチェルノブイリ原発事故であった。世界中で原発に対して、恐怖と反発が巻き起こった。「原発推進」つまりは「ウラン利権」拡大を真の目的とするIAEAにとって、チェルノブイリ原発事故問題の急速な終息、沈静化は至上命題だった。

IAEA側は、事故が「反原発運動の拡大」につながることを恐れた。末期状態にあったソ連政府当局は「パニックの拡大」を恐れた。かくして、両者の狙いは一致した。

事故から三日後の四月二九日には、IAEAブリックス事務局長がソ連大使に対して反原発運動拡大の懸念を表明、さらに五月二日、同事務局長はソ連側に「大騒ぎを静める路線を取る」ことを確約している。これに対してソ連大使も世界各国の大使と連絡協議した。

「各国の大使の意見が『原子力利用の発展のために世界がパニックになることを防ぐべきだ』という点で一致していることを確認した」（『原発事故を問う』一三四頁）

これには呆れ果てる。事故によるおびただしい犠牲者や、凄まじい放射能汚染の拡大よりもなによりも、ＩＡＥＡ、ソ連、他の国々、すべてが「パニックと反原発運動の拡大を防ぐ」という点を優先したのだ。

●ＩＡＥＡのホンネ

事故後の処理でもＩＡＥＡは、痛烈な国際的批判を浴びている。ソ連政府がとった住民たちの避難、食糧制限に対してＩＡＥＡはこう評したのだ。——汚染地域の住民が陥っているのは「放射能恐怖症」という心理的な病であり、ソ連政府の避難基準は厳しすぎる……と。「放射能恐怖症」とはよくぞ言ってくれた。原発利権の総本山ＩＡＥＡの本領発揮だ。

様々な批判に対してＩＡＥＡブリックス事務局長は、『原発事故を問う』の中で著者に対して言い切っている。

「ＩＡＥＡとは加盟国の政府の利益と意向を代表する組織であり、各国の国民や、世界の市民

のための組織ではありません」（『原発事故を問う』二四〇頁）

「IAEAは世界の市民のために存在するのではない」とは、実に正直なホンネだ。

●原子力産業の巨大な〝圧力〟

地震説どころか地震の存在自体、長いことIAEAと旧ソ連政府によって完璧に封印されてきた。だから、日本でも反原発の立場の人たちでさえ、言下に「そんなことありえない」「信憑《しんぴょう》性がない」と判で押したような反論が返ってくる。事故当時はまったく聞かれなかった地震の存在が、突然表に出てきたことへの戸惑いをそこに感じる。しかし、ただ生理的な反発感で否定、拒絶したら、原発推進側の非合理な精神に近くなってしまう。なるほど、そういう説もあるのか、といった客観的なアプローチでこの地震説をとりあげ、検証してみるべきだろう。そんなのありえない、と見もしないでゴミ箱に放りこんだら、まさに呵々大笑するのは原発マフィアたちだけだ。

世界銀行の産業エネルギー部元部長、A・チャーチルは語る。

「ヨーロッパの原子力産業界は、大きな権力を握っている圧力団体でしょう。政治家は、こうした相手を敵に回すことにためらいを感じています。そして、財政面でも原発の廃止にかかる費用を納税者に求めなければならないことに尻込みしているのでしょう。結局は危険な原発を抱えている国自体が、原発廃止の計画には乗り気でないのです」（『隠されていた事実』）

これは、一言で言えば原子力産業の巨大な〝圧力〟によるものだろう。国連機関を乗っ取り、国家秘密警察と結託する。表でも露骨きわまりないが、裏での暗躍は、ただひたすら恐ろしい。その脅し、さらには籠絡《ろうらく》の前には、どんな政治家でもひとたまりもあるまい。

繰り返すが、旧ソ連とIAEAが地震説を黙殺する理由は、やはり原発ビジネスへの影響だろう。地震説を認めれば、世界は一気に原発廃絶へと向かいかねない。その脱原発の動きだけは喰い止めたい。それは、とりわけ日本など地震国との「商談」に大きな障害になる。世界の原発利権にとって、原子炉や核燃料を地震列島の日本に売り込むためにも、チェルノブイリ原発事故に地震が関与していては〝いけない〟のだ。そこで事故原因は、作業員の操作ミス説、さらに原発欠陥説と二転三転した。

●「絶対権力は、絶対ウソをつく」

政治学の第一命題は「絶対権力は、絶対腐敗する」だ。すると第二命題は「絶対権力は、絶対ウソをつく」となる。「腐敗を隠蔽しようとする」のは権力の本能だからだ。

かのヒトラーはかく述べた。「小さなウソはすぐばれる。大きなウソは絶対ばれない」と。また「ウソも百回言えば、真実（ほんとう）になる」とも。つまり、権力が発表した情報をそのまま信じるのはあまりに愚か、ということだ。彼らが真実を述べるはずはないからだ。

底なしの秘密主義、事故隠し、虚偽報告ｅｔｃ……。それはわが国の原発推進体制にも蔓延《まんえん》している。これは、チェルノブイリ級の事故が再びどこかで起こるであろうことの証左にほかならない。

悪夢から二〇年……〝真実〟は、いまだ隠されたまま

●被災者七〇〇万人、苦しみは続く

二〇〇六年四月二六日、チェルノブイリ原発事故二〇周年を迎えた。

被災者、約七〇〇万人――。人類史上最悪の事故といわれる惨劇で、汚染地域に今も住む被災者は約五〇〇万人。原発から「三〇キロメートル圏内」の一一万六〇〇〇人を含む約四〇万人が郷里を追われた。その間に旧ソ連は崩壊した。

多くの人々がガンや白血病など後遺症に苦しんでいる。この二〇年間で甲状腺ガンの発症率はウクライナで約一〇倍。ベラルーシでは約二〇倍にはねあがった。

しかし、その実態、全体像は、いまだ不明のまま……。

当時、四号機の消火活動中に被曝した消防隊長がいた。二〇〇四年に死亡した故レオニード氏。その血液検査の結果に心が凍る。リンパ球四割に染色体異常があった（広島市、放射線影響研究所）。

リンパ球は、ＮＫ（ナチュラル・キラー）細胞に代表される。ガン細胞を攻撃する免疫細胞だ。これら免疫細胞に異常が生じ免疫が低下したら、ガン細胞や白血病が全身を急速に蝕んでいく。もはや自明の〝地震説〟ですら、国際社会ではまったく黙殺されているのだから奇怪という他ない。ロシア・ウクライナ両科学アカデミーが最終報告書で、公式に「地震が原因」と断定したにもかかわらず。

二〇年目のこの日、ウクライナ、ベラルーシ、ロシアの被災三国は、合同の追悼集会を開催した。追悼行事は事故原発の近くで開催され、ウクライナのユーシェンコ大統領は「チェルノブイリを守るだけでなく、発展させることが課題」と訴えた。事故を教訓とせよ、と訴えているのだ。

避難民や原発作業員が多く居住する近郊の町、スラブチチでは、犠牲者数百人の遺族がロウソクを手に行列をした。

●IAEA、死者を一〇分の一に過少評価

遺族の痛みに対して国際機関は冷酷だ。事故による被害者数をIAEAは「被曝による死者は約四〇〇〇人」と公表。あまりの過少評価に唖然とする。事故直後、ソ連秘密警察KGBと「事故情報の完全隠蔽」の密約を交わしたといわれる同機関。その体質が浮き彫りになる。これに対してWHO(世界保健機関)は、これはまずいと判断したか、約九〇〇〇人と犠牲者数を上方修正。これには多数の犠牲者を出したウクライナ側が反発。国際機関は、ガン、白血病なども過少評価。それ以外の病気ははじめから黙殺している。四月二五日、キエフで開催された国際会議で同国の専門家たちは、チェルノブイリ事故による放射能被曝による死亡者数を四万人とする試算結果を発表している。

それを一〇分の一に低く見積もったIAEAの意図は明らか。原発利権の総本山はできるだけ原発事故を小さく見せたいのだ。

■チェルノブイリ原発4号機、通称「石棺」。
ソ連KGBとIAEAで“地震説”は封印された。

●プーチン政権は暗殺関与のスキャダル続出

隣国ベラルーシの首都ミンスクでは、一〇万人規模の追悼集会が開かれ、それはルカシェンコ大統領の弾劾集会となった。「欧州最後の独裁者！」と民衆は連呼し、三月の大統領選挙で不正があった、と激怒。さらに本家のロシア、プーチン政権下でも、大統領自身が元スパイの毒殺など一連の暗殺に関与したと指弾され、腐敗、混迷はいまだ深い。

そういえば来日した若いロシア人女性はハッキリと、「ロシアはマファイアが支配しています」と悲しげに首を振った。「ウラジオストック市長もマフィアでしょ？」にはぎょッとした。真偽はわからないが一連の暗殺スキャンダル続発は、まさにマフィアの抗争そのものだ。

●劣化する「石棺」から漏れ出す放射能

事故から二〇年――。広島型原爆五〇〇発分の放射能を噴出したといわれる「石棺」の老朽化ははなはだしい。

「石棺」とは爆発したチェルノブイリ原発四号機の別称。首都キエフから約一一〇キロメートル。道路は「危険」と書いた通行止めで遮断されている。この先「三〇キロメートル圏内」は立ち入り禁止区域。事故前には一一万六〇〇〇人が住んでいた。しかし、いまは人気の無い荒野だ。

一〇キロメートル圏内の入口には検問所。さらに原発から四キロメートル地点にはコパチと呼ばれる村があった。しかし、放射能汚染は凄まじく、家屋などはすべてブルドーザーで破壊され、穴に埋められてしまった。事故から二〇年後。それでも、この地点の放射線量は毎時九・四マイクロ・シーベルト。これは東京の自然放射能の約一〇〇倍。五日間で年間被曝許容量一ミリ・シーベルトを超える。

さらに進んで、ついに「石棺」が見えてくる。しかし、事故後の大混乱作業のため、四号機は完全に密閉できなかった。それは、デンマークTVの映像でもわかる。原子炉内から映した映像にも幾筋もの外光が降り注いでいた。多くの隙間から放射能は漏れ続けている。年間二〇〇トンもの雨水が侵入し、老朽化に拍車をかける。「石棺」から三〇〇メートル地点。放射線量、毎時一〇マイクロ・シーベルト突破。この汚染地域に残るのは、発電所職員、消防士、管理要員のみ。事故後、残留した作業員約三〇〇人のうち一〇〇人はすでに死亡したという。それでも居残って働く理由は、「他に仕事がないから」は無惨。

ボロボロに劣化し始めた「石棺」を覆う新しいシェルター建設計画が進行している。形はアーチ型。欧米や日本など二八か国が資金援助する。しかし、作業はこれら悲惨な状況にある最底辺作業員たちが担うのだ。

●被曝した子らをキューバが無償で治療

チェルノブイリにまつわる話は悲惨、苦難ばかりだが、美談もある。社会主義国キューバは、黙々とチェルノブイリ原発事故による放射能汚染に苦しむ子どもたちの治療を、無償で今も続けている。子どもたちの症状は白血病、脱毛症、腫瘍など。これまで一万八五〇〇人の子どもを含む約二万二〇〇〇人もの被害者が治療を受けた。ソ連が存在していた九〇年から始まった支援事業だが、ソ連崩壊後も連綿として続けられている。ウクライナ政府は、最大級の賛辞を表明。治療を受けた患者の八三%が同国民だ。

「チェルノブイリの子どもたちに、キューバほど大きな支援をしてくれた国はない」(ウクライナ保健相)

第三章

激烈地震はいつでもどこでも

中越地震、震度七、加速度二五一五ガルの驚愕！

●予想を超える震度、驚愕の加速度

「最大加速度二五一五ガルを記録……」

この報道に絶句した。新潟中越地震である。二〇〇四年一〇月二三日、午後五時五六分、六時三四分……と新潟中部を幾度も襲った直下の烈震は〝原発震災〟に対する大地からの警告だったのかもしれない。なぜなら原発の耐震限度は最大六〇〇ガル（二〇〇四年当時）。その差は絶望的だ。震源に近い川口町は、最も苛烈な激震のためデータ回線が裂断されて、その被害実態はまったく不明だった。三〇日になって復旧すると、その自動計測装置データに眼を通した専門家は、愕然とした。震度計は川口町役場の敷地内に設置されていたが、その数値は震度七を記録していた。同役場は震央から約二キロメートルと極めて近かったため中越地震の最大震度を記録したのだ。

震度七の観測は一九九五年、阪神淡路大震災に続いて二度目。震度七とは気象庁の「震度階」（〇～七の一〇階級、五と六にはそれぞれ強弱がある）の最大震度で、「人間は自分の意志で動けず、ほとんどの家具は大きく移動したり飛んだりする。広範囲でライフラインは切断され、大規模な地割れ、地滑り、山崩れが起きる」と示されている。まさに、新潟の秋の夕刻を襲った中越地震は、そのとおりの凄まじ

い被害の爪痕を残した。

●新幹線が浮いた！　岩が跳ねた！

震度の激烈さにも恐怖を覚えるが、それより戦慄すべきは、その加速度の凄まじさである。未曾有の激震と言われた阪神淡路大震災で観測された最大加速度は八一八ガル（一ガルは一秒に一センチの加速の意味）。ちなみに重力加速度（G）は九八〇ガル、一秒に九・八メートルの加速で落下していくのと同等である。逆に直下地震で縦方向に九八〇ガルだと加速度は相殺しあって物が浮く。一〇〇〇ガルを超えると数十キログラムの岩でも浮いたり跳ねたりする。

この地震の衝撃で上越新幹線「とき」三二五号が脱線。あわや転覆という状態で停止した。あの新幹線の巨体が、重力加速度を超える直下の衝撃で、瞬間、空中に浮いたのだ。

この地震加速度の測定は、一九九六年に全国すべての市町村に地震自動計測装置を配置して行われるようになった。それまでは地震の尺度である震度ですら役場などの担当者が「体感」によって決めていたというから、なんともアバウトな話だ。

ましてや加速度ガルの測定など極めて限られた観測施設以外は、まったく不可能だった。しかし、これまで数多くの日本人が体験、体感した地震の目撃記録では「石や岩が跳ねた」などの証言がある。これは九八〇ガルを超える激震が襲ったことの証しである。

●「関東大震災の三倍に耐える」の大嘘

「原子力発電所は、関東大震災の三倍の地震に耐えられる」――これは、どこの原発やPR館などでも繰り返しされている。しかし、これは悪質ペテン・キャンペーンだ。

関東大震災は、〝俗説〟で三〇〇～四〇〇ガルと言われてきた。しかし最近の研究で六〇〇～九〇〇ガルだったことが判明している。原発の多くは破壊される。だから推進側のPRは完全に虚偽、嘘八百なのだ。原発推進側がさかんにPRする「関東大震災の三倍に耐える」は子どもだまし以下の嘘だった。図3-1は、浜岡原発の耐震性を示す。たった四五〇～六〇〇ガルという数値に唖然とする。

本章冒頭の川口町の数値を見て欲しい。最大加速度二五一五ガル！　本震に続く午後六時三四分、第二波で観測された。原発の耐震許容加速度六〇〇ガルの四倍以上。これは、たとえるなら一秒間で物体が二五メートルも瞬間移動する。そんな凄まじい加速度なのだ。五時五六分の本震でも一七二二ガルを記録。やはり

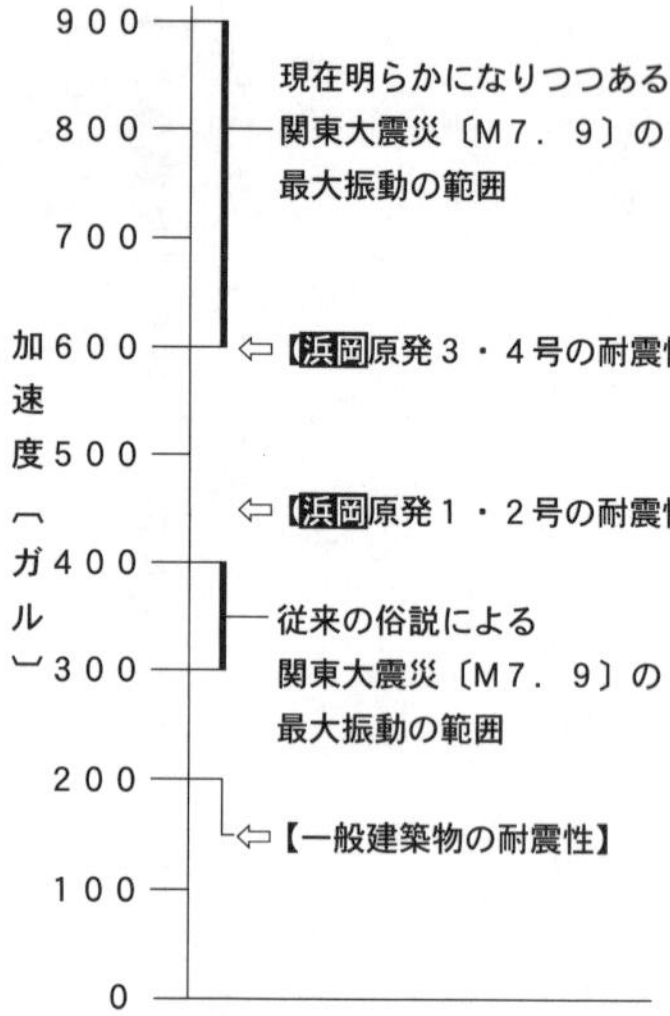

図3－1
■原発は関東大震災の3倍の地震に耐えられるという嘘（『東海大地震と浜岡原発』（1997年3月9日、シンポジウム全記録）

市町村名	震度	最大加速度（単位ガル）
小千谷市	6強	1008
十日町市	6弱	1337
栃尾市	6弱	1063
新潟川西町	6弱	824
津南市	5強	492

（気象庁まとめ）

図3－2
■新潟中越地震の最大加速度
（『東京新聞』2004年10月25日）

地震（発生地）	場所	震度	加速度（単位ガル）
鳥取県西部地震（2000年10月6日）	鳥取県日野町	6強	1584
	鳥取県西伯町	6弱	1077
芸予地震（01年3月24日）	広島県河内町	6弱	1404
鳥取県西部地震（03年5月26日）	岩手県大船渡市	6弱	1106
	岩手県室根村	6弱	1062
	岩手県衣川村	6弱	1039
宮城県連続地震（03年7月26日）	宮城県鳴瀬町	6弱	2037
	宮城県矢本町	6強	1609
	宮城県鳴瀬町	6強	1081
	宮城県鹿島台町	6弱	1631
鳥取県西部地震（03年9月26日）	北海道幕別町	6弱	1091

図3－3
■1000ガル以上を記録した最近の地震と主な記録（『東京新聞』2004年10月25日）

原発耐震性の約三倍。

川口町の家屋の五割以上が崩壊したという。その激烈な振動を思えば当然であろう。「部屋がジェットコースターに乗っているように激しく揺れた。吐き気を感じた」という証言がある。まさに絶叫マシン並みの加速度だったのだ。

想像して欲しい。万が一、この川口町の地上に原発があったならば、耐震限度の三倍強の加速度の激震が原子炉や関連施設を直下から襲うのである。

●一〇〇〇ガル超の地震が全国各地で多発

注目して欲しいのは、加速度が一〇〇〇ガルを超えたのは川口町だけではない。

図3-2は、川口町以外の中越地震による最大加速度の記録だ。小千谷市、十日町市、栃尾市で、いずれも重力加速度を突破している。

さらに図3-3を見て欲しい。これまでに耐震限度を超えた最近の地震の一覧だ。中越地震だけが例外ではない。

鳥取、広島、岩手、宮城、北海道……つまり最大一〇〇

○ガルを超える地震は、日本全国で頻発しているのだ。この一覧を見ているうちに、またもや血の気が引いてくる。

政府や電力会社の〝公式見解〟によれば、原発の耐震限度は八〇〇ガルという。（経済産業省「発電用原子炉施設に関する耐震設計審査指針」平成一八年九月改訂に伴う各電力会社の対応）

冗談ではない。ならば、もしも、これらの一覧地域に偶然に原発が立地していたら、それは大事故を起こし、まさに戦慄の〝原発震災〟を引き起こしていた――ということではないか。

●一秒で足もとの地面が一五七センチ動いた！

さらに川口町の地震計波形データは「揺れの速さ」も桁外れであったことを示す。最大秒速一五七センチ。これは阪神淡路大震災（同一三四センチ）、鳥取県西部地震（同一四七センチ）をも上回り、観測史上の最大速。ちなみに一〇センチ動いただけで走行中の新幹線は九〇％以上の確率で脱線する。わずか一秒で足もとの地面が一五七センチも動く！　その激震に原発のパイプ溶接か所は確実にギロチン破断するだろう。あらゆる配管システム類はズタズタに断裂するのではないか。中越地震は、それに加えて観測史上二度目の震度七、加速度二五一五ガルと、〝三大ワースト記録〟を塗り替えた。これまで「想定外」だった激烈巨大地震は、いつ起こってもおかしくないことを意味する。

●柏崎原発六基、運転続行のナゾ

死者四〇人、重軽傷者約三〇〇〇人。家屋被害五万戸超。被害総額三兆円。これが中越地震の〝決算〞である。しかし、一つ忘れられたことがある。原発はだいじょうぶだったのか？　マスコミ報道でも原発関連は皆無に近く、逆に不気味であった。

揺れの一瞬、原発関係者は凍り付いた。中越地震の激震は柏崎市も震度五強で襲った。ここには東京電力の柏崎刈羽原発七基がある。定期点検中の四号機を除く六基は稼働中。この中越地震の揺れですぐに運転を停止したのかと思いきや、敢えて、運転続行。その理由は、原発は水平方向の加速度一二〇ガルを感知すると装置が作動し、「三秒以内で自動停止する」しくみだという。今回の地震でセンサーは六〇ガルを記録。半分なので運転は強行されたのだ。しかし、新幹線ですら地震を感知したら全線停止させ、異常を点検する。中越地震ではそれも間に合わず、開業以来初という脱線の無残な姿をさらした。実は、この「安全神話」崩壊の背景には〝脱線予測〞データ黙殺があったのだ。

●黙殺された〝脱線予測〞データ

そのデータとは「――新幹線が時速二五〇キロで走行中、軌道面が横に一〇センチずれると九〇％以上の確率で脱線する」というもの。阪神淡路大震災では二〇センチ以上の横揺れが確認されている。つまり、同クラスの地震では、ほぼ一〇〇％確実に新幹線は脱線転覆する。二〇〇五年三月に起きたJR西日本福知山線の脱線事故は死者一〇七名という未曾有の大惨事となった。先頭車両に続く車両がくの字型に次々に追突、被害を拡大させた。中越地震では、この〝くの字〞追突は奇跡的に起こらずに止まって、乗客は難を逃れた。

このデータをまとめたのは早稲田大学理工学部教授（地震工学）の濱田政則氏ら。同氏は阪神淡路大震災を教訓に国が鉄道関係の地震対策を検討するため設置した「耐震基準検討委員会」の委員長だった。その過程で、恐るべき〝脱線予測〟データが明らかになった。

「記者会見を開いて明らかにしよう」と言う、委員の声もあった。しかし、結果的に「何の行動もとらないまま」放置された。原発と同じ対応が、新幹線でも行われていたのだ。ただ『静岡新聞』が二〇〇一年四月、その衝撃データを一面トップでスクープ。しかし、JR関係者どころか他のマスコミまで〝黙殺〟。こうして貴重な警鐘データは「安全神話」の陰に埋没させられたのだ。

それでも死傷者ゼロ。対向車線との正面衝突も回避された。まさに、紙一重の奇跡！　専門家の間では、中越地震に見舞われた柏崎原発も「新幹線同様、奇跡的ラッキー・ケース」と囁かれる。

柏崎の運転続行の根拠に「原発耐震基準」がある。「本震一回に耐えればよい」という一九七八年作成当時のまま、いまだ運用されている。ご存知のように中越地震は、その後、夥しい数の強烈な余震が連続した。これらが老朽化した複雑極まる原発設備に、予想外の歪みやストレスを与えたであろうことは、素人でも想像がつく。しかし、原発の「自動停止しない限り安全」という旧態依然の甘い運転姿勢が、この中越地震で明らかになった。

「今後もラッキーが続くとは限らない。原発事故があった場合「運が悪かった」ではすまない」

（『サンデー毎日』二〇〇四年十一月十四日）

その警告は三年もたたぬうちに的中した。二〇〇七年七月一六日、中越沖地震の激震だ。

迫る巨大地震の連鎖。列島全土に、待ったなし

●どこでも起こる！　震度六〜七地震マップ

「中越地震クラス（M六・九）は、どこでも起こり得る」

内閣府は、二〇〇五年一月六日に〝防災マップ〟を発表した。まず、全国の九市区町をモデル地域として、五〇メートル四方に区分け。想定される最大地震が発生した場合の震度分布と建物被害の危険度を予測した。間近に迫ったといわれる東海、東南海、南海のような巨大地震（海溝型）や、中越地震のような活断層による直下型で、すべての地域は震度六弱以上になるという。さらに、徳島県鳴門市沿岸部や神戸市の一部では予測震度七となった。

モデルとなったのは他に世田谷区、茅ヶ崎市、長泉町（静岡県）、岡崎市（愛知県）、海南市（和歌山県）、北茂安町（佐賀県）。聞き捨てならないのは、政府はこれらの全地域で震度六〜七の巨大地震が「起こり得る」と想定していることだ。

日本列島には、いまだ九割以上が未知といわれる活断層が縦横無尽に走っている。スマトラ沖巨大地震のように何の兆候もなかった海溝型地震が、突如牙を剥くこともある。日本列島周囲は、危険な海溝（トラフ）もまた、縦横に列島を取り囲んでいるのだ。

●首都圏直下型で死者一万二〇〇〇人

二〇〇四年一二月一五日、中央防災会議は首都圏で中越地震クラスの直下型地震が発生した場合、死者は最大一万二〇〇〇人に達すると予測。日中なら帰宅不能者六五〇万人に。死者の約六割は地震直後に発生する大火災による焼死。東京湾北部でM七・三クラスが起きた場合、全壊建物が一五万戸。火災焼失が六五万戸。杉並、世田谷、大田、練馬、中野区など、住宅密集地域はほぼ全滅。一面焦土と化す。恐ろしいのは犠牲者数に、地下鉄などに閉じ込められる被害は一切想定されていないことである。被害をできるだけ過少評価してもこの数値だ。

同じ直下地震は、日本列島どこで起きても不思議はない。

いずれにしても中越地震クラスの激震は、これから確実に、波状攻撃のように日本列島を襲い続ける。その海岸線に林立する五五基の原発は、その激烈な振動にどこまで耐えられるのか、想像するだに暗澹としてくる。

●M七クラスはいつでも、どこでも起こる

直下の激震に福岡県人は青ざめた。二〇〇五年三月二〇日午前一一時間前、震度六弱、一人死亡、二名重体、負傷四〇〇人超。福岡出身の私も驚いた。田舎の母は体がすくんだという。八四年の生涯で初めての大揺れ。それどころか過去三〇〇年余で最大の地震だった。いわゆる福岡西方沖地震は、日本列島のどこにいても、「想定外」の巨大地震に見舞われることを教えてくれた。「首都圏を含めM七クラスの地震はいつどこで起きても不思議ではない」と地震学者は声を揃える。

最も被害が激烈だった玄海島は、その数日前に発表された政府「地震想定マップ」で、今後「一万年に一度」の確率でしか起こらない、という〝最も安全〟地域だった。それが一万年どころか数日以内に直撃。いかに政府の災害予測があてにならないか、皮肉な実証となった。

●地震エネルギーの溜った〝空白域〟

気象庁の精密地震観測室の石川有三室長は、中越地震を予測していた一人だ。それは〝空白域〟理論と呼ばれる。近年まで地震が記録されていない場所は、それだけ地殻エネルギーがたまっており、地震が起きる確率が高い。琉球大学教授、木村政昭氏の理論もこれに近い（一〇四頁参照）。ただし、木村氏は、これに火山活動の観察も加える。都心にいちばん近く、地震発生時に大きな被害が予想されるのが銚子沖〝空白域〟。M七前後の地震が予測される。

これらは局地的に発生する地震だ。しかし、浅い震源から直撃を食うと、被害は狭い地域に限定されるが、中越地震のように真上の地域は激烈な被害を被る。

これらは関東大震災などのように周期性もなく、まさに、日本列島どこで起こってもおかしくない。

●三大地震、「東海、東南海、南海」

それら局地地震と対象的なのが、プレート理論による周期的な巨大地震だ。

海洋プレートが押されて大陸プレートの下に潜り込み、その反発時に巨大地震が発生する。これはよく知られている。異なるプレートが出会い、一方が潜り込む境界線をトラフ（海溝）と呼ぶ。日本

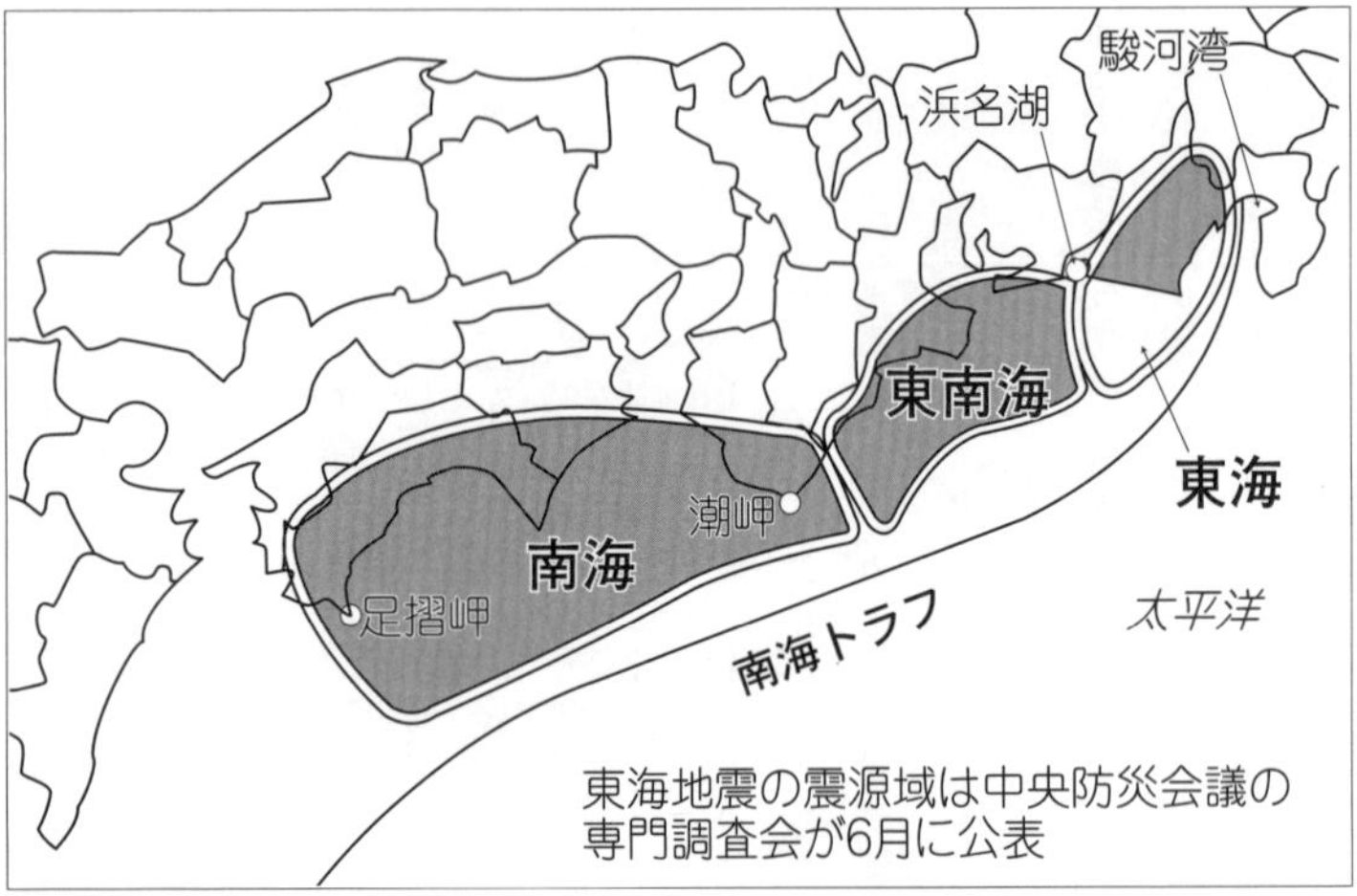

図3－4
■東海、東南海、南海……同発でスマトラ地震なみの惨害に。
南海、東南海、東海地震の想定震源域（『東京新聞』2001年9月28日より）

近辺は、フィリピンプレート、北米プレートなど、幾つものプレートが出会いひしめき合っている。そのストレスが数多くの火山と地震を生み出しているのだ。そのプレート型三大地震が間近に迫っている。それが①東海地震、②東南海地震、③南海地震である。駿河湾から四国沖にかけて延びる駿河湾トラフと南海トラフ沿いに激震が生まれる。それは一〇〇～一五〇年に一度という歴史的な周期で繰り返し発生している。つまり今後、確実に発生する（図３－４）。

浜岡原発を直撃する恐れがあるのが、①東海地震だ。②東南海地震は、紀伊半島東岸の沖で、政府地震調査委員会が「今後、三〇年以内に五〇％の確率で起こる」と予告するM八級の巨大地震である。これまでには一九四四年に発生し、最大一〇メートルの津波が襲い一二〇〇人以上が犠牲になった。③南海地震は確率は四〇％。紀伊半島と四国沖で起こる。M八・四と②東南海以上に激烈だと予測されている。

これらは、②東南海地震では過去五回分、③南海地震は過去四回分の発生記録から次回の地震が起きる確率を計算したもの。戦慄の恐怖は、②と③が同時発生するケースもあること。過去四回のうち二回は同時に起きている。残り二回も、②東南海が起きた翌日と二年後に、③南海地震が続発している。同時発生時の予想マグニチュードは八・五だ。なんと阪神淡路大震災の六〇倍もの破壊力である。中央防災会議は、犠牲者を「最悪二万人以上」と想定しているが、これには原子炉災害の約一三〇〇万人超の〝犠牲者〟は想定もカウントもされていない。

●第四の関東新プレートでM八の大地震が？

二〇〇五年五月、関東直下に新しい地殻プレート（関東プレート）が発見された。これまで関東地方は、①「北米プレート」、②「フィリピン海プレート」、③「太平洋プレート」と三重地殻プレートが重なり合っていると考えられていた。ところが、②と③の間にもう一枚、④「関東プレート」が挟まっていた。そのサイズは約一〇〇キロメートル四方と小さめだが、その真上、首都圏には約三〇〇〇万人が生活している。専門家は、近々このプレート上下両面で境界型巨大地震が同時発生すると予測。それはM八～九レベルの超激震の可能性が高いという。すると秒読み段階の東海・東南海・南海大地震も連動誘発しかねない。

その警告は関東平野を「縦に切り裂く大断層出現」「首都圏が大陥没」「現在より数倍大きな〝新東京湾〟が出現」など、あまりの奇想天外さに戦慄する。さらにM八東京直下地震では、犠牲者三〇〇万人超という試算もある。むろん、あくまで推計推測にすぎないが「起こらない」という保証もない。

予兆は現れている。二〇〇五年六月一～二日、東京湾直下でたて続けに五回もの有感地震（震度一～三）が続発した。専門家は新「関東プレート」南端でプレート境界型地震が起き始めているという。東京湾で前年、大豊漁だったアナゴがパタリと不漁になった。海底へドロの大量湧出などの異常現象も確認されている。

関東直下に〝第四のプレート〟など、だれも想像しなかった。想定外のことが出来《しゅったい》するのが天災であり天変地異なのだ。「過去に起こった地震から予測して一〇〇〇ガルを超える地震は起こらない」などとする浜岡原発。それがいかに机上の空論かは自明だ。

●三重（トリプル）地震に富士山噴火

それどころか、①東海地震、②東南海地震、③南海地震が、同時にあるいは続発して起きる悪夢もありうる。二〇〇四年一二月のスマトラ沖巨大地震と同じパターンだ。

いわゆる巨大地震連鎖で、それら地震ストレスで、最後に四つのプレートが交差する地点にある、④富士山が噴火するという予測すらある。こうなると天変地異を通り越して、この世の終わりだ。そのときは列島沿岸部、五五基の原子炉は、はたしてもちこたえられるのか？　耐震限度六〇〇ガルの原発に一〇〇〇～二〇〇〇ガルの激震が襲う。原子炉内部は完全破壊されメルトダウン（炉心溶融）、水蒸気爆発、なんでもあれの地獄が出現する。

すべての日本人は放射能の業火に焼かれもがき悶絶するしかなかろう。

活断層がないのに鳥取大地震――「耐震指針」をみなおせ

●鳥取地震は活断層がないのにM七・三

二〇〇〇年一〇月六日、鳥取県西部地震M七・三発生。

〝対応する活断層が知られていない〟のに震源の浅い大地震が発生した。〝原発震災〟の警鐘で知られる、神戸大学教授（地震学）の石橋克彦氏は、この鳥取地震が「日本の地震防災にとって重要な意味を持つ」（『朝日新聞』二〇〇〇年十一月一日「論壇」以下同）と指摘した。彼は三〇年近く前に「東海大地震説」を提唱した著名な地震学者で、彼こそが〝原発震災〟を日本で最初に警告した人だ。

これまで日本では、地震といえば活断層の有無が問題とされた。しかし、石橋氏は常に「活断層がなくても直下大地震は起こる」と強調。それが鳥取で起こった。活断層が知られていない地下で大地震が起こっても「少しも不思議ではない」のだ。よって、石橋氏は、ただちに原発「耐震設計審査指針」見直しを要求する。この「指針」とは『原発は活断層を避けて建設する』よって『直下大地震はありえない』という論法だ。よって「活断層のある場合のみM六・五直下地震を想定すればよい」としている。この「指針」は、高速増殖原型炉〝もんじゅ〟訴訟判決で福井地裁が〝合理的〟と認めた。「しかし、指針が間違っていることは、今や明白である」（石橋氏）。鳥取地震によって「活断層」＝「地震」の〝絶対条件〟は崩れ去った。つまり、地裁判決はあやまりなのだ。

●地表も、地下も、揺れは「大きい」のだ

さらに、鳥取地震で二番目の〃常識〃も崩れた。震央付近の岩盤地帯の広範囲で「地表も地下も」非常に強い揺れが観測されたのだ（科技庁観測網）。石橋氏は「原発立地点は岩盤だから揺れが小さい」という従来説明の崩壊を指摘する。そして起こり得る破滅的〃原発震災〃に警鐘を乱打するのだ。「指針の改定と全国の原発の耐震性の総点検は一刻の猶予もならない」

三番目、石橋氏は放射性廃棄物の「地層処分」の欠陥をも浮き彫りにした。これは高レベル放射性廃棄物を「地下に埋めて捨てる」処分だ。推進側は「地下水で溶出する放射能を岩盤が何万年も閉じ込める」「活断層を避ければ大地震は起こらない」「よって安全である」と主張。しかし、鳥取大地震で「これもあやまりであることが実証された」「地層処分の政策そのものを見直すべき」。石橋氏の警告に、推進側は、もう耳をふさぐことは許されない。

●わずか五％の活断層では、予知は不可能

琉球大学教授（海洋地震学）、木村政昭氏は、阪神淡路大震災、鳥取西部地震、そして中越地震と、近年続発する巨大地震は、政府の地震専門部会が危険と指摘していた〃活断層〃が原因ではない、と言い切る。つまり「プレート境界や主な活断層だけを見ていても地震予知はほとんど成果を上げられない」。木村氏の発言は、その中越地震を予知していただけに重い。よく知られるプレート型は、大陸や海底はプレート（地殻）に乗って地球内部のマントルの対流によって移動しており、その境界面の反発で起こる地震である。一九二三年に起きた関東大震災はその典型で、ある周期で繰り返される。

阪神淡路大震災は、これと異なり活断層のズレで起こった。よって活断層型と呼ばれる。

この活断層がクセモノ。日本列島には活断層が少なくとも二〇〇〇個はあると推定されている。ところが、判明しているのは九八個にすぎない。約九五％は見えないところに潜んでいるのだ。ところが政府の地震予知連絡会は、五％程度の活断層だけを監視して、地震予知をしようとしているのだ。

●無視されてきたプレート内部型地震

だから、原発立地調査では活断層の存在だけで地震リスクを判断している。これは、根底から狂っていると言える。さらに約五〇万年前以降の活断層は〝危険〟としていた。ところが、それだと「原発建設ができない」ので〝五万年前以降〟に、すりかえるなど、「初めに建設ありき」のご都合主義で話にならない。

実は、大地震にはこの、①プレート型、②活断層型の他、③プレート内部型と呼ばれるタイプがある。これはプレート境界に近い内部で、M七級でエネルギーを放出する。この断層は深くて地表からは不明。よって、予知の対象外と無視されてきた。

このように、これまでの地震論に大欠陥があったのだ。その欠陥理論で導かれた原発安全論も、まったく欠陥理論であることは言うまでもない。

●ドイツは「断層がある」だけで原発閉鎖

ドイツでは一九九八年七月、建設されて間もなく「操業停止」を命じられていた原発の「閉鎖」が確定した。なぜか？　その理由は「敷地一部に断層が走っており〝原発震災〟の可能性がある」（『軍縮』一九九九年五月）からだという。

ドイツでは、原発敷地に「断層があるだけで」閉鎖命令が下される。このこと自体が驚きだ。しかし、なぜかこのドイツ原発閉鎖のニュースは、いっさい日本では報道されなかった（日本に報道の自由がないことは、この一点でも自明）。

「日本では原発の敷地に断層があるのは珍しくない」とは『たんぽぽ通信』で反原発情報を発信し続ける小田美智子さん。彼女がこだわる浜岡原発の地下にもハッキリと断層がある。さらに、彼女の告発に、ドイツ国民なら恐怖で凍り付くだろう。

「（浜岡原発の）設置許可申請書にも書かれているが、一、二号機の直下には何本もの破砕帯（岩盤の中で岩が細かく割れ、地下水を溜め込んだ軟弱な地層）があり、三、四号機の真下には四本のH断層（浜岡原発の敷地内にある断層の呼称。Hは浜岡の頭文字）がある。もし、東海地震によって、この断層が動いたら、上のものがどんなに耐震性を持たせてあっても、どうしようもない」（小田美智子さん）

浜岡原発だけでなく、日本の原発地下は、破砕帯や活断層だらけ。〝原発震災〟を回避するドイツ基準なら、日本のほとんどの原発は、即時、閉鎖命令が下る。

さて、浜岡原発の地下で確認されている、これら破砕帯やH断層について、政府の専門家は次のように言い逃れている。

「……破砕帯は、過去の事実が将来も続くという『仮定』に立って、原子炉の稼働年月内においては、活動する確率が極めて低いと判断することができる」

「H断層はほぼ一万年以上は活動していないと思われる……」云々。

ドイツ政府担当者なら絶句、卒倒するだろう。政府の「この『仮定』や『想定』がはずれたら、どんなに強固な耐震性を施した原子炉もあっけなく破壊する。そのとき、国民の生命など大切に思っていないこの国の人々の運命がどうなるのかは、いわずもがなでしょう」（小田美智子さん）。

浜岡原発わずか一基が破壊されるだけで「約八〇〇万人が死ぬ」と専門家は試算する（瀬尾健『原発事故…その時、あなたは！』風媒社）。

まさに地獄列島、その苦悶の犠牲者の中に、あなたも私も、含まれているかもしれない。

以上は、活断層があれば〝原発震災〟の可能性がある、という議論だ。ところが鳥取県西部地震は「活断層がない」のにM七・三地震が襲った。石橋氏の言うように「活断層がなくても巨大地震は起こりうる」のだ。ましてや、原発の直下に破砕帯や活断層の存在。なにをかいわんや!!

●原発の耐震限度M六・五vs阪神淡路大震災七・二

政府は地震の恐怖を直視したくないのか？

阪神淡路大震災はM七・二の直下型地震だった。ところが政府は、原発耐震性能では六・五までしか想定していない。加速度（ガル）だけでなく、エネルギー規模（マグニチュード）でも、日本の原発は確実に破壊される。

もしあの阪神淡路大震災が原発を直撃していたら……。われわれは、おそらく今、存在していないだろう。ところが「この規模の直下地震は〝想定外〟」と言う科学技術庁の回答には呆気にとられる。

その理由は「原発立地地点の事前調査で大きな活断層を見逃すことはありえない」から、と平然としている。

つまり活断層を事前調査で徹底チェックしているから、阪神淡路大震災クラスは起こりえない、というのだ。しかし鹿児島県川内《せんだい》原発の立地調査では、地盤調査のボーリングコアをすり替えた、と国会追及されている。日本屈指の地質学者、生越忠氏は「原発はほとんど『基盤に不適』な軟岩層に建てられた」と告発している(第四章参照)。

なのに巨大地震は〝想定外〟と言ってシレッとしている政府担当者の神経は、われわれの理解をはるかに超えている。

●〝危ない〟活断層を一〇分の一に減らす

一九八一年一月「原子力安全委員会」は、原発に関する「耐震設計審査指針」を定めた。まず、想定地震。これは、その地域で過去に起きた地震を調べ、再発の可能性があるものを活断層から割り出し、これを①「設計用・最強地震」とする。もう一つ。これを上回る直下型地震などを②「設計用・限界地震」とする。

①「最強地震」は「緊急炉心冷却装置(ECCS)」など重要機器の設計に適用される。

②「限界地震」は放射能の封じ込め、原子炉制御、原子炉格納容器、制御棒などに適用する。

この二段階の「耐震設計」で科技庁は安全性を強調する。しかし「指針」では活断層に不可解な〝条件〟をつけている。つまり①は一万年前以降、②は五万年前以降に活動した活断層に限定する。

奇妙としか言いようがない。

まず、そもそも活断層の有無を前提とすること自体滑稽だ。日本列島の地下には、未知の活断層がそれこそ縦横無尽に走っている。これまで発見された活断層は推定約五%と、ほんの一部なのだ。「活断層がない」とは「発見されてない」の意味。〝存在しない〟のではない。また①、②の〝条件〟つまり一~五万年以前の古い活断層は〝地震を起こさない〟とはだれが決めたのか。

七七年、衆議院で「危険な活断層」の定義を質問され、科技庁は「四〇~五〇万年前以降」と回答している。七八年には、それが「一~五万年」となった。わずか一年で「危険な活断層」は一〇分の一以下に激減した。

●調査や理屈はあとからついてきた

つまり、古い活断層まで〝危険〟としていたら原発を建てる場所がなくなる。だから「一~五万年前以降」と緩和したのだ。これを世間ではご都合主義と言う。理屈はあとからくっつけた。

当時、「原子力委員会」委員として意見を述べた東京大学名誉教授の松田時彦氏は告白する。

「『指針』を厳しくすると『原発を建設できなくなる』ことも考慮したのではないか。(そんなことが)社会に受け入れられるか。日本の原発の立地点が選定され始めた一九六〇年代は、活断層に対する認識が低かった。あまり考慮しないで立地した側面がある。『調査や理屈』はあとからくっついてきた」(『毎日新聞』一九九五年三月二九日)

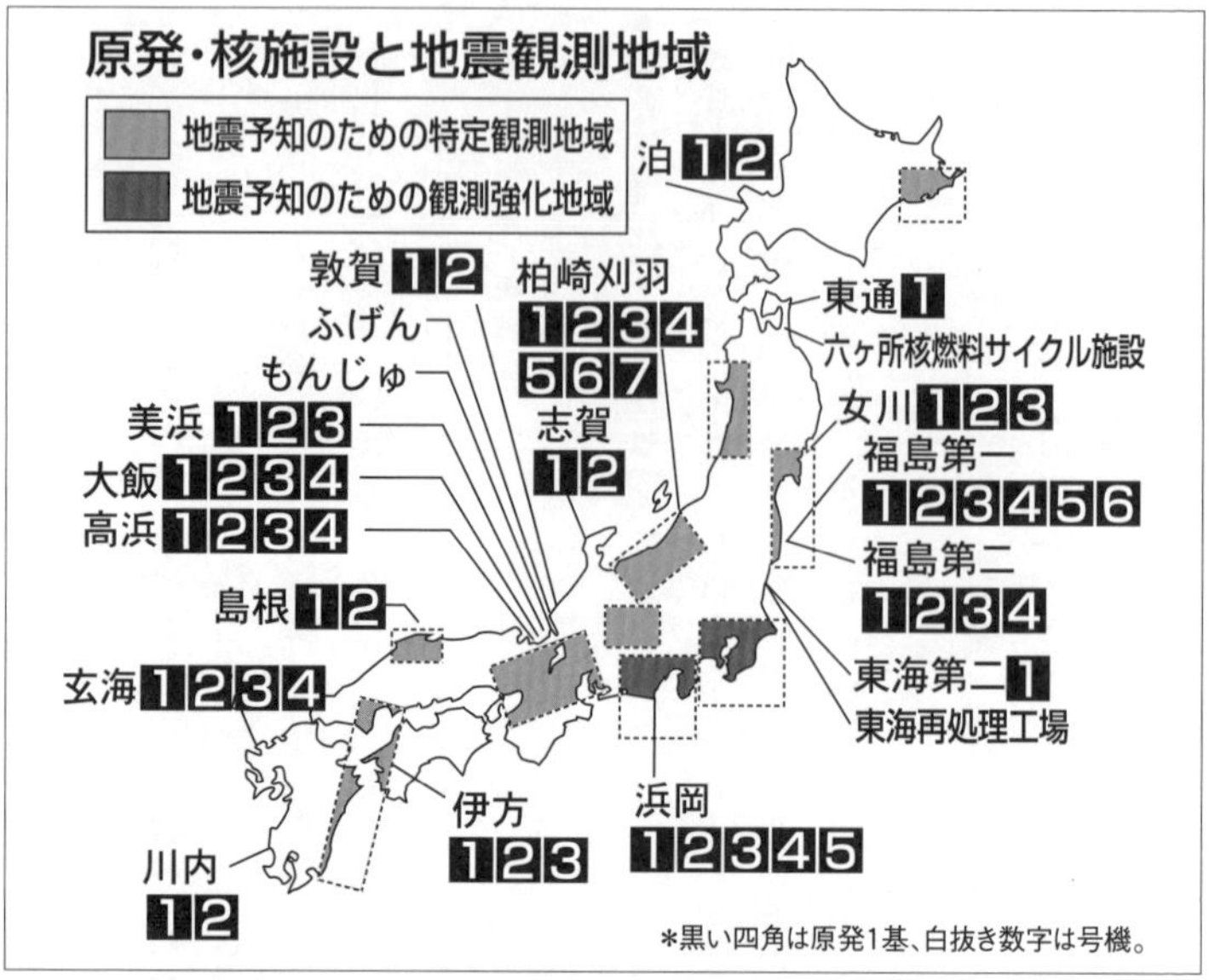

図3－5 ■"地震の巣"に55基もの原発を建設する狂気
観測地域周辺に大半の原発。
（『原子力市民年鑑』2006年版〈七つ森書館〉に掲載された「原子力資料情報室」提供の資料をもとに作成）

背筋が寒くなる。これが原発推進派の本音。松田氏によれば七八年以前には、「原発建設に地震に対する配慮はゼロ」（『毎日新聞』同）。よって耐震設計の「指針」すらなかった。

アメリカは、まだ少しは科学的と言える。かつて地震が多い西海岸で建設中だったボドガ・ベイ原発の敷地内に断層が発見され、一九六三年、建設は断念された。マリブ原発も研究者が断層の存在を指摘して大論争となり七三年、建築計画が廃棄された。

日本の原発関係者は、彼らの爪のアカでも煎じて飲むがよい。〝見ぬこと清し〟で、無いことにして突き進む日本の原発政策は、それこそ地獄への超特急だ。

●〝地震危険地帯〟に原発集中

地震予知連は、活断層などの分布状況などをもとに一九七三年までに全国一〇か所を地震発生〝危険地域〟としてリストアップ。「特定観測地域」（やや強い）と「観測強化地域」（危険性が強い）にランク付けている（図3-5）。

この分布図を見れば、だれでも膝が震えるだろう。日本の原発の大半が、〝危険地域〟に集中しているのだ。浜岡五基は、より危険なA区域に、西の〝原発銀座〟と呼ばれ一五基が集中する敦賀・若狭地域は、うち一〇基がB「特定観測地域」の北縁に位置する。東の〝銀座〟福島第一の六基、第二の四基、女川《おながわ》三基が、すっぽりB地域に含まれる。はっきり存在確認されている活断層が警告する〝危険地域〟に、これだけの原発が稼働している。

さらに隠れた活断層が日本列島を蜘蛛の巣のように走る。欧米の原発専門家は、このような日本の建設ラッシュの状況を見たら、ただ「クレージー」と絶句するだろう。

大津波が原発を呑む？——沿岸の原子炉はすべて危ない

●三〇メートル！　一〇階建ビルの高さの津波

地震に加えて、原発への不安は津波だ。日本中の原発は海岸線に沿って林立している。これは高熱を発する炉心を冷却するために大量の海水が必要だからだ。つまり海水面に近い位置に建設されている原子炉は、津波をモロにかぶる。するとどうなるのか？

日本で記憶に新しいのが北海道、奥尻島の惨劇。一九九三年、七月一二日夜、M八の激震。わずか二〜三分後に、震源にもっとも近い奥尻島は最高三〇・六メートルもの巨大津波に襲われ、死者一七二人、行方不明二六人という被害を受けた。この津波の高さは、ちょうど一〇階建ビルに相当する。原子炉格納容器ですらすっぽり水没してしまう。

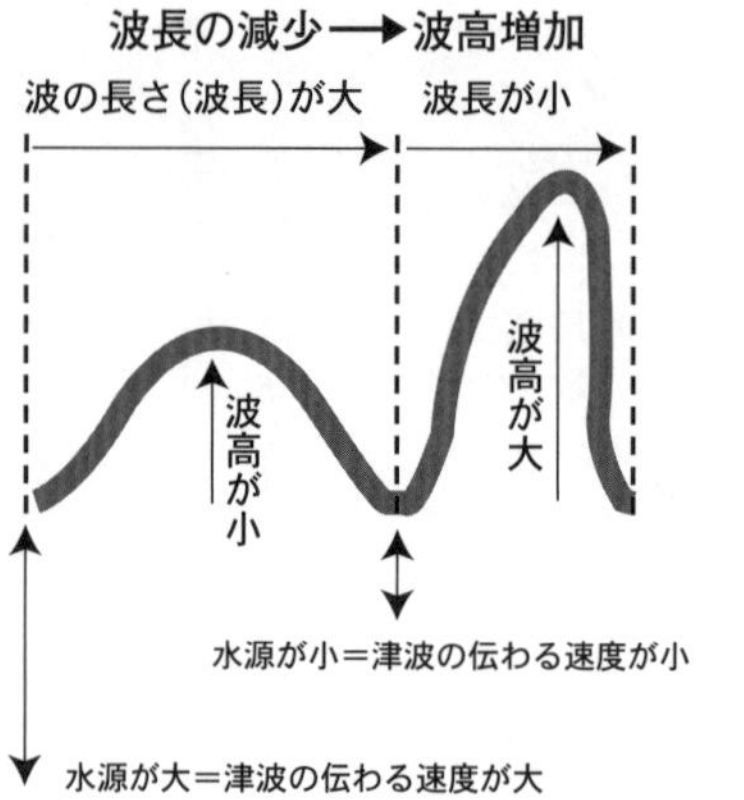

図3－6

■原子炉を津波が呑めば大爆発する。

(『東京新聞』2003年11月23日)

藻内地区の水位が高くなったのは、この海岸が谷合い地形となっており、津波が谷すじをかけ上がったからだ。島の南部でも一一〜一六メートルの高さを記録している。大地震では、これくらいの津波は覚悟しなければならない。

津波は水深が浅い沿岸部に到達すると波長が短くなり、反比例して波高は高くなる（図3－6）。日本で観測された津波の最大波高は三陸津波（一八九六年）の三八・二メートル。

二〇〇四年暮れにスマトラ沖巨大地震で発生したインド洋巨大津波の惨禍は、世界中を慄然とさせた。発生した巨大津波の高さは五〇メートルを超えた！　被害を受けたタイのピピ島では、鉄筋コンクリートの壁が撃ち砕かれて鉄筋がむき出しになっていた。

●東海地震で五メートル以上の津波が襲来

地震被害の歴史は、津波被害の歴史でもある。

たとえば一四九八年、明応の東海地震では推定M八・二～八・四の超巨大地震が直撃、それに続いて凄まじい大津波が沿岸部を呑み込んだ。その津波被害者は伊勢で一万五〇〇〇人、静岡で二万六〇〇〇人。当時の人口密度が疎らであったこと考えると、その津波の巨大さが想像つく。

この東海地震は、歴史的周期性があり、すでに危険期に突入。それほど逼迫しているのだ。

東海地震（M八）が発生すると、その激震（一〇〇〇ガル超）で、浜岡原発五基の原子炉は破壊されるリスクがきわめて高い。それに追い討ちをかけるように巨大津波が沿岸を襲う。浜岡一帯は「五メートル以上の津波が襲う」と予測されている。

東海地震では、五分以内に伊豆半島の南西部、駿河湾、遠州灘に五メートル超の大津波が押し寄せる。この東海地震では一万棟が全壊し、二二〇〇人が犠牲になると推計。木造家屋は、一メートルの津波ですら破壊される。むろん、ここには浜岡原発の原子炉災害の犠牲者は、一人も含まれていない。

〝原発震災〟に津波でトリプル災害

東南海・南海地震（M八・六）も「いつ起こってもおかしくない」大地震。広域に巨大津波が襲来する。とくに紀伊半島と四国土佐湾の沿岸を五メートル以上の津波が襲い、約四万五〇〇〇棟が全壊。最大約八六〇〇人が死亡。このダブル地震の想定死者は最大一万二〇〇〇人。全壊家屋は五万七〇〇〇戸に達する。スマトラ沖地震による津波被害は他人ごとではない。

日本ではまず大地震、次に原子炉災害、続いて大津波が最後のとどめを刺してくれるわけだ。〝原発震災〟に津波が加わりトリプル災害となる。その惨禍はもはや筆舌に尽くしがたい。これら三重災害を想定すれば、日本沿岸に原子炉を林立させる国策そのものが、当初から無謀凶行の亡国政策にすぎなかったのだ。いったい政府・電力会社など推進派は何を考えているのか？　その正気をうたがう。

●水没原発はコントロール不能に

地震が起きたら、津波を避けるため高台に避難することは鉄則。しかし、原発は身動きがとれないから、呑まれるしかない。原子炉を止める間もなく津波に呑まれたらどうなるか？

周辺制御室などは水没し、コンピューター制御システムなどが破壊され、原発がコントロール不能に陥る恐れがある。ある専門家は、津波は来る前が怖いという。大津波が来る前には、いちど海水面が異常に下がることがある。異様に潮が引いて海底があらわになり、それから見上げるほどの黒々とした波頭が頭上から襲いかかってくる。この異常な引き潮のとき冷却水取入口より海水面が下がると、冷却用の海水が入らず原発は〝空炊き〟となる。すると炉内は急激に異常高温となり水蒸気爆発などが勃発する。

スマトラ沖巨大地震で発生したインド洋津波で、この異様な引き潮現象が見られた。一気の引き潮で海底がはるか沖まであらわになる。桟橋の橋脚はむきだし、係留していた船も船底を砂地に乗せて傾く。その現象を観光客などが珍しがって見物に集まり、来襲した巨大津波に飲み込まれたのだ。

●原子炉施設も根こそぎさらわれる

さて、海面が不気味に盛り上がって襲いかかり来る津波には、どれくらいの破壊力があるのだろう？　インド巨大津波の映像を見ると、波というより瓦礫《がれき》の洪水。破壊された家や車の残骸が怒濤となって押し寄せる。巻き込まれたら、体は瓦礫に刻まれ生存は絶望的だ。上陸する押し波だけでなく、引き波にも破壊力がある。人々や家屋などが海に流される。犠牲者のほとんどは海に引きずり込まれ溺死するのだ。港湾の船舶は岸に打ち上げられ破壊される。

木造家屋は波高二メートル超で全壊。石造家屋も八メートルで全壊、一六メートル超では鉄筋コンクリートビルも砕かれ崩壊する。原発施設はひとたまりもない。インド洋巨大津波の映像こそが、その破壊力を実証してみせてくれた。海岸に建つコンクリート建造物ですら土台だけ残して、完全に消滅、流失しているのだ。少なくとも原子炉格納容器周辺のコントロールセンターなどの施設は、根こそぎ崩壊流失するだろう。原子炉を結ぶパイプ群も配線なども、ズタズタに裂断される。二重三重の

〝安全装置〟云々以前の絶望的状態に原発は置かれる。その瞬間から核分裂は暴走し原子炉内の温度は爆発的に激増するだろう。加熱された大量の水は超高温水蒸気となり、さらに超高熱水素が発生して発火、爆発。あるいは冷却水が喪失すると燃料棒が超高熱化して、炉心自体が高熱で溶け始める。炉心溶解。地盤をどんどん溶かして、いわゆる〝チャイナ・シンドローム〟が進行するかもしれない。

スマトラ沖巨大地震、惨劇の教訓

●ＩＴ社会が聞いて呆れる巨大津波情報

「インターネットは、なんのために！」

二〇〇四年一二月二六日、スマトラ沖地震の大惨劇。死者三十万人余。巨大津波の第一報が耳を撃ったとき胸に浮かんだ無念の思いだ。何が高度情報化社会だ、ＩＴ社会が聞いて呆れる。地震発生から沿岸諸国に津波が到達するまでに一～六時間もかかっている。巨大地震、即巨大津波。それは、子どもでもわかる常識ではないか。

一九六〇年チリ地震では、地球を半周して高さ五～六メートルの津波が三陸沿岸等を襲った。犠牲者一四二人。そんなアタリマエのことが、なんで沿岸諸国に伝わらなかったのか？　チリ地震のころとはちがい、今は全世界がオンラインで結ばれている。それもＭ九・〇。そのエネルギーは阪神淡路大震災の一六〇〇倍！　一〇〇年に一度あるかないかの超弩級の巨大地震。

インターネットは、瞬時に、世界中どこで何が起こっても全世界に伝達する。文字情報だけでなく映像も音もリアルに即座にどこへでも伝えるし、さらに現代は衛星放送なども完備している。なのに、被災した国々のビーチでは人々はノンビリくつろぎ、何事もなかったかのように日常生活を送っていたのだ。信じられない……。

地震は二回にわたって起きた。震源の深さは約一〇キロ。一回目は長さ三〇〇キロにわたりプレートがずれ、M八・二の地震発生。約二分後に、さらに北に六〇〇キロにわたってずれ、M九・〇を記録。二回目は三分以上もかけてゆっくりとプレートがずれた。この〝ゆっくり地震〟は大津波を起こしやすく〝津波地震〟と呼ばれる。これが、プーケット島を高さ一五メートルの海水の壁となって襲った。

●〝津波警報ゼロ〟のミステリー

各国政府は、なぜ、津波の危険を国民に知らせなかったのか？　各国のテレビやラジオなどのマスコミ関係者は、なぜ津波の警鐘を鳴らさなかったのか？

とくに震源に近かったインドネシア、アチェ州では地震発生から一時間弱で凄まじい巨大津波に襲われている。それからスリランカやインド東岸に達するまでに約二時間もの余裕があった。時速七〇〇キロメートル。ジェット旅客機並みのスピードでも、これだけ時間がかかっている。なのに、なぜ、これらの国々では津波警報が〝まったく〟出されなかったのか。ミステリーとしか言いようがない。タイ南部の人気リゾート地、プーケットの被災者たちは「ホテルから注意を呼び掛けるアナウンスなどまったくなかった」と声をそろえる。

タイでは、これまでせいぜいM七程度の地震しか経験していない。地震・津波対策という意識は行政や観光関係者にも皆無だった。地震を観測した直後、タイでは気象庁長官が緊急会議を招集している。なのに、なぜか津波警報は出されなかった。タイのパトンビーチのホテル従業員は「スマトラ沖での地震発生はテレビで知ったが、気にもしなかった」と言う。子どもたちがピチャピチャ跳ねる魚を手づかみできるほど急に海の水が引いて行った。「不思議だと思った。まさか地震が発生していたとは……」と被害にあった日本人観光客。

これらの国々で、地震発生直後に津波警報が出されていれば、三十万人もの犠牲者は劇的に減らせたのは間違いない。一〇分の一どころか一〇〇分の一の犠牲で済んだのではないか。海岸からできるだけ離れ、できるだけ高台に逃げる。津波から逃れる鉄則だ。一～六時間もの余裕があれば、それはいくらでも可能だった。ところが、犠牲者で津波の到来を知らされた人はゼロなのだ。本当に信じられない。

●関心の薄さが警報構想を潰した？

実は、悲劇の一年以上前、二〇〇三年にインド洋での津波発生に備え、早期警戒システム導入の構想があったという。国連の専門家の間で検討されたが、沿岸諸国の〝関心が薄くて〟具体化しなかった。

この「インド洋・津波早期警報システム」構想は二〇〇三年九月末、ニュージランドで国連ユネスコによって協議された。そこでは南西太平洋とインド洋に深刻な津波の脅威が存在するとの認識で一致。太平洋に設置されている警報システムが及ばないインド洋などにも警戒態勢を強化すべき、という結論に達したという。ところがインド洋沿岸諸国が経費不足などを理由に、津波対策に熱意を示さなかったことから、警報システム整備は見送られてしまった。大きな津波被害は一八八三年、インドネシアのクラカトア火山噴火が最後だったので、対策の優先順位は低かったのだ。

まさに天災は、忘れたころにやって来る。一方、太平洋に約一〇〇ポイントの観測装置を設置しているハワイ津波警報センターは、地震発生の一時間後、震度の大きさから津波警報をタイなどに通報している。津波到達の二〇分前だ。即時、テレビなどメディアを通じて警報を流せば、悲劇は回避されたはず。なのに、一切、これらの警告は黙殺された。不可解……。

●津波警報で避難したのはたった六%

喉元過ぎれば熱さを忘れる。あるいは、所詮は他人事。

津波警報システムさえあれば、スマトラ沖地震の巨大津波の惨劇は防げたのか？　二〇〇四年九月、紀伊半島沖で海底地震が発生。そのとき三重県、和歌山県の沿岸住民一四万人に対して津波警報が発令され「避難勧告」が出された。さすが地震大国の日本。インド洋諸国とは、異なる。備えあれば憂いなし、かと思いきや、実際に避難したのは、わずか六%に過ぎなかった。宮城沖地震でも津波勧告したのに避難しない住民が続出。

「勧告が出ても被害のない場合があり、悪い意味での学習効果が働いた」（『東京新聞』二〇〇四年十二月二九日）

驚いたことに津波警報が出ているのに避難勧告しなかった自治体は三〇市町村にのぼった。総務省の調査では七割が「職員による海面監視から勧告は見送った」と回答。いっぽう消防庁は「海へ見に行くのは不適切。波を見てから避難では逃げ遅れる」とは当たり前。

二〇〇二年、宮古島地震では津波警報が出されたら、住民たちが津波見物に海岸にやって来たという。なにをかいわんや。地震大国の日本でも、これほど危機管理は穴だらけ。間が抜け過ぎている。ましてや、巨大地震の被害に、原発事故が重なる〝原発震災〟など、行政関係者はだれひとり想定していない。想定していないから、何の対策も考えない。起こってしまってからパニックになる。まさに、スマトラ沖巨大地震の悲劇と、ウリ二つではないか。

さらに、全国自治体が設置した二八〇〇か所の地震計の、約七%が不良品というお粗末さ。兵庫県では約四割が「不良」という。これらは震度が一以上異なる数値を出してしまう。「問題なし」は、わずか三八%にとどまった。日本での津波、地震対策も、この程度の頼りなさなのだ。

●日本でこれから起こる〝原発震災〟を暗示

ユネスコは大惨事の直後、一二月二九日、インド洋沿岸各国にたいして、津波の早期警報システム導入を強く働きかける方針を決定した。これを古来より、〝後の祭り〟と呼ぶ。

それでも疑問は残る。警報システムがあろうが、なかろうが、スマトラ沖の巨大海底地震はM九。一〇〇年に一度といわれる超弩級。政府、マスコミ、学界など関係者がインターネットやメディアを通じて警鐘を鳴らさなかったことが、信じられない。

人間は、これほどまでに愚かな生き物だったのだろうか?

私には、この教訓が、やがて近いうちに日本で起きるであろう〝原発震災〟を暗示しているように思えてならない。

●電磁波で動物の異常行動（宏観現象）

二〇〇五年二月、茨城県沖で不気味な怪魚が網にかった。イカとも魚とも区別がつかぬ姿に漁師たちも肝を潰した。学名クロテングギンザメ。新種として認定されたのが一九九九年という珍魚。その深海魚が海上に姿を現した。地震との関連をだれもが疑った。地殻の鉱物が物理的圧力を受けると電位差が生じ電流が流れる（ピアゾ効果）。

つまり、地震前段階で地盤に圧力がかかると異常電流により電磁波が発生する。野生動物は、この電磁波ノイズに反応して危機を察知、異常行動を示す。

日本では古来、「ナマズが地震を起こす」と伝承されてきたが、魚類のとりわけ電磁波の変化に敏感で地震前に水面に跳ねるなどの異常行動を昔の人たちは見知っていたのだ。飼い犬が激しく鳴く、鶏が木に上って降りて来ない、なども同様。二〇〇〇年一〇月六日、M七・三、鳥取県西部地震の二日前には、電線にまるで避難するように一〇〇〇羽以上の小鳥が群がる様子が観察された。

これらは中国では「宏観現象《こうかんげんしょう》」と呼ばれ、民間から広く情報を集め、中国政府はピタリ発生日まで特定。住民避難で十数万人の命が救われたこともある。猫がいっせいに消えた、などの予兆を見逃さないように。スマトラ沖巨大地震の津波襲来でも象はおろか野ウサギの死骸一つ見つかっていない。津波も地震同様の電磁波パルスを発生させるのだ。

阪神淡路大震災時に異常行動を示したのは、ネコ四〇％、犬二六％もいた（「日本愛玩動物協会」調べ）。この報告は興味深い。

●嘲笑する御用学者たちは予知ゼロ

人間でも地震直前に体調を壊す、不眠、不快に悩まされる人が続出する。異様な落ち着きのなさ、イライラ、胸騒ぎは地震の予兆かもしれないのだ。私の読者で初老の男性は明らかな電磁波過敏症の方で「若い頃から地震が近付くと激しく頭痛がした」という。「地震が過ぎるとスッとよくなる」というから野生動物なみの防衛本能の勘を備えている。

地震雲も〝予兆〟の一つ。岩盤圧力で電磁波が放出され、大気中の塵などが荷電し、そこに水滴が集まってできるとみられている。地震直前の発光現象や電気器具のイオンノイズ、故障なども地殻からの電磁波放出によるもの。ＦＭ電波の変化で地震予知する方法がある。

ＦＭ電波を反射する電離層が地殻電磁波に影響を受け、ＦＭ放送の到達距離が変動する。これで発生時期、地域を特定できるのだ。植物電流の変化を観察、地震を予知する方法もある。ネムの木などに電極を取り付け電位変化を二四時間記録。地震発生が近付いた時は電位振り幅が大きくなる。阪神淡路大震災のときも一か月前から異常な波形を記録している（地震前兆研究家、岩本守行氏）。この電位差変化で地震発生前には落雷が頻発する。

最大問題は、地震予知連など政府系の学者たちが、これらを嘲笑、否定、黙殺していることだ。皮肉なことに巨額税金を独占している御用学者たちは予知にことごとく失敗。アマチュア、在野学者たちが、中には七～八割という意外な高率で地震予知に成功している。

第四章

こんなに危険な日本の原発

浜岡原発は地震の巣の上に

●浜岡の耐震限度は六〇〇ガル。確実に爆発する

まず原発の耐震性はどうか？

原子力施設には「耐震設計審査指針」なるものがある。それは上下方向の地震力を、水平方向の二分の一として設計するように定めている。つまり原発の縦揺れへの耐震強度は、横揺れの半分しかない。上下方向の加速度を水平の二分の一にしたのは、横揺れへの対応を優先して、縦揺れを過少評価したからだ。しかし現在においては、阪神淡路大震災や中越地震などのように縦方向にも桁外れの破壊的衝撃が突き上げることがわかってきた。

日本の原発の耐震強度は建設時期によってもちがう。もっとも心配な浜岡原発一号・二号機は、たった約四五〇ガル。後に建設された三号・四号ですら六〇〇ガルしかない。これ以上の地震加速には原発本体が耐えられない。早く言えば浜岡原発が稼働中、六〇〇ガル超の大地震に襲われれば四基とも間違いなく爆発する。中越地震では川口町に、最大加速度二五一五ガルが直撃した。想像するだに恐ろしい。四基は粉微塵に爆発して、恐怖の死の灰を四散させるのは確実だろう。

●設計上の強度すら保てないポンコツ原発

原発の耐性を超える四五〇～六〇〇ガル超の激震は、その内部装置を破壊してしまう。歯止めを失った原発は……〝暴走〟〝溶解〟〝爆発〟……、変じて「原爆」となる。

おまけに、政府の言う耐震限度六〇〇ガルは、あくまで設計上の耐震数値。まず原子炉本体のセメントから不正が露見した。強度不足となる粗悪な原料を納入していた業者が、良心の呵責に耐え兼ねて内部告発した。一事が万事。氷山の一角。日本の原子炉は粗悪原料と手抜き工事で造られている疑いが濃厚だ。すると設計上の強度などなんの意味も持たない。設計通りの工事が行われていなければ、設計上の強度が保たれるわけがない。

●怒りの告発。浜岡原発を停止せよ！

「浜岡原発は即刻停止せよ――」

『サンデー毎日』（二〇〇四年二月二九日）の特集記事が目に飛び込んできた。

「東海地震、最高権威、元地震予知連絡会会長が〝怒りの告発〟」とある。その人は東京大学名誉教授、茂木清夫氏。白髪、細面、こちらを見据える眼鏡越しの眼差しが光る。

同誌いわく、「日本の地震学界を代表する重鎮が『国策』である原子力発電所に『NO』を突きつけた。巨大地震の恐ろしさや科学技術の不確実性を知り尽くしているだけに、危険エリアでの原子炉を動かし続ける電力会社や認可した国への批判は痛烈を極める……」

私は、ようやく……と、勇気付けられる思いで同誌を手に取った。

茂木氏は言う。

「これは、世界のどの国家も試みたことのない壮大な人体実験です。唯一の被爆国であり、原子力の恐ろしさを身に染みて知っているはずの日本人が、なぜそんな愚挙に手を染めねばならないのでしょうか……」（『サンデー毎日』同）

茂木氏は七四歳。地震学の権威であり、東大地震研究所所長、地震予知連絡会会長を歴任。さらに東海地震発生の可能性を判定するため国が設置した地震防災対策強化地域判定会の会長を一九九一年から五年間務めている。

●米仏は大陸にあり、日本は恐怖の地震列島

茂木氏は、まさに日本の地震学の泰斗《たいと》。それだけに地震の巣窟、活断層列島に、よりによって原発を林立させる国策への批判は痛烈を極める。

「原発の数や発電量で言えば、日本は米国、フランスについで世界第三位、続いてロシア、ドイツの順ですが、日本以外の国は地震のない安定した大陸に位置している。実際、過去一〇〇年間に起きたM七以上の震源の浅い、すなわち都市に大被害を与える地震の分布図と重ね合わせると、地震マークで埋め尽くされるほど不安定な地盤にありながら、なおかつこんなに原発

が集中している国は世界で唯一、日本だけです」（『サンデー毎日』同）
まさに、そのとおり。原発批判をすると「フランスなども原発大国ですよ」と反論する向きもいる。しかし、ヨーロッパ大陸は、地震とはまったく無縁で繁栄してきたのだ。たとえばイタリアのピサの斜塔。建設中に地盤が緩み、傾いたまま一三五〇年に完成。以来、高さ五五メートルの塔はいまにも倒れそうに傾いたまま建ち続けている。日本のような地震が襲ったらひとたまりもなく倒壊していただろう。それは、いかにヨーロッパ大陸に地震が少ないかの証しでもある。
だから欧州に原発を建ててよいと、言っているのではない。地震が少ないと言っても絶無ではない。事故、故障などのリスクもあるだろう。ただ、欧米の大陸とくらべ、地震列島日本での危険性は桁外れだ。

●東海地震〝震源域〟で五基稼働の狂気

茂木氏は声を上げる。
「よりによって巨大地震の発生が最も懸念されているところに原発を設置するなんて、世界の常識からすれば、異常と言う他ありません」（『サンデー毎日』同）
巨大地震とは東海地震のことだ。一八五四年以来、約一五〇年間も地殻にエネルギーを溜め続けている。発生想定地域は駿河湾・遠州灘一帯である。

日本全体から見ても「いつ起きてもおかしくない」もっとも切迫した巨大地震の想定地域だ。なにしろ予想強度はM八級、いったん激震が襲うと壊滅的被害が予測されている。

茂木氏の言う〝愚挙〟〝壮大な人体実験〟……他に、言葉を知らない。

●原発震災に「次」はない

浜岡原発を運転させている中部電力は「大型実験装置で地震など安全性を確認している」と回答。茂木氏は「原発は精密装置の複合体であり、耐震性の評価は難しい」と反論。茂木氏によれば、日本は大地震の度に予想外の被害が出て、耐震基準の見直しを迫られる、という失態を繰り返している。

さらに「日本の技術力が優れているなら阪神淡路大震災で高速道路が倒れることも、九五年の高速増殖炉〝もんじゅ〟のナトリウム漏れ事故も、度重なるロケット打ち上げ失敗もなかった」と言う。

まさに国や企業が〝安全だ〟と言ったら〝危険だ〟と翻訳し直すしかない。

さらに茂木氏は言う。

「まだしも道路や家屋なら、耐震基準を見直して『次』に備えるのは意味があるが、原発震災に『次』はない」（『サンデー毎日』同）

茂木氏の焦り苛立ちは、まさに私と共通する。私もとくに浜岡原発への懸念、不安が大きい。「いったいなぜ、こんな場所に原発を造ったのか?」(『サンデー毎日』同)茂木氏は嘆く。

●〝地震の巣〟に浜岡原発建設ラッシュ

皮肉なことに、日本で最初に東海地震の予測をしたのが茂木氏だ。一九六九年一一月、東大地震研究所の月例研究会で「東海地方でM八級の大地震の可能性がある」という茂木氏の公表は、地震予知のさきがけとなった。マスコミも大々的に取り上げた。それは、中部電力が浜岡原発一号機の建設を申請する六か月も前だ。

地震予知連は一九七〇年二月、M八クラスの地震を念頭に、東海地方を「特定観測地域」に指定。七四年には、より切迫度が高い「観測強化地域」に指定。七八年、「大規模地震対策特別措置法」施行。国も東海地震の予知・災害対策に乗り出した。

国は、この地域が〝巨大地震の巣〟であることを、そのときから知っていた。なのに、浜岡原発一号機は、七〇年五月の申請から、わずか七か月後に建築許可というスピード決定。

茂木氏は語る。

「こんな短期間では、おそらく地盤の調査さえ満足に行われていないのではないか」(『サンデー毎日』同)

さらに、浜岡原発は八七年三号機、九三年に四号機、と地震の巣の上で増殖を続けている。さらに五号機まで完成。まさに、核政策の暴走である。

●原発にM七～M八クラスの地震直撃例はゼロ

そもそも茂木氏は「東海地震について、中部電力や行政側から、ただの一度も相談をうけたことはない」と言う。信じられない。東海地震判定会会長でもあった茂木氏を黙殺して、判定会もへったくれもなかろう。

あとで中部電力幹部社員の言うには「茂木さんに会えば『あそこに原発はダメだ』としかられるから」とは、まるで子どもの使い以下である。

「こんな現実逃避の姿勢で何が『安全』ですか。あまりに不まじめ、不勉強です。国の原子力政策のありさまとしてもおかしい」

「原発がM八級の巨大地震に直撃されたことは世界的にも一度もない。M七級さえもありません」

「大災害を確実に回避するためには、浜岡原発を即刻止めるしかありません。それが実現するまで、私は訴え続けますよ」（『サンデー毎日』同）

●「事故は起きないはず」という危うさ

一応、浜岡原発側の言い分は、次のとおり。

①国の中央防災会議が〝想定〟する東海地震に十分耐えられる設計になっている。

②東海地震〝想定〟はM八だが、余裕をもたせてM八・五までの安全性としている。
③古い一、二号機もチェックし「耐震設計審査指針」に合致、国からも評価。
④上下動の耐震性も「妥当」との評価を国からもらっている。
「事故を起こさないことになっている」というお決まりの官僚答弁に唖然とする。

役人は、つねに思考停止モードと言われるが、役人がデッチあげた偽データを信奉し推進しているかぎり、破局の足音はただただ、早まるばかりだ。

この回答に対して茂木氏は「仮定を積み重ねたシミュレーション通りに地震が起きる保証はありはしない」と言い切る。まさに、そのとおり。

●伊豆半島が東海地震のブレーキ役に

高感度地震計、GPS（全地球測位システム）で、東海、東南海、南海の三大地震の震源域もくっきりわかって来た。三震源域は、みごとに連なっており、一度に海底が裂ける。スマトラ型にならないことを祈るのみ。

伊豆半島は、もともと太平洋上に浮かぶ、小さな一つの島だった。それが一〇〇万年以上もかけて北上。日本列島に衝突して半島になったもの。この激突した島がフィリピン海プレートの滑り込みを抑える〝杭〟のはたらきをしているという。このブレーキで東海地震の周期が微妙に遅れている。しかし、専門家は「今後一〇年以内に東海地震が起こらないと、次の東南海、南海地震と同時発生する可能性がある」という。これは、あのスマトラ沖巨大地震の悪夢の再来となる。東海地震単独でもM

八クラスなのに東南海や南海と連動するとM八・四にもなる。海底地殻が約一〇〇〇キロメートルにわたって裂けるのだ。M九レベルの超弩級の巨大地震になってもおかしくない。

●三五〇〇年の間に一八回の巨大地震が

東海、東南海、南海の三つの地域は、過去に何度も周期的大地震を繰り返している。

これら震源域となる駿河、南海トラフ（浅い海溝）で過去三五〇〇年に、少なくとも一八回、巨大地震を起こしたと見られる痕跡が発見されている。これは北海道大学教授、平川一臣氏らがボーリング調査で確認している。二〇〇年弱を一周期として、規則的にこの地域ではプレート型巨大地震が繰り返されてきた。だから、次も確実に起こる。

前出の石橋克彦氏は「前の東海地震から一五二年経過しているので、大局的に限界に近い」（『朝日新聞』二〇〇六年七月二七日）と警鐘を鳴らす。

さらに東海地震は、過去に「単独で起きた例はない」というから、東南海、南海と西方に連動すると覚悟したほうがいい。

とりわけ南海地震の周期は一〇〇～一五〇年。今後三〇年以内に発生する確率は五〇％（地震調査委員会）。そして三回に一回は、大津波をともなう巨大型が発生している。その周期は五〇〇年に一度だ。高知大学教授、岡村眞氏らによれば「間近の二回は小規模だったので、次は巨大型」とみる。専門家は「次の南海地震が巨大型なら、東海、東南海と同時発生するタイプ」と予測する。スマトラ超弩級地震の再来だ。それは想うだけで戦慄する。

●女性の手で砕ける〝堅い岩盤〟とは！

さて、〝世界で最も危険な原発〟浜岡原発が、これらの巨大地震に襲われたらどうなるか。

中部電力は「原子力の重要な機器や建物は堅い岩盤の上に、直接建設しています」と説明している。私が浜岡原発を取材したときも広報パネルで「原子炉は岩盤上に建設」と図示してあった。だれでも、これらの説明を聞けば「なるほど、堅い岩盤なら安心だな」と思ってしまう。そのウソを暴いたのが市民グループ「食品と暮らしの安全基金」。

同グループは、浜岡原発の敷地から一〇〇メートルの地点で採取した「堅い岩盤」と同じ岩盤を示す。それは、岩盤というより、まさに土そのもの。

「女性が握ると砕ける岩盤を、中部電力は『堅い岩盤』と主張。こんな偽りの上に建つ浜岡原発。東海地震が心配です」。（『食品と暮らしの安全』No.二〇四　二〇〇六年四月一日）

浜岡原発は〝岩盤〟ならぬ、タダの土の上に建っていたのだ。

「原発立地の地盤調査は、偽造、改ざんででたらめ」と言う生越氏の告発どおり、浜岡原発の敷地には、なんと四本の活断層が走る。

同誌は「浜岡原発は断層の真上に建っている」と告発。〝堅い岩盤〟に続く二番目のごまかし。

なるほど原発敷地内を四つの断層が走っている。

「東海地震の想定震源域のほぼ中心にあるので、地震で断層が動けば、大事故が起こります」
（同基金）

東海地震は、三〇年以内に八七％の確率で、M八以上の凄まじい巨大地震が想定されている。そのど真ん中に浜岡原発がある。そして、それは女性の手で握りつぶせる〝堅い岩盤〟の上に建ち、敷地内を四本の活断層が併走している。背筋も凍るブラックな現実だ。

●「下と上は揺れがちがう」はウソだ

さて、中越地震は二二五一五ガル。浜岡は耐震限度四五〇ガル。五倍以上の激震に耐えられるのか？

原子力安全・保安院はこう言う。

「反対する方は、そういう数字トリックを使っておっしゃる（笑）。要は岩盤の違いなんです。二五〇〇ガルがどういう地点で取られたのか。一般に原子力発電所は岩盤まで掘り込んで建てられ、普通の建物は表層にチョコンと乗っかっている。岩盤の深い所と、上の表層の地盤では揺れ方が全然ちがう。揺れの大きさ、加速度……違ってきます。表層は岩盤にくらべて二倍、三倍と増幅されちゃう」

これは、よく使われるレトリック。浜岡原発（広報）も同様の主張をした。しかし、「具体的数値データを出せ」という私の指摘に絶句。「データはない」ことが明らかに。また、鳥取県西部地震で下の「岩盤」も上の「表層」も、まったく同じ「強い揺れ」を記録。推進側の「下と上は揺れがちが

う」というウソの説明は崩壊した。（石橋克彦氏による指摘）

●岩盤の正体は〝軟岩〟で「基礎に不適」

以下、一九九七年三月九日に開催された、市民グループ「浜岡原発を考える静岡ネットワーク」主催『東海地震と浜岡原発』シンポジウム『全記録集』に沿って浜岡原発のリスクを検証していく。

まず原発立地の地盤について。阪神淡路大震災地域の地質は、浜岡地域とほとんど同じだ。つまり、浜岡も阪神と同じ被害に見舞われる可能性が強い。中部電力は「浜岡原発は岩盤の上に建っているので安全」という。「基礎岩盤は強固」と書いてあるので、なるほどと安心してしまう。この「岩盤」なるものがクセモノ。岩盤とは①軟岩、②中硬岩、③硬岩の三段階に分類される。①軟岩より軟らかいもの、それは〝土〟である。

日本屈指の地質学者、生越忠氏は明言する。浜岡の〝岩盤〟は、この①軟岩なのだと言う。つまり「ダム基礎岩盤の評価では〝やや軟岩〟に相当。『基礎岩盤としては不適』と書いてあります」（生越氏）。「基礎」にはならない。それほどもろい地質なのだ。

〝やや軟岩〟は「かなり風化し、表面は褐色または暗褐色に風化し、節理（岩石のやや規則的割れ目）の間には泥または粘土を含んでいるか多少の空隙を有し、水滴が落下する」（評価分類）。建物の基礎にしてはいけない土地に浜岡原発は建っていることになる。これが原発PR側がいう〝基礎岩盤〟の正体だ。

●原発はダムも造れぬ場所に建つ

生越氏は言い切る。

「日本の原発（が建っている場所）は、ほとんど、この（土に近い）〝やや軟岩〟です」、たとえば「宮城県の女川原発の調査を始めたら、女川の土地には〝やや軟岩〟しかない。破砕帯でボロボロで、どこを見たって硬いところはほとんどない。そこで〝やや軟岩〟であるものを〝おおむね堅岩〟とワンランク上げて、女川原発の基礎岩盤の評価をごまかしたのです」。「あと四国伊方《いかた》一号機、浜岡一号機・二号機。ここでは『ダムも作れない岩盤だ』。しかし、作らざるを得ない。そこで評価基準を変えてしまった」

つまり地盤の「ダム評価基準表」では「良好」「不良」「不適」「適」の判定欄がある。ところが「原発用の基準表」では、この判定欄が消えている。つまりダム建設には絶対必要な「不適」「適」の判定が、原発では〝不要〟になってしまった。

恐れ入ったごまかしである。慶応義塾大学助教授、藤田祐幸氏も言う。

「電力会社のパンフには『強固な岩盤の上に建っているから大丈夫』と書かれていますが、原発の建っているところは、浜岡だけでなく、日本中ほとんどの原発は、泥と岩の中間である軟岩の上に建っている」

●液状化で原子炉が呑まれる？

もう一つ。原発の地盤破壊で心配なのは、地震のときの液状化。一八五四年、安政の大地震のとき浜岡一帯も激しい液状化に襲われたという記録がある。地震によって地質がゆるみ、地盤が液状化して噴出しガタガタになってしまう。基礎には不適な土地に立つ浜岡原発は、ひとたび強い地震に襲われると、液状化に呑み込まれていくのではないか。

鹿児島川内原発の立地ボーリング調査では、とても原発を建設できる地盤ではなかったので、なんとボーリング・コア資料をすりかえた、という不正が、国会で追及された。そこまでやるか、と声もない。とにかく、不可解な〝国策〟原発推進は、まさに突撃を思わせる狂気の盲動だ。

●自動停止装置は地震で役立つか？

また地震の時は制御棒が挿入され、原発は自動停止するから安全、と政府は言う。

「中越地震のとき柏崎プラントで実際に計測されたのは五〇ガル程度。ある程度の大きさの揺れで自動的にシャットダウンする。設定値は色々で、揺れを感知すると制御棒が降りてくる。何秒かでストーンと降ります。柏崎は下から上がるタイプですが……。核分裂は止まる。原子炉の仕組みは単純で、制御棒を抜いたら動き、入れたら止まる。ウラン燃料棒の間に制御棒が入ると中性子が飛ばなくなって反応が止まる。（制御棒が入らなくなると大事《おおごと》！　引っ掛かって入らないとか＝筆者）……だから、そういうことが起こらないようにいろいろ安全装置をつけています。なお緊急炉心冷却装置は配管が破断したとき〝お釜〟の中が空炊きになるとあぶないので上からバィーと水をぶっこむ装置です」（原子力安全・保安院）

しかし、地震を感知して数秒後に制御棒が降り始めるというが、中越地震の激震は一秒に一五六センチも瞬間移動する烈震だった。一秒に一・五メートルも揺さぶられる衝撃に、制御棒の挿入装置が耐えられるか？　ロシア科学アカデミー等の最終報告書は「地震衝撃で制御棒が降りなくなった」ことがチェルノブイリ事故の原因だった、と結論づけている。

これほどの烈震なら、京都大学原子炉実験所の小出裕章氏が懸念するように「同時多発型トラブル」が原子力施設内に続発して、制御棒挿入どころか、あらゆる機能が破壊されてしまうのではないか。

●浜岡リスクは福島の一四〇〇倍！

「原発耐震性――格差は一四〇〇倍超！」。これは「原子力安全基盤機構」が二〇〇四年一一月に発表した驚くべき報告だ。国内三原発をモデルに、地震によって七〇年の米スリーマイル島事故のような炉心損傷事故が起きる確率を試算したもの。その結果、わずか三原発だけで約一〇〇〇倍もの格差があり、もっとも危ない原発では炉心損傷確率は四〇年間で二％に達するという。地震による原発リスクが具体的数値で明らかにされたのは日本初。同機構は、経済産業省の委託で「原発の耐震安全性を確率評価する研究」を進めている。これには電力会社の担当者も参加。つまり、原発推進派まる抱えの〝研究機関〟なのだ。だから、そうとう〝甘い〟試算であることは論を待たない。

研究は三原発を〝サイト一、二、三〟と暗号化（これ自体、秘密主義）している。「周辺で起きた過去の地震」などから、揺れで機器などが破損する確率データを元に「地震で冷却装置が一切動かなくなり、原子炉の炉心損傷（溶融：メルトダウン）確率」を計算した。その結果「サイト一」は〇・〇〇一七％に対して「サイト三」は約二・四％と桁外れに突出することがわかった。その差なんと一四一一倍！　年当たり確率は「サイト三」は〇・〇六％。その後、「サイト二」福島原発、「サイト三」浜岡原発と判明した。これに対して経産省の原子力安全・保安院（安全審査課）は「地震の起こりやすい浜岡原発は、それに合わせて耐震設計している。サイト一～三とも、同一プラントで試算しているのでナンセンス」と反発する。

しかし、その耐震設計が三か所も捏造されたことが内部告発で露呈した。まだ隠蔽されている捏造、手抜きは凄まじい数にのぼるだろう。保安院の反論こそナンセンスだ。

●補強名目に一、二号機は停止続行？

内部告発、さらに基盤機構報告の衝撃――。それは浜岡原発を異例の耐震補強に踏み切らせた。二〇〇五年一月二八日、中部電力は浜岡原発の補強工事を発表。浜岡一、二号機の耐震限度は四五〇ガル、三、四、五号機は六〇〇ガルだ。それも手抜き工事などなしという前提だが、元設計技師による「耐震性能を捏造した」という内部告発で、それも崩壊した。つまり、真の耐震性能は四五〇～六〇〇ガルを大きく下回る。中部電力は独自判断で耐震補強工事を開始。「一〇〇〇ガルまで耐えるように」補強する……とは、中部電力の危機感（恐怖感）の表れだろう。

二〇〇五年九月、私が浜岡原発を訪問したとき一、二号機は「点検中」という名目で稼働していなかった。補強工事中なのだ。一、二号機は炉心隔壁（シュラウド）の交換工事と併せて二〇〇八年三月までに補強すると言う。東海地震説すらあるのに悠長な……と焦って、ハタと気付いた。それまで補強続行なら「点検中」名目で停止したまま。なるほど、中部電力の本意は補強工事に名を借りた原発緊急停止措置ではないのか？

そのまま永久に止めていてくれ、と祈る。ただし、三、四、五号機は、今後二年間の定期点検時に補強工事をする、という。

名目はなんでもいい。やはり、すぐにでも止めて欲しい！

老朽化！　三〇年近く検査なし

●一〇ミリ厚のパイプが〇・六ミリに減肉破裂

「それは、水蒸気漏れというより水蒸気爆発だった」

駆け付けた消防団員が惨状を語る。その〝爆裂〟は凄まじかった。二〇〇四年八月九日、関西電力、福井県美浜原発三号機でその事故は起こった。

突然、二次冷却水系の配管が破裂、セ氏一四〇度もの高温熱水が爆発噴出し、室内にいた作業員たちを襲った。犠牲者たちは皮膚がめくれて真っ白。両腕を耳の辺りまであげて顔を覆うような姿で息絶えていた。軍手を脱がそうとしたら皮膚もいっしょにめくれた。即死状態だった。重軽症の火傷を負いながら生き延びた作業員が六名。配管は厚さ一〇センチの断熱材とアルミ板で覆われていたが、それらも粉微塵《こなみじん》に吹き飛んでいた。

吹き飛んだ配管を点検して、だれもが驚きの声をあげた。

パイプはほんらい一〇ミリの肉厚のはずが、なんと〇・六ミリまで減肉していたのだ。この原子炉は、加圧水型と呼ばれ、直接炉心を通らない二次冷却水が噴出したため、幸い放射能漏出という最悪の事態だけは避けられた。これが炉心を通って直接ウラン燃料棒の高レベル放射性物質に汚染されている一次冷却水が漏出していたら、原発周辺は大パニックに陥っただろう。

●「これは人災だ！」と経済産業大臣

「まさに、これは人災だ！」

美浜原発の事故現場を視察して、語気を強めて言い放ったのは、だれあろう中川昭一経済産業大臣である。

実は同様の二次冷却水パイプから熱水が噴出する事故は、過去にも起こっている。一九八六年、アメリカのサリー原発事故。この配管破損事故を教訓として、日本政府も電力会社に行政指導を行い、これらのパイプの点検、交換を指示。関西電力も指導に基づき「管理指針」を作成した。それに従えば、これらのパイプは九〇年頃にはすでに交換されているはず。通産省（当時）の指導から一八年間も関西電力はさぼっていたのだ。

破損した配管は、その後の調査で九一年に〝寿命〟が尽きていたことがわかった。すでに「安全上必要な肉厚四・七ミリを下回っていたのだ。ところが事故で破損した配管は、管理指針の作成当初から、点検対象から抜け落ちていた。関西電力は二〇〇三年一一月、点検下請会社の指摘で「初めてリスト漏れを知った」という。ところがリスト漏れに気付いた後も、何の点検チェックも行わず放置していたから悪質だ。今回の人身事故が発生しなければ、さらに放置は続いたのだ。

●二八年間いっさい点検しなかった

「判断を任される担当課長がどう対処したか確認できない」と関西電力はマスコミに回答。この一言で管理態勢すらデタラメであることがわかる。事故調査の結果、驚愕の事実が明らかになった。破損したパイプは三号機完成以来、二八年間一度も（！）点検をしていなかったという。

この美浜の配管破裂事故と同様〝減肉〟が関西電力の福井県大飯《おおい》原発でも露見した。関西電力は一一年前に、点検を請け負った三菱重工から「〝減肉〟が進んでいる」と報告を受けながら、やはりまったく検査すらしていなかった。「破損の危険性はないと判断し、具体的検討を行わなかった」と釈明。検査漏れどころか、故意に、勝手に、検査しない……。

氷山の一角。一事が万事。日本全国で、このような隠された検査の手抜き、怠慢、無視はいったいどれくらいあるだろう。まさに原発こそ現代の伏魔殿《ふくまでん》。隠された闇の奥底は恐ろしく深い。

しかし、通常一〇ミリもの肉厚パイプが〇・六ミリまで、すり減り劣化していたのを、「だれも気付かなかった」というのも背筋が寒くなる。無責任かつずさんな原発の管理体制がまたもや、明るみに出た。それも、五人の貴い人命の犠牲の上に……。二〇〇四年一二月一四日、経産省（原子力安全・保安院）は、「原発の老朽化対策を根本的に見直す方針」を決めた。〝なんらかの〟対応に迫られた上での決断だ。さらに「三〇年以上経つ原発が今後増えるのに伴い、二次配管〝減肉〟など、これまで対象外だった点なども新たに老朽化対策に加え、監視を強める」という。

つまり、原発は造りっ放しなのだ。点検、整備、補修、交換などのメンテナンスの発想が皆無なのには戦慄する。だから、彼らの言う〝耐震性能〟なるものも、設計・製造段階での〝性能〟にすぎない。一センチ厚のパイプが〇・六ミリにすり減っていてもだれも気付かない。つまり、原発内部のあらゆる装置、器具は、かくもズタズタ、ボロボロに老朽劣化しているのである。設計当時、耐震性が八〇〇ガルだったなら点検、補修をサボッた原発は一〇分の一の地震加速度にも耐えられないのではないか。加えて施工上も、粗悪原料に手抜きの山となれば、まず最初から「設計上の強度」などあるわけがない。

クルマを買えば、新車でも三年後には車検があり、その後も二年ごとの車検が国家によって強制されている。私には車検業者とツルンだ官僚、政治屋たちの利権にしか見えない制度ではある。しかし、国家権力の言い分は「交通の安全を確保するため」である。なるほど、それなら二年に一度の点検、出費も甘んじて受けよう。

●車検は二年、航空機は毎日、原発は？

ならば、原発はどうなんだ？　その安全性にかかわる重大さは、車検のごとき比ではあるまい。一基が故障して事故を起こせば数百万から数千万人が犠牲になるのだ。

毎年どころか毎日点検をしてもおかしくない。現に大量輸送をする航空機は、毎日の点検が法的に義務付けられている。数百人の命を預かるからだ。だから、われわれは安心して空の旅が楽しめるのだ。それが、どうだ！　原発は少なくとも数百万人の命を一気に奪う危険性をはらんでいるにもかかわらず、完成から三〇年近く、まったく点検されていなかった、とは。

「事故を起こしたのは二次冷却水系だったから」という言い訳は通用しない。

ならば車検は、駆動系のみの検査でOKか？　そうではない。排気管からライトなど電気系統まで少しでも不具合があるままで走っていたら、整備不良で処罰される。

なぜ、原子力発電所だけが点検なしで、お咎めなしなのか理解ができない。

〝パイプの化け物〟動脈硬化——腐食、脆弱化《ぜいじゃく》の末路は？

●劣化スピードは予想外に速い

原発は、別名〝パイプの化け物〟。そのパイプが断裂したり破断すると〝怪物〟の命もそこでおしまい。美浜の〝減肉〟破裂だけでなく、配管トラブルは全国で続発している。二〇〇二年八月二二日、東京電力・福島第一原発三号機配管三六本に亀裂多数が発見された。その深さは最大四ミリ。この配管は炉心に制御棒を出し入れするための駆動水圧系。九八年に一部配管を検査した際には表面に傷はあったが深いヒビ割れはなかった。「ヒビ割れか所が溶接部分に近いので、溶接熱による応力腐食割れの可能性もある」（東京電力）という。

その後、全配管二八二本中、八五％以上の二四二本にヒビ割れ確認。ヒビの長い配管一〇本を調べると、本来六・四ミリある配管の肉厚が、三ミリ以下に〝減肉〟している部分が、三本すべてで確認され、ヒビ割れが内部まで貫通していた。

血管の動脈硬化に相当する配管の劣化は、恐ろしい勢いで日本中の原発を蝕んでいる。わずか四年で深さ四ミリの亀裂。劣化スピードは予想外に速い。

●原発は二〇年で何が起こるかわからない

原発の安全解析も手掛けた技術評論家の桜井淳氏は「原発は二〇年たったら何が起こるかわからな

い」と言い切る。彼はすでに十数年前に、様々な事故記録などを踏まえ、通産省に「二〇年運転した原発には、新たな検査項目を加えるべき」と提案している。老朽劣化を考えれば当然だ。ところが通産省は「三〇年後から」と先延ばしにしてしまった。しかし、美浜三号機は、築二八年でパイプは紙のように痩《や》せ細り、水蒸気爆発で五人の人命を奪った。桜井氏は言う。

「原発が造られ出したのは七〇年代初頭からです。設計寿命とされる四〇年をまっとうしたものは、世界に一つもない。つまり、材料がどう劣化し、老朽化が進んだらどんな問題が起こるかといったデータがない。今後、何が起こるか実際のところよくわかっていない……」(以上『サンデー毎日』二〇〇四年八月二九日)

●原子炉が一五基まとめて爆発する

原発設備の老朽化による劣化の恐怖を最初に指摘したのは、広瀬隆氏であろう。著書『柩《ひつぎ》の列島』(光文社)のサブタイトルが「原発に大地震が襲いかかるとき」。私は、この本を読んで打ちのめされた。日本の原発があまりに脆弱でいつ大事故を起こしてもおかしくないという冷酷な現実に戦慄した。

「……東北の福島で、兵庫県南部地震(阪神淡路大震災)クラスの末期的大地震があれば、原子炉が一〇基まとめて爆発するおそれがある。北陸の福井では、まとめて一五基である。私たちは、まだまだ想像力が足りない……」(『柩の列島』一二三頁)

大地震の時、一〇基、一五基が連続爆発すると聞いて、だれしもマサカ……と絶句するだろう。広瀬氏は問題はパイプだという。

「原子炉は、パイプが折れることによって、内部の水が爆発状態で噴出する。やがて（炉は）空炊き状態になり、メルトダウン（炉心溶融）の破局に突入する」

「備えられている緊急炉心冷却装置（ＥＣＣＳ）も、やはり冷却水を送り込むためのパイプが同時破壊するので、実は、巨大地震に対して、原子炉はほとんど無防備なのではないだろうか」

（『柩の列島』二二頁）

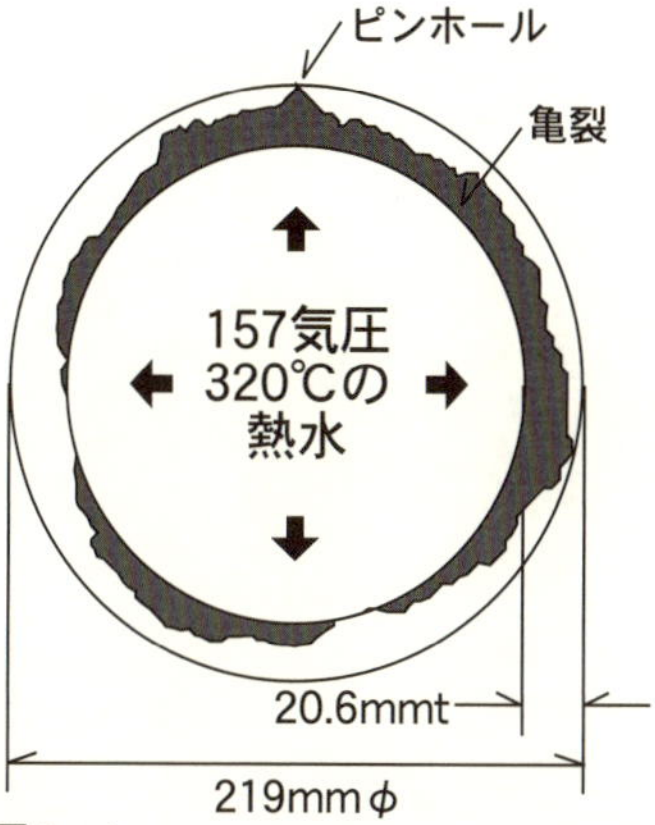

図4－1
■原子炉のパイプ。破断寸前だった玄海1号のパイプ断面（模式図）
（『柩の列島』広瀬隆　光文社）

●玄海一号機のパイプ腐食部分から熱水噴出

その根拠にあなたはゾッとするはずだ。「目の前に、直径二〇センチ、厚さが二センチの金属パイプがあると想像していただきたい。このパイプが原子炉に溶接されている。一方、その横に、破壊した阪神高速道路の巨大な鉄筋コンクリートの柱があると想像していただきたい。この二つに同じ衝撃を与えて、いずれが壊れやすいかを比較してみる……」そして広瀬氏は断言する。「原子炉が大丈夫というのは、実は全部が虚像なのである」。

広瀬氏が示した金属パイプのサイズは一九八六年六月七日、九州佐賀県にある玄海原発一号機で、大量の冷却水噴出事故を起こした実物の数字なのだ。図4-1がその断面図である。よく見ると溶接部分からほぼ全周に亀裂が入って（黒い部分）、勝手に自分でほとんど破断しかかっている。

「やがて、その亀裂の一部が、すでに表面にまで達して、原子炉の熱水が暴発的に噴出したのであった」（『柩の列島』一二二頁）

溶接部分に腐食亀裂（境界腐食）が進行し、ピンホールから熱水が噴き出す。これほど老朽劣化した溶接か所に直下型の地震の衝撃が加わったら……。

●パイプの〝ギロチン〟破断で内部崩壊へ

もう、だれでも想像できる。

建物壁とパイプを溶接したか所が、上下動の慣性の法則にしたがい裂断する。いわゆる〝ギロチン〟破断。一基の原発だけでも、それこそ何千か所と、このようなパイプ溶接か所があるという。これらは軒並み真下からの激震衝撃によって〝ギロチン〟破断が続出する。

原発の命であるパイプ系統がズタズタに裂断崩壊してしまうのだ。それも、それほど大きくない地震でも呆気なく起きる。もう一度、図4-1を見て欲しい。これだけ腐食が進行したら、ほんの少し物がぶつかっただけでポキンと溶接か所は折れてしまうだろう。おそらく、日本中の原発が、そのような老朽状態にある。

美浜原発の高温水蒸気噴出の惨事は、彼らにとって運の悪いできごとだったにすぎない。三〇年近く点検すらしていなかったことに私は唖然としたが、実は、彼らは老朽疲弊の実態を知るのが恐ろしくて、点検作業に手出しできなかったのではないか。

●配管八〇キロメートル、溶接二万五〇〇〇か所

配管の長さ八〇キロメートル、溶接二万五〇〇〇か所、電線の長さ一四四キロメートル、機器類などの部品類、数万個……！　これほど気の遠くなる配管、溶接、電線、部品が複雑怪奇に入り組んだ〝怪物〟それが原子力発電所だ。その構成をピラミッドにたとえると頂上部は、耐震性の強い重要器機が、底辺部には耐震性の弱い器機が多数ある。

まずパイプ八〇キロメートル、溶接二万五〇〇〇か所には唖然とする。おそらく、これらの溶接か所は、前出の玄海原発一号機パイプのように、劣化腐食が進行していることは間違いない。そこに直下型大地震の一撃が来たら、各所で〝ギロチン〟破断が続出するだろう。

専門家も明言する。

「地震は多くの機器・配管系を損傷する可能性が大きい」と『日本原子力学会誌』（一九八五年一一月）に東大生産技術研究所、柴田碧氏は警告。

限界地震（S2）レベルに近い地震だと、原子炉格納容器（AS級）、「緊急炉心冷却装置（ECCS）など（A系）の損傷は、わずかでも、タービン等（B、C系）について健全性の保証はない。共通原因として地震をみる必要がある。（柴田氏）

●単一故障の評価はナンセンス

原発中枢部の機器や建屋などの耐震性能は四ランクに分類されている。

①AS級：もっとも大きな想定地震「限界地震」に耐える。

②A級：次に大きな「最強地震」に耐える。

①②は建築基準法の三〜三・六倍の強度が要求される。

③B級：原子炉補助系等。想定地震はなし。

建築基準法の一・五〜一・八倍の強度が要求される。

④C級：発電機、二次冷却系機器など、その他の機器、配管、建屋類。

耐震性は建築基準法の一〜一・二倍。

いかにも原発は地震に細かく配慮しているかのような印象を受ける。これは単一故障を前提とした評価でしかない。ここでは地震のとき、「原発全体としてどうなるのか」まったく考慮されていない。

①〜④は、すべて有機的につながっているのだ。一部がやられれば、原発全体に波及する。

●「ありえない」と目をつぶる現場

地震で発生しやすいのが「共通要因故障」だ。独立して複数系統あったはずの「安全装置」や、まったく別の装置が、地震一撃で同時に破壊されてしまう。具体的には、多数の配管の同時〝ギロチン〟破断、折損……。電気ケーブルの切断。制御用圧縮空気を送るパイプ切断、冷却水系パイプ切断……などなど、あげればきりがない。ようするに原発内部がズタズタにやられた状態だ。

「……しかし、単一故障を、前提とした評価は、当初から〈共通要因〉を排除している。京大原子炉実験所の小林圭二助手は『共通要因故障までも考慮すると事故想定はきりがなく増えてしまう。実際にはありえないものとして目をつぶっているのが現状だ』と批判する」(『毎日新聞』一九九五年三月二二日)

ただただ、ゾッとするしかない現場の証言ではないか。

現場の研究者は「B、C級機器が地震でどうなるか？　具体的に検証する手立てがない」と投げやりだ。つまり、原発内部で何が起こるか、わからない。それが恐ろしいので研究者たちも目を閉じているのだ。

●「定期点検」でも何でも、すぐ止めろ

政府にも、電力会社にも、本気で原発を止めることを考えて欲しい。政府（経産省、原子力安全・

保安院、安全審査課）に要求をぶっつける。

——素朴に市民感情でも怖い。チェルノブイリやスマトラ沖大地震など。浜岡は東海地震の震源域のど真ん中でしょう。今度来たらどうなるのか？　不安は拭いきれない。起こったら、取り返しがつかない。「アッやっぱり！　すみません」じゃあすまない。浜岡三、四、五号も、点検でもなんでもいいから、止めて欲しい。メンツかカネの問題でできないのか。徹底的な安全検査のため「定期点検」という名目で、止めて欲しい。

保安院　不安に思う気持ちはよくわかる。その通りだと思います。ただ、極端な情報とか数字がひとり歩きしています。極端な推計、いいかげんな説に乗せられないでください。原発を止める、止めない、は電力さんの経営判断です。我々も安全管理に努力していることを皆さんに知っていただきたい。

——日本列島は、だいたい西から東に風が吹いていますから、東京は全滅するんですよ。チェルノブイリみたいな事故が起こったら終わりじゃないですか？

保安院　チェルノブイリは原子炉本体の〝お釜〟の方が裸だったからです。だから事故は起こった。日本では〝お釜〟の外に格納容器があります。一つ破られても、もう一つある。チェルノブイリは、それがなくて、原子炉がポンと蓋が開いてしまうと、それがモロに外に出てしまった。設計上の問題もある。

●〝ギロチン〟破断、水素爆発、何でもあり

――こんな心配も笑い話で終わってくれれば、いちばんいいが、広瀬隆さんの話では〝ギロチン〟破断とか、パイプが一個外れたら、それが全部に波及する。「何が起こってもおかしくない」と。地震のときパイプがあちこちでズタズタになったら、原子炉全体が崩壊するとおっしゃっている。水素爆発、水蒸気爆発、メルトダウン……なんでもあり……と。

保安院 ……（困惑）今……なんともちょっと申し上げられない。私共では（電力会社に）設計面ではいろんな何重にも安全の仕組みを受入れさせています。それを「ちゃんとメンテナンスしましょう」と。さらに最近は「品質保証システム」導入を進めています。つい最近、規制上の要求として明確化されました。事業者が原発部材の「品質保証」を行うのです。

――そんなの他業種では常識以前だ！　ヒビ割れとか、東京電力のトラブル隠しなどひどい。唖然呆然だ。

●車も家電もヒビがあれば欠陥で取換え

――美浜は一センチ厚パイプが〝減肉〟して二〇分の一に。シュラウドに四メートルのヒビ割れだとか……驚愕します。普通の自動車だって、家電製品だって、ヒビが入っていたら、それは欠陥です。もう取り換えでしょう？　原発だけ「〝安全〟だから、そのまま進む」とは信じられない。

保安院　トラブル隠し問題を受けて、私どもは規制をいろいろやった。ヒビ割れ、パイプのすり減り

……などは、キチンと検討して「だいじょうぶ」かどうかを判断しています。

――三菱ふそうのトラックなど、ちょっと部品にヒビが入っていただけで社長はクビでしょ？　一〇ミリのパイプが九ミリ以上減っても電力会社は〝安全〟とは、信じられない。素人でも目が点になる。

保安院　キズの問題については「キズがあるからダメだ」ではない。原子炉を運転していって、たとえばシュラウドのキズも〝基準〟があって、将来、それを下回るのであれば、だいじょうぶ。パイプも必要な肉厚として〝基準〟が設けてあるので、それ以下ならだいじょうぶなんです。

――エッエ……!?　ほんとうですか。自動車でも、車検のときに部品にヒビがあったら全部取り替えるでしょう。美浜で蒸気熱水が吹き出して五人も死んだじゃないか。小さい事故なら対応できるが。原子炉がドッカーンときたらおしまいでしょう？

保安院　それが、起こらないようにするのが、私どもの安全審査課の仕事。隣の課では検査を、基準を設定している。トラブったときに緊急に対応する部署もあります。

パイプがペラペラに磨り減ろうが、原子炉部材がキズだらけ、ヒビ割れだらけでも、〝安全〟〝だいじょうぶ〟と平然と言う保安院（安全審査課）の〝安全感覚〟は尋常ではない。つまり、彼らの論理は〝壊れるまでは、安全だ〟。これが、正気をなくした我らが政府の実態なのだ。

そして、テロの恐怖——原発の正体は戦略〝核地雷〟なのか？

●原発中枢は普通の建物の中にある

「俺は、怖くてしょうがない……」

原発建設工事を請け負ったという会社の社長さんのつぶやきが、いまだ忘れられない。

「原子炉は安全だというけど、それは格納容器だけだよ。だって、コントロールセンターなんか建屋は普通のマンションと同じだよ。ここを攻撃されたら原発はおしまいよ……」

原発といえば、我々は原子炉格納容器をすぐ想像する。しかし、原発中枢はコンピューター統御機能だろう。それらは普通の建物の中にある。人間なら脳に銃弾を一発打ち込まれたら即死する。それと同じことが原発にも言える。

原発攻撃には原子炉を攻撃する必要はない。コントロール中枢を破壊すればすむ。

そこまで聞いて、私は肌に粟を吹く思いだった。

原子炉本体を破壊、爆発させなくても、周辺施設を攻撃すれば、原子炉に致命的ダメージを与えられるのだ。小出裕章氏はこう指摘する。


「原発のシステムは非常に高度かつ複雑で、配管一つでも破壊されれば、システムが機能しなくなってしまう。その結果、冷却剤が漏れたり、循環しなくなることで炉心の溶融が発生します。チェルノブイリと同じように、数百キロメートル先まで放射能を撒き散らす大事故を起こすことが可能なのです」(『週刊現代』二〇〇一年十月六日)

やはり、下請け工事の社長さんの危惧は、真実だった……。

ならば、日本を攻撃し、日本を破滅させるのに軍隊はいらない。

●たった一人で日本を壊滅させられる

極端にいえばハリウッド映画に登場したランボーのようなコマンド一人でも、日本を壊滅状態にすることは可能だ。日本の原発はすべて海岸沿いに立地している。ゴムボートか何かで闇夜に接近上陸する。日本の原発警備は呆れるほど手薄だ。密かに上陸したら、目の前はすでに原発施設。右肩に用意のスティンガー・ミサイル発射装置を乗せ、原発コントロールセンターの建屋に照準を定める。そして、……発射！　ミサイルは漆黒の闇にオレンジの炎の航跡を残して、黒い建物の陰に吸い寄せられていく。そして命中、爆破。凄まじい轟音と紅蓮《ぐれん》の炎が噴き出す。さらに第二撃ミサイル発射。第二波の爆発が夜空を焦がす。緊急サイレンが鳴り響く。〝ランボー〟は手速く発射装置をゴムボートに収納し、身を潜めて海岸線から沖合いの闇に溶け込んでいく。そこには潜水艦が潜望鏡を揚げ、戦果の炎が燃え上がるのを確認しているはずだ。安っぽいスパイ映画の一シーンのようだが、この沈黙の攻撃が、日本を壊滅させかねない。はたして日本の原発は、コントロール機能を収納する建屋への軍事的破壊攻撃を想定しているのか？

●原子炉の天井はもろく、航空機テロが怖い

また、原子炉施設は強固に見えるが、それほどでもない。外壁は堅牢でも天井部分は意外や非常にもろい。それは、天井を頑丈にするとその重みで落下した場合の衝撃が原子炉を傷めるからだ。だから航空機などによる空からの攻撃に、原子炉は極めて弱い。旅客機ではなくヘリコプター程度のものを落下させるだけで原子炉を破壊できるという。燃料を満載した飛行機やヘリが突入すれば、爆発火災で鉄筋コンクリートの鉄筋や鉄骨はかんたんに溶けてしまう。原子炉は、外部からの攻撃には脆弱であることを知るべきだ。

肩掛ミサイルであれ、テロリスト突入であれ、航空機の自爆攻撃であれ、原発が一部でも破壊されたら、核暴走を覚悟しなければならない。

●原発の屋根が狙われたら終わり

菊地洋一氏（前出）は「テロで原発の屋根が狙われたら終わり」と言う。

九・一一テロで、航空機による〝攻撃〟が現実のものとなった。電力会社は「航空機がぶつかっても安全」と宣伝してきたが、それは真っ赤な嘘。

なるほど「横からの攻撃には原子炉は強い」。しかし、「上からはまったく駄目」と菊地氏は原発の意外な弱点に触れる。

「沸騰水型というのは上がないのです。工場なんかの鉄骨の屋根があって、その上に薄い軽量コンク

リートを打って防水しているだけです。軽量コンクリートは軽石みたいに軽く弱い。強度はもう全然ない。ほとんど外からの攻撃には耐えられない。テロリストが爆弾積んで（飛行機で）ぶつかったら最上階だけはかんたんに破れます。屋根はあって無きがごとし。上から狙われたら一番怖い」とアッサリ認める。

さらに怖いのは定期検査のとき。原子炉の蓋も、第一格納容器の蓋も外されている。

「ほとんど炉の中の状態が丸見え。そうでないと燃料の交換ができないんですね。そのときに攻撃すれば、原子炉の中までかんたんに爆弾が撃ち込める。屋根はとにかくないのと一緒ですから」には、声もない。日本の原発は外からの攻撃にもスキだらけなのだ。

●近くの「燃料プール」攻撃で東京も全滅

さらに原発を攻撃するグループに狙われたら万事休すのターゲットがある。

それが「核燃料プール」だ。原子炉の隣に設置されているが「蓋も何もなくて露出している。原子炉から取り出した使い古しで非常に毒性が強い燃料が入っている。とんでもない（量の）放射能を出す。プルトニウムもできて超危険物。これが露出しているので、年中、この『燃料プール』だけは簡単に狙える」（菊地氏）

たとえば、いちばん東京に近い東海原発一一〇万キロワットの使用済み「燃料プール」に爆弾がボンと落ちると、東京の人たちはみんな、致死量相当の放射能を被曝する、という。

「ニューヨーク原発テロのケースでも、原子炉はニューヨーク市から八〇キロメートルは離れているけど、やっぱり（「燃料プール」攻撃で）八〇キロメートル圏内の人たちは皆死ぬくらいの毒物が流れてくるだろう」と菊地氏。「テロで使用済み『燃料プール』を壊されたら、ほんとうにどうにもならん」「困ったことに……これはテロがあるから……といって使用済み核燃料をプールから取り出してきて『どこかに隠してしまえばいいじゃないか』と言っても、持っていくところがない」。そして、こう締めくくる。

「やられてからでは遅い。『やっぱり原発を止めなきゃいけない』という意識を、これをきっかけに、みんなに持って欲しい……」（二〇〇一年一〇月九日、小松川市民ファームでの講演記録『たんぽぽ通信』No.七四より）

●北朝鮮による原発攻撃の脅しは？

私は拉致問題に揺れる対北朝鮮交渉で、あまりに日本政府が弱腰なのは、水面下で日本海側の原発攻撃を示唆され恫喝されているのでは……と憶測する。邪推かもしれないが、日本の最大ウィークポイントが原発施設にあることは明白。原発をコントロール不能にすれば、それは直下地震で直撃されたチェルノブイリ原発と同じ。あとは水蒸気爆発か水素爆発あるいはメルトダウン……。いずれも大量の死の灰噴出は避けられない。アメリカ政府のシナリオにもとづいた試算でも、浜岡原発の爆発で約二〇〇〇万人以上が犠牲になる。「科技庁リポート」（第五章参照）なら四〇〇〇万人。小出裕章氏らのシミュレーションでは一三〇〇〇万人だ。（『日本の原発事故〝災害予測〟』）

たった一人のコマンドのたった一発の肩掛ミサイルでも、圧倒的な戦果を上げることができるのだ。なにしろ、長期間運転してきた原子炉には、広島型原爆の約一万発分ともいわれる死の灰（高レベル放射性廃棄物）が充満している。一基の原子炉を破壊、爆発させ、日本列島に飛散させたほうがはるかに〝効率〟がいい。それは一〇発の原爆攻撃に勝るかもしれない。一発の原爆が平均で一〇万人を殺すとして一〇〇万人。一基の原発破壊は、日本なら一〇〇〇万人以上を殺し、さらに日本列島を居住不能にすることも可能なのだ。原発に対するテロ攻撃に勝る攻撃はありえない。

●日本永久支配のための〝核地雷〟

ここまで考えて、またもや私は暗澹とした。

なぜアメリカは日本に原発を押しつけてきたのか？（プロローグ参照）。その真意がはっきり見えた気がしたからだ。原発とは、そもそもエネルギー施設の仮装をした軍事施設なのではないか。はっきり言ってしまえば戦略〝核地雷〟……。日本列島五〇か所以上に、これらの戦慄の核地雷を〝埋設〟してしまえば、彼らが真の狙いとする日本の〝永久占領〟が可能となる。日本がアメリカ支配の頸木《くびき》から逃れようとすれば、この〝核地雷〟への攻撃を匂わせる。その瞬間、日本は凍り付き金縛りモードとなる。原発を実際に攻撃爆発させる必要はない。原発を爆発させるゾ、というブラフ（脅迫）だけで十二分だ。

自分の頭を振り払う。そんなこと邪推、当て推量であって欲しい。しかし、日本の永久支配に原発ほど素晴らしい〝戦略地雷〟はないのではないか？　これが私一人の妄想であることを祈るばかりだ。

●半数の原発でテロリストは運転室まで侵入

原発が〝核地雷〟的な要素を持っていることは、欧米でも変わりはない。

やはりテロ攻撃を受けて爆発すれば、それは国家を壊滅させる甚大な放射能汚染をまき散らす。アメリカでは一〇三基もの原発が稼働している（二〇〇〇年末時点）。

その数、日本の二倍。むろん世界トップの原発大国だ。それも電力需要の関係から大半はニューヨークやワシントン、シカゴなど大都市近くに立地している。とりわけアメリカ東海岸は、原発の超過密地帯でもある。

まさにアメリカ版〝原発銀座〟。さらに内陸シカゴでも半径二〇〇キロメートル以内に一〇〇キロワット級大型原発が一〇基以上も存在する。西海岸でもロサンゼルスから数百キロメートル圏内に七基も大型原発が稼働中。

しかし、日本とは違い原発への侵入は難しかろうと思えば、さにあらず。九三年、世界貿易センタービル爆破テロの後、全米の原発でテロ対策のシミュレーションが行われた。すると半数もの原発が、やすやすとテロリストの侵入を許し、運転室まで到達させてしまったのだ。つまり、少なくともテロリストたちは全米半数の原発を爆破したり、安全装置を外して原子炉を暴走させ自爆させることも可能なのだ。

ちなみに、九・一一ニューヨーク同時多発テロは、アメリカの自作自演であるとも言われている。

●アメリカ全土が〝死の土地〟に変貌

そして、チェルノブイリ原発事故クラスの大爆発が起こる。すると、少なくとも半径六〇〇キロメートルの範囲内が、一般人の許容限度を超えた年間一ミリシーベルトの被曝地帯になるという。

放射能による即死から急性死、さらにガンなどの死亡を含めると、数百万人単位のアメリカ市民が犠牲になる。専門家は、東西で複数の原発が〝同時多発テロ〟を受けると、アメリカ全土が「今後数百年はまったく人が住めない土地になる」可能性がある、と言う。

戦慄のシミュレーションがある。アメリカ全土で四基の原発が同時テロで襲われたとすると、推定被害者は二億人……。アメリカ合衆国という国が、この地球上から消滅してしまうのだ。パイプ一本破壊されても原発は暴走、爆発しかねない。

これほど他からの攻撃に対して脆弱な重要施設はあるまい。軍隊で警護しても、完全に守りきることは不可能だ。一人のテロリストですら、原発破壊は可能なのだ。ましてや、直下から激烈に突き上げる地震の破壊力をもってすれば、まさに一撃粉砕で原発を爆発させることはいともたやすいことなのである。

われわれは、座してその悪夢の瞬間を待つのか。あるいは、全精力を込めて〝核地雷〟である原発の運転を止めさせるために全力を注ぐか。生き残る道は後者にしかないのではないか。

大変な時代に生まれ合わせたものだ……。

お断りしておくが、これらのみならず、私はあらゆるテロや戦争に対して断固反対である。

内部告発──たった震度四で、東電・福島原発は〝壊れた……〟

●地震前から細管は壊れていた

二〇〇〇年七月二四日、わずか震度四で細管破断事故が起きた福島原発（一、六号機）。アラームが鳴り響き手動で緊急停止し、ことなきを得た。

「今回、地震で壊れた配管の耐震設計は「クラスB」レベル。つまり震度六弱以上の揺れでも破断しないとされていた。それが、震度四の地震で壊れてしまったというのですから……」（市民団体『福島原発事故調査委員会』山崎久隆『サンデー毎日』二〇〇〇年九月一七日）

つまり原発側が「震度×まで」とか「××ガルまで」とか数値を挙げてPRする安全論は、根底から否定された。つまり、まったく信用できない。

この細管破断事故への東京電力側の釈明は噴飯ものだ。「破断した細管はネジ溝が切ってあり、そこから九七〜九八％割れていた。そこにたまたま地震が来ただけ。地震が来なくても近々、この配管は破断していた」（東京電力）という。つまり「初めから壊れていた。地震で壊れたのじゃない」という〝言い訳〟には唖然呆然だ。なら、もっと危険じゃないか！　他の五か所の類似細管を東京電力が点検したら「一か所でネジ溝部分に二本傷があった」という。つまりネジ溝が切られている配管は、すべて危ないのだ。それらは「数千か所もあり、すべてをチェックするには二～三年かかります」（東京電力）とは……声もない。

これらは震度四どころか、指先で突っついただけで割れそうなレベルまで腐食亀裂している恐れがある。

●耐震設計など見直す必要はない⁉

その福島原発の細管破断事故への監督官庁の対応はどうか？　科学技術庁（当時）の米山弘光・運転管理班長の発言には目が点になる。

「今回（アラームで）東京電力は三時間くらいかけて問題か所を探していた。しかし、あと三時間くらいかけていれば、原発を止めずに見つかったのではないか。すると止めずに済んだし、国への報告義務もなかった」

「同じようなことがあれば『またあそこかな？』と補修すれば、それまでのこと」

つまり「原発を止めたのが間違い」と言わんばかり。とても責任官庁とは思えぬ投げやりな態度に呆れる。

「めったに起きないようなことで、しかし、安全上問題のない部分にカネと時間をかけるメリットがあるかどうか……そこまでは昔からやっていないし、これからもやらないということ」

暴言は続く。

「耐震設計など根本的に見直す必要はまずない。原子力の安全性が脅かされるような、大したものだとはとらえていない」

以上は『サンデー毎日』（前出）の取材に笑いながら答える担当者。こちらは顔がひきつる。原発行政の現場の危機意識の欠如が、まざまざと伝わってくる。

「そもそも原発の設計時に予定されている『耐震強度』というものは、あくまでも施工や配管の健全性が設計通りであることが前提になっている。配管が腐食しているわ、亀裂は入っているわ、となれば、そんなものは設計通りではないわけだから、設計者にしてみればもはや責任のとりようがない」（『サンデー毎日』同）

●東京電力には学習能力すらない

前出の山崎氏も呆れ果てる。

「事故が起きたらそれを解析し、次の事故を防ぐという『予防保全』の考え方が原発にはない。たとえば、八九年一月に東京電力福島第二原発三号機で水中軸受けリングが落下する大事故があったが、実は、その三か月前、同じ福島原発一号機でこの水中軸受けリングにヒビ割れがあることが定検で見つかっている。しかし、東京電力は何の手も打たず、結局、三号機の大事故を防げなかった。今回の（細管破断）事故でも、『何もしない』というのなら、東京電力には学習能力すらないことになる」（『サンデー毎日』同）

その東京電力は、こう答えている。

「たしかに想定外での事故ではあったけれど、このような程度の『想定外』なので、他の重要度の高い場所では想定が十分にできていると思っている」（原子力管理部五十嵐信二課長）

たかが震度四で、原発が壊れて止まったことを「この程度の『想定外』」と、のんびり言い切る東京電力・管理責任者の感覚には声もない。

●わずか震度四で巨大原発は〝壊れる〟！

この福島原発事故の原因は、一〇〇キロメートルも離れたところで起きた茨城県沖地震だった。わずか震度四という揺れで、細管はもろくも破断した。錆びて亀裂が入っていた配管は、これだけの揺れでプツンと呆気なく千切れた。信じられないことに運転開始から二一年間、パイプは一度も点検されていなかった。錆びて、ヒビ割れて、減肉していることは、だれ一人知らなかったのだ（しかし、上には上がある。その後、発生した美浜原発三号機の水蒸気噴出事故では破裂配管は二八年間、無点検!)。

こうして福島原発が、破損停止したことは「原発は地震では壊れない」と言い続けてきた政府、電力会社も口先だけの嘘であることを〝実証〟した。

わずか震度四で――巨大原発は〝壊れる〟のだ。

●火力の一万倍の超高熱を操作できない

「もっとも優れた原発報道メディアを一つあげよ」と言われたら、私は迷わず『たんぽぽ通信』をあげる。このミニコミ紙のワラ半紙に刻まれた情報とメッセージは、他の追随を許さない。そこで論陣を張る小田美智子さんは、『『原発震災』は杞憂《きゆう》であってほしい」と記す。この祈りにも似た思いは、私とまったく同じだ。原発の核分裂エネルギーがいかに大きなものか。「火力発電と比べてみるとよくわかる」と彼女は言う。

「核分裂の方は二〇〇〇万度以上のエネルギーをもたらすが、火力の方は二〇〇〇度以下である。実に一万倍もちがう。これほどすさまじいエネルギーをもたらす核分裂を、化学反応しか知らなかった人間が操作しようとするのが原発であり、原発が危険すぎる理由である」(『たんぽぽ通信』№七一　二〇〇〇年一二月)

これは池内了著『私のエネルギー論』（文春新書）から引いたもの。まさに正論である。だから核分裂の操作を一歩でも、一瞬でも失敗すると、ＪＣＯ臨界事故のような惨劇が瞬時で起こる。チェルノブイリ原発も一瞬の直下地震で、瞬時の核分裂暴走から大爆発したのだ。

●配管は「ぐにゃぐにゃ曲がって動く」

小田さんは述べる。

「『配管そのもの』ともいわれる原発。それらの配管は核分裂が始まって、三〇〇度近い熱水が通ると、細い配管から人間がもぐれるほどの大きな配管まで、『ぐにゃぐにゃと曲がって動く』のだそうだ。そのために、配管はガチガチには止められない。伸びてもいいように長く緩やかにしておかなければいけない」（『たんぽぽ通信』No.七一　二〇〇〇年一二月）

なるほど、三〇〇度近い熱水が通ると、パイプは加熱され熱膨張で伸びる。それをガチガチに固定すると熱膨張力が固定器具を破壊するか、パイプ自体が膨張破損するだろう。だから、そもそも原発パイプは「ぐにゃぐにゃと曲がって動く」ように緩やかに支持されなければならない。

なんという皮肉！　地震の激震に耐えるためには、配管システムは〝頑丈無比に〟固定されなければならない。しかし、パイプは超熱膨張のため〝緩やかに〟支持されなければならない宿命なのだ。まさに二律背反。

●熱膨張を吸収するコの字配管、天井バネ

元GE社の菊地洋一氏（前出）は証言する。彼は茨城県東海第二原発建設の統括責任者でもある。

「ぐにゃぐにゃと配管は熱で伸びても平気なぐらい伸ばしておかないと、熱膨張で伸びる破壊力がものすごい。だから配管でA点とB点をつなぐなら、途中にコの字型にグニャリと曲げておく。配管を長くしておいてコの字型部分が熱で伸びたり縮んだりするのを吸収するようにしてある」

「原子炉は運転に入ると二〇メートル近い高さのものでも熱膨張して上に伸びていく。一八ミリくらい伸びるはずです。だから下でガッチリ止めたら壊れる」

「配管は熱が伝わり原子炉よりも伸びる。主蒸気管とか給水とかはギューッと下りてくる。最初あった所よりも下がるくらい伸びる」

なんとも凄い光景ではないか。原子炉やパイプが生き物のように想えてくる。だから「熱で伸縮する関係で、配管は下から支えられない」。

よって原発の配管はすべて上からバネで吊っている。

●ぐにゃ配管は地震で破壊……〝絶対的宿命〟

「バネが付くところは、なぜか溶接線の来るところ。L棒周りは溶接するところが多い。たとえば溶接線検査ができないから、ずらさなければいかん。これは皆やりたがらない。定検時な

ど、もう古くなってきているのでメンテナンスが大変。それを維持するときには放射能で非常に汚染されている」（菊地氏『たんぽぽ通信』No.七四　二〇〇一年一二月）

熱膨張を吸収するコの字配管も、天井からのバネ支えも、パイプをぐにゃぐにゃ緩くしておくための工夫だ。さらに「原子炉と配管をつなぐノズルがみんな危ない」と菊地氏は言う。長い配管は熱膨張を吸収するため緩く吊されている。その振動は本体と接合部ノズルにストレスを与える。つまり、原発配管システムは、そもそも〝地震にもろく〟造らなくては、原発自体が運転できないのだ。しかし「ぐにゃぐにゃ」配管システムは確実に地震振動で破壊される。これは原発の〝絶対的宿命〟である。だから、福島六号機のもろい「ぐにゃぐにゃ」配管は、わずか震度四という実に弱い揺れでプッツリ千切れたのだ。

●地震前からヒビ割れだらけ。原発は壊れる

さらに肝を冷やす話は続く。

浜岡PR館で「M八地震でも浜岡原発はだいじょうぶ」とCG（コンピューター・グラフィックス）を使ってPRしていることについて菊地氏は、「そんな阪神淡路大震災の一〇倍以上もあるようなエネルギーの地震が来ても大丈夫というのは、あまりに現実離れしたもの」と呆れ果てる。彼は「地震が来る前からヒビ割れしている原発が安全であるはずがない」という。子どもでもわかる理屈だ。「原子炉から配管がいっぱいぶらさがって出ていますけれど、この付け根が地震が来ないのにヒビ割

れだらけになって、改造工事をしたこともある」「……必死で直している。浜岡はM八なんていう地震が起こりそうな所です」「地震があろうとなかろうと、あっちこっち、ぶっこわれかけている。だから、地震が小さくたって壊れる……」。絶望感にとらわれる。

「国の安全宣言というのはまったく信用できない。東京電力なんかとも打ち合わせをやってきてわかる。まったく現場のことを知らなくて〝安全〟だって言いまくる。『こういうこと知っているか？』と言うと『へェーッ！　そんなことあったんですか』って。『あんた、そんなことも知らなくて、よく〝原発巨大事故を起こさん〟って言うね』と言うと『イエ、絶対起こしませんって言うわけです』」（『たんぽぽ通信』No.七四　二〇〇一年一二月）

●再循環モーター羽根がぶっ飛んだ

ポンプのモーターも壊れやすい。

東海第二原発の再循環ポンプ・モーターが破壊された事故がある。

菊地氏が担当した東海第二原発でもポンプ羽根がぶっ飛んだ。これは世界初一一〇万キロワット級パイロット・プラントだった。つまり試作炉。

「試運転の試験の時に再循環ポンプの羽根がぶっ壊れた。モーターが燃えたり……もうとんでもない」「原発は安全性の確かめられた機器しか使ってない、とよく言うがそうじゃない。試運転で壊れている。それをいい加減な手を打ったものだから、福島のポンプ事故が起きた」と、彼の告発は厳しい。

そのモーターは部屋の天井まで届くほど巨大。その下にポンプが付属して、全体が問題の配管上に乗っている。配管が熱膨張を想定して緩く支持されているのだから、それに繋がる循環ポンプやモーターが不安定なのも当然だろう。

統括管理者であった菊地氏によれば「重大な計算忘れで、慌てて補強工事をし直し、大改造コストは六〇億円もかかった」と言う。原発がいかにずさんに造られてきたかがわかる。（以上『たんぽぽ通信』No.七四　二〇〇一年一二月より）

●地震にいちばんもろいのは〝支持スカート〟

原発でいちばんもろいのは、ぐにゃぐにゃのヒビ割れ配管かと思ったら、菊地氏は「そうではない」と言う。地震に一番弱いのは〝支持スカート〟だと言う。

わずか震度四の揺れでダウンしたのは福島原発だけではない。やはり、女川原発もシャットダウン。現場にいた菊地氏の証言は生々しい。

「電力会社が、その原因がわからんという。原子炉が危険な状態になって自動停止したにもかかわらず、その時にその原因がわからない。原因究明にもの凄く時間がかかった。それは震度四でした。なのに（推進側は）M七でも八でも、もつようなことを平気で言っている」

地震が来た時に、彼がいちばん心配しているのは原子炉を支える〝支持スカート〟だ。

「名前が〝スカート〟というぐらいだから薄い。この〝スカート〟に二〇〇〇トンぐらいの原子炉を乗せる。……そこには配管がぶら下がっていて、ポンプやモーターが乗っかったり、中には原子力燃料がギッシリ詰まって、水もまた詰まっていますから、そうとう重い」

●薄くて穴だらけ。下からの直撃でグシャ！

「この原子炉が下からポーンと突き上げられると、これがゆっくりした力だったら原子炉全体が持ち上がります。けれど直下型でガーンときた場合は、原子炉の位置が動かないままで下から突き上げられる（注：慣性の法則）。〝スカート〟から下もガッチリ固められている。だからその中間にある弱い〝スカート〟だけがグシャと潰れる可能性がある。これが潰れると原子炉はもうもたんです」（菊地氏）

元GE社員の説明はリアルだ。

「原子炉真下の〝スカート〟のところには制御棒や駆動装置のパイプが原子炉から出ていますから、いちばん、壊れてはいけないところです。僕は、この〝スカート〟が弱いため、GEにいたころから心配している」

「おまけに、この〝スカート〟には穴が四つ開いている。『継送用』で、いろんな細いパイプを束にしてくぐらせるため。薄い上に大きな穴が四つ開いている。こんなことは皆知らない。現場で見ている人間はわかるけど……」（菊地氏）。

●恐怖と目眩《めまい》。原発は大爆発する

薄く脆弱な〝スカート〟は、四つの大きな穴のため、さらに強度は弱くなっているのだ。

ちなみに中越地震二五一五ガルは一秒間に約一六〇センチも動くスピード。直下から縦にこの加速度が襲ったとする。頑丈で重い原子炉本体は、慣性の法則でおそらく、まったく動かない。薄くもろい〝スカート〟だけは一瞬でペチャンコに潰れる。

四つの穴からのパイプ束も潰れ、破断し全滅。こうなると「緊急炉心冷却装置（ＥＣＣＳ）」も「制御棒で自動停止」もへったくれもない。あらゆる「安全装置」は圧殺される。〝スカート〟潰滅、パイプ群粉砕とは、つまり原発壊滅を意味する。一切制御を失った原子炉内のウラン燃料は、その瞬間から核暴走する。つまり、燃料棒は極超高温に達し溶解し、さらに高熱でメルトダウンする。内部の熱水は水蒸気から水素となり猛爆発する。これ以上は、恐怖と目眩《めまい》で想像することもできない。

「原発はスカートがグシャッともろい。そういうことをおっしゃっている方がいるのですか。それは、把握していない」（保安院）

東電、トラブル隠し――改ざん、癒着の底無し沼

●東京電力と保安院、呆れた癒着の構造

「原発トラブル隠し二九件――東電『ヒビ割れ』など虚偽記録」（『東京新聞』二〇〇二年八月三〇日）

犯罪企業集団。これが日本の電力会社に対する正当な評価と言えるだろう。トップ電力会社、東京電力が一九八〇～九〇年代の長きにわたって、福島・柏崎など同社の一三基の原子炉自主点検で、配管のヒビ割れなどトラブルがあったのに「なかった」と虚偽記録を捏造していたのだ。その手口は、〝修正液で改ざん〟〝カメレオン塗装〟〝点検偽装〟などなど、様々な隠蔽テクニックを駆使、検査記録捏造が日常化していたことが一目瞭然。ちなみに〝カメレオン塗装〟とは、外見で異常がわかるか所を塗装でごまかすテクニック。

無届けでヒビ割れ部分を補強するため、クランプという補強器具を配管に装着。さらに通産省の検査官に発見されるとまずいので、配管と同じ塗装をして目立たない〝保護色〟とした。まさに〝カメレオン作戦〟。九六年には検査前にクランプを取り外して検査を逃れるという念の入れようだった。

さらに九四年には、炉心隔壁（シュラウド）にヒビ割れという重大な兆候を発見しながら、七年間も隠し続けて保安院に報告しなかった。（福島第二原発三号機）

このヒビ割れ存在は、アメリカ原子力専門誌に「一年以上前にヒビ割れがわかっていた」と告発される始末。保安院からの問い合わせにも「そんな事実はない」とシラを切り通した。

「ヒビ割れ、摩耗の事実が十数年も闇に閉ざされていた――虚偽記録の疑いがあるのは炉心付近の重要な機器ばかり。損傷が今も残っている可能性があり、大事故につながりかねない。原発を抱える地元住民らの間には言い知れぬ不安と怒りが広がった」（『東京新聞』同）

東京電力によるこれらの情報隠し不正工作が、なぜ露見したのか。それは原発の点検作業を委託されたGE社の元社員が、東京電力のあまりのずさんさに呆れて監督官庁の経産省に二〇〇〇年七月、文書で内部告発したことで事件は発覚した。

慌てふためいたのは同省だ。保安院はさらに不可解な対応に終始する。なんとGE元社員から内部告発を受けると、即座に告発者の氏名を東京電力側に通報し内部告発があった旨を連絡。さらに元社員の告発事実を二年間も握りつぶしてきたのだ。告発を受けた後、保安院は二〇〇〇年七月から二〇〇一年一二月まで、計八回も内輪の〝対策会議〟を開いているが議事録は保存されていない（破棄したのか?）。

●保安院、告発者名を東電側に通報

いったい彼らは何を話し合ったのだ。けっきょく二年間も内部告発を放置、棚上げ。そして保安院は「調査に時間を要したのは、告発者保護を最優先に考え、情報が漏れないよう慎重な調査を進めた結果」と説明してきた。よく言うよ、と天を仰ぐしかない。

保安院は告発者自筆サインが入った検査記録や、東京電力担当者と交わした実名の会話記録を東京電力側に手渡しているのだ。告発者の氏名を、告発された側の東京電力に通報して〝告発者保護〟とは、聞いて呆れる。この保安院の行為は、東海村臨海事故を契機に設けられた「内部申告者奨励制度」に真っ向から違反する背信行為。この制度は「告発者の解雇など企業側による不利益な扱いを禁じ、告発者を守る」ことを法の精神としている。

いったいこの監督機関は、どちらの味方なのか？

二〇〇二年九月一三日に開かれた同省の原子力安全・保安院の評価委員会でも、この不可解な対応に批判が集中。「こんな調査では、東京電力の証拠湮滅《いんめつ》を助けるだけだ！」。委員から手厳しい指摘が相次いだ。たとえば弁護士の住田裕子委員は、保安院がGE社員から内部告発を受けたとき、同社員より先に東京電力に連絡したことを批判。「まず申告者の話をきちんと聞くのが常識。先に東京電力に事実確認を求めれば証拠湮滅につながります」「手順が逆で調査の決定的な遅れにつながった」。

しかし、この対応こそ、保安院と東京電力との深い癒着を物語る。保安院は内部告発者が現れたことに驚き、通報して東京電力に〝証拠湮滅を促した〟というわけだろう。

このGE社員は東京電力側から「定期点検時に炉心に六角レンチを置いた」という言いがかりで不当解雇されている。

●不正二九件、うち六件が法令違反の疑い

保安院は一連の東電スキャンダルを調査の上、九月一三日に発表した。保安院も東電スキャンダル

がマスコミ報道され、隠しきれずに公表に踏み切ったという形だ。

その情報隠し不正工作は二九件にのぼる。そこには点検作業で不具合、欠陥などを発見しても五、六年は隠して素知らぬ顔、という生々しい手口が明らかにされている。その点検・補修に関わった東京電力社員は、のべ一〇〇人。つまり組織ぐるみで隠蔽工作や作業を行っていたのだ。

たとえば福島第一原発一号機の蒸気乾燥器（ドライヤー）に八九年定期点検で六本のヒビ割れを発見。国に報告すべきなのに、ヒビ割れの程度が軽い三か所を水中溶接で修理。請け負ったGE社には修理記録の廃棄、国への報告書からの削除を要請した。ヒビ割れの激しい三か所は発見から一か月後に通産省に報告。〝発見〟を「報告当日」と偽った。そのつじつまあわせのために、GE担当者に報告書の切り貼りや修正液による改ざんなどを指示していた。

不正の中でも六件は、法令違反の疑いがある。

たとえば炉心隔壁（シュラウド）のヒビ割れ隠蔽工作は、電気事業法三九条に違反。蒸気乾燥器（ドライヤー）ヒビ割れ修理記録の隠蔽は保存義務違反だ。

私は、ここまで書いてゾッとする。GE元社員の正義感による内部告発がなかったら、これらの不正は、絶対表に出ることはなかった。すると、これらの露見は、彼らにとってたまたま〝運が悪かった〟だけといえる。つまり、いまだぬくぬくと、表面化しないでいる夥しい数の不正、隠蔽、改ざんなどの〝犯罪行為〟の山が原発絡みで存在しているのだ。

それは間違いない。

●成長していくシュラウドの亀裂

さて、今回の情報隠しで東京電力は「安全上は問題ない」と説明している。たとえば炉心隔壁（シュラウド）の亀裂。シュラウドは沸騰水型原子炉の圧力容器内で、燃料集合体や制御棒などを収納している、直径約五メートルのステンレス製の円筒を積み重ねて溶接した容器だ（図4‐2）。一九九〇年にスイスの原発で応力腐食割れによる亀裂が報告され、米、独の原発でも次々に見つかっている。

今回の東京電力トラブル隠し二九件のうち九件がシュラウドの亀裂や異常等を隠蔽したものだ。さて、東京電力は「安全上問題はない」と言い張る。保安院まで「安全性には影響ない」と東京電力をかばうのは不可解。あなたは自分のクルマのエンジンに亀裂があるのに「問題ない」と言われてハンドルを握る気になるか？

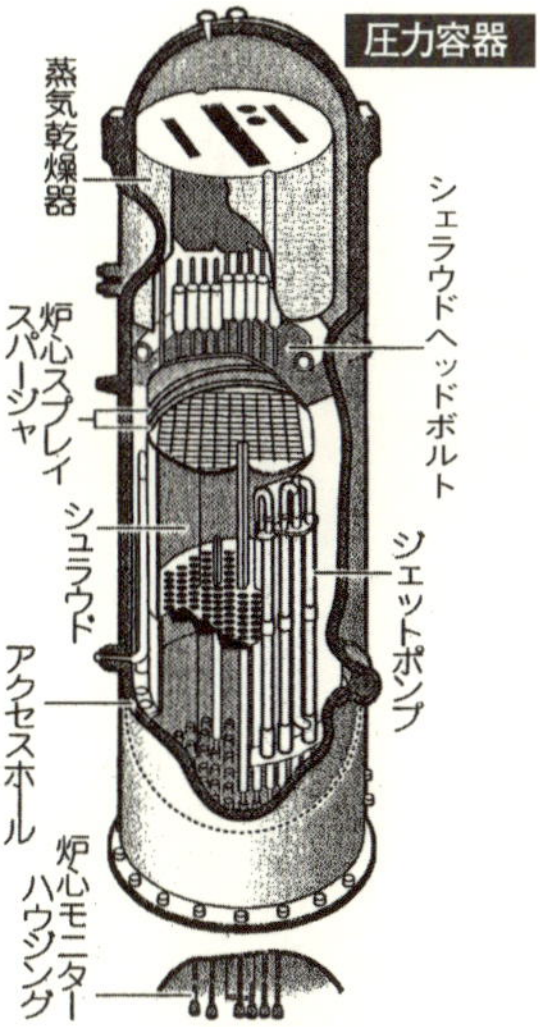

図4－2
■減肉、ヒビ、亀裂だらけ。車、航空機ではありえない。記録改ざんがあったとされる部分（『東京新聞』2002年9月14日）

いったい車でも家電製品でも、亀裂（ヒビ割れ）が発見されたら「これは問題だ」となる。それが、一〇〇万人、一〇〇〇万人の命を一気に奪いかねない原発では安全上〝影響ない〟とは不気味、不可解だ。「問題があるから隠した」のだろう？

保安院の言い分。

「シュラウドは円筒形の内外で水圧差がないため、破裂する心配もない。最も厳しいのは地震の横揺れに対する曲げの力だ」

●炉心隔壁四メートルの亀裂も「問題ない」

さらに、①亀裂がステンレスを貫通。②近接して傷がある——これら二つは、連続した一つの傷とみなす。傷は年間一一ミリずつ成長する。一〇年後の傷の大きさを予測すると福島第二原発二号機の傷は四二三センチに成長する。これは地震に耐える許容値一四六四センチの約二九％に収まり、おおむね〝安全〟という。四メートル以上の亀裂が走っていても〝安全だ〟という経産省の感覚はスゴイ。そんな状態で町を走っている車は見たことはないし、空を飛んでいる飛行機も皆無だろう。

原子炉内部の金属は、日常空間にある金属より早く劣化してもろくなる。それは大量の中性子に被曝して、金属分子間の結合がもろくなるからだ。シュラウドのステンレスも劣化していく。この脆弱化現象についても、保安院の回答は「問題ない」だ。重ねて言うが、こんなヒビ割れだらけの機体で空を飛んでいる航空機は一機もない。航空機には厳密な点検が法律で定められているからだ。ところが、原発だけはヒビ割れ、亀裂が主要部品に走っていようが「安全上問題ナシ」だ。空恐ろしい話ではないか。

コンクリート崩壊？――「安全データ改ざん」と元業者

●「数値をごまかせ」という社長命令

「浜岡原発納入の『コンクリート骨材』強度を改ざんしました……」

二〇〇四年七月、驚愕の内部告発が発覚した。

「社長は私に『数値を改ざんしてごまかせ』と指示しました。『できるか？』という社長の言葉に、私は『できると思います』と答え、一人でゴマカシの方法を考えました」

生々しく、不正の状況を告白するのは浜岡原発四号機建設に砂利や砂を納入した砂利生産業、(株)小笠開発の元課長、松本勝美氏（四六歳）。同社は日本最大手のセメント会社「太平洋セメント」の孫会社にあたる。

この実名内部告発をスクープしたのは『週刊現代』（二〇〇四年九月四日）。

冒頭のやりとりは、浜岡四号機の建設資材として納入予定だった骨材（コンクリート主要原料となる砂利や砂）が、国の指定検査機関から『有害』と認定されたときの状況である。そのままでは、原発建設資材として使えない。そこで『検査結果』の改ざんを決断したときのいきさつだ。

●「有害」試供体バーに無数の亀裂が

国指定の検査機関では、建築資材チェックを次のように行う。

まず業者が持ち込んだ砂利を粉砕。セメントと水に混ぜモルタルバー（幅四センチ、長さ一五センチ）と呼ばれる試供体をつくる。このバーの成分、強度、耐久性などを測定し「合否」判定をする。「有害」な砂利を使った試供体は半年で亀甲状の亀裂が無数に走る。このようなもろい「有害」骨材で原発を建設したら、早晩、亀裂だらけとなる。一方、「無害」な素材だと亀裂は生じない。「有害」コンクリートは「アルカリ骨材反応」と呼ばれる膨張を起こし、ヒビ割れを発生させるのだ。亀裂でコンクリート強度は極端に低下、建物崩壊の引き金となる。松本氏は検査機関で、自社の亀裂だらけのモルタルバーを見て「これを原発に使うのか……」と暗澹たる気持ちになった、という。

当時の彼の役職は製造管理課長。本来なら品質管理を任される責任者である。それが社長から直々に不正の強要。忸怩《じくじ》たる思いを抱えながら、彼は「偽造文書作成」「サンプルすりかえ」などの不正を続けた。

●浜岡原発四号機は欠陥骨材で建造された

こうして、原発躯体に亀裂を発生させる恐れのある「有害」骨材納入は続けられた。このもろい欠陥原料によって、浜岡原発は九三年に完成。恐ろしいことに四号機は最低で六〇%、最悪一〇〇%「有害」コンクリートで建造されたのだ。そもそも原発は〝コンクリートの固まり〟。中枢原子炉は鋼鉄製の圧力容器に入っている。それをコンクリートで内張りされたおむすび型圧力釜（ドライウェル）が覆う。その外側も分厚いコンクリート壁で保護されている。地中深い基盤もコンクリート。まさに原発の安全性（耐震性など）は、コンクリートによって支えられている。

ところが戦慄の欠陥骨材が密かに使われたことを知るのは社長、松本氏、生コン会社役員のわずか三人のみ。「工事が始まる段階で、いまさら『有害』でしたとは口が裂けても言えない」（松本氏）。

文書捏造の手口は次のとおり。

検査機関の「有害と認める」という証明書の「有害」のか所の上に「無害」と印字した紙を貼付。検査数値はカッターで数字の記入欄を切り抜き、パソコンで印字した数字を貼付け、コピーして〝偽証明書〟を完成。それを中部電力の品質管理委員会や生コン会社に渡した。これは、立派な公文書偽造および行使の犯罪である。

●業界では常識だった検査文書偽造

驚いたことに松本氏の証言によれば、こうした偽造は業界では広く行われている、という。〝なめる〟という隠語で呼ばれ、「鉛筆をなめなめデータを改ざんするといった意味で、当時、私たち関係者は『一度なめたら、ずっとなめるしかない』と話していたものです」（松本氏）

その後、彼はもっと簡単な方法にきりかえた。つまり、検査機関に提出するサンプルを「無害」なものにすりかえたのだ。不正はバレずに、小笠開発は「有害」骨材を納め続けた。原発一基分のコンクリート量は、なんと八〇万トン。小型ダム三基分に当たるというから、大変な利権だ。

●「事故が起きたら大惨事」と告発決意

その後、彼は二〇〇三年退職。それまで「バレたらどうしよう？」と気の休まるときはなかった。

不安と自責の日々……。そして「自分が納入した『有害』骨材が原因で事故が起きたら大惨事になる」と、内部告発を決意した。

告発の内容は、七月一九日、総理官邸、内閣府原子力委員会、原子力安全委員会、経済産業省（原子力安全・保安院）にファックスされた。さらに「原子力施設安全情報に関する申告制度」に基づき「申告書」を原子力安全・保安院に提出した。

さらに告発情報は、中部電力、静岡県知事にまで送られた。

●中部電力は「健全性は確保」と噴飯回答

八月六日、この爆弾告発に驚いた中部電力は緊急記者会見。「浜岡四号機で使用されたコンクリートについて」と文書配付。「改めて浜岡四号機のコンクリート中のアルカリ総量を調査したところ（中略）規制値を下回っていることを確認しました。したがって浜岡四号機の健全性は確保されていると考えます」。

天を仰ぐとは、このことだ。検査機関は、松本氏納入の骨材の試供体は「亀甲状の亀裂が無数に走る」欠陥品で『有害』と断じて「原発に使用不可」と撥《は》ねたのだ。国指定検査機関が「有害」判定した資材を「健全」――と回答する中部電力の頭の中身を疑う。検査機関は試供体バーという実物で、強度・耐久性を検査しているのに、中部電力側は〝アルカリ総量〟などといったピント外れ数値を出してごまかそうとする。

『週刊現代』（同）も「この程度の調査で安全性が確認されたとは到底思えない」と追及。これに対して中部電力は「目視調査でコンクリート健全性を調べて、その結果とくに問題はないと……判断しています。コンクリートのサンプル調査はしていません」（広報）。

外から見ただけでコンクリートの強度・耐久性がわかる？　「サンプル調査」は拒否。これでなぜ「健全」と言えるのか。初めから不正業者とグルなのではないか。まさに噴飯ものの中部電力の回答だ。

●「不正は問題ない」（保安院安全審査課）

欠陥コンクリート素材で造られた四号機は心配ないのか？

監督官庁、経産省の原子力安全・保安院（安全審査課）の対応を聞く。

保安院　告発内容について中部電力に調査指示しました。中部電力側の調べによると、確かに「骨材についてはおかしかった」そうです。一番大事なことは現時点で「浜岡発電所がどれくらいだいじょうぶか」という点。私共も現地でコンクリートの専門家と一緒に調査した。結論から言えば「問題はない」。アルカリ骨材反応の性格によるが、この反応はコンクリート内のアルカリ成分と骨材（砂利）のシリカ成分と水が加わることで起こる。骨材は確かによくないものを使っていたが、アルカリ量はコンクリートの健全性をカバーできていた。かつ原子炉を色々見たがアル骨反応によるヒビ割れが見られなかった。アルカリ性も問題なく、当座、今すぐただちに、といったものではない。

——将来、不安が残ります。

保安院　将来的にはどうか？　ちゃんと診ていくためにコンクリートコア（円柱）を抜いてさらに試験を行うよう中電に申入れした。継続中ということです。

――これは法律違反。法的ペナルティはもう時効なのか？

保安院　原子炉等規制法は事業者たる中電を規制している。問題の納入業者は下請け。当然、こういう不正行為が明らかになったので何らかの措置はあるべきでしょう。

●「告発は考えない」という大甘の監督行政

――私文書偽造か？　詐欺罪か？

保安院　中電が告発するという関係になっている。現在のところ、調査経費分を業者に求めるなどは、あるかもしれない。たしかに悪いこととしたのは間違いないが。

――公的検査機関で「有害」「安全」と判定している。それでは公的機関が、ダメだ「不合格」「合格」とやっている意味がなくなる？

保安院　不正はコアのすりかえ。その前は書面偽造をやっていた。それをいかに発注側が防ぐかですね。（まるで他人事。監督官庁とは思えぬ）

――告発者は「社長から指示され、やむをえずやった」と言っている。監督官庁として、それを調べて刑事告発はしないのか？

保安院　今のところ、そこまでは考えていない。もちろん、これで何か被害が出ていれば問題ですが、幸いに他の要件でカバーされていますので。

まさに見て見ぬふり。これだけ原発の監督行政が大甘なら、〝なめる〟業者があとを絶たないのも当然だ。

●東海地震で崩壊。三大都市は〝死の街〟に

松本氏は告白する。

「阪神淡路大震災で高速道路が柱ごと倒れたのを見て『もし原発近くで地震が起きたらどうなるか』と背筋が寒くなりました。小笠開発が浜岡原発用に納めた砂利は、原発から五キロほど離れた山で採取したものですが、この砂利は、関東首都圏を含む各地のトンネル、ビルなどでも使われています。そのため、いつか事故が起こるのではないかと、私はずっと脅えてきた……。

私がこんなことを言うのは変かもしれませんが、電力会社は安全管理のタガが緩んでいるとしか思えません」(『週刊現代』二〇〇四年九月四日)

同誌で専門家は「浜岡原発四号機は、想定される東海地震には到底耐えられない」と予測する。つまり「コンクリートがインチキだと事故・災害に対する設計の根本が狂ってしまう」からだ。とくに不安は耐震設計。「告発どおりの不良骨材が使用されているとすれば」、四号機は東海地震で破壊される……。

「地震で原発の基盤が崩壊した場合、大惨事から免れられません。地震発生で八六年のチェルノブイリと同規模の事故が浜岡原発で起きた場合、一四万平方キロメートルの地域が放射能管理区域（放射線被曝の恐れがある区域）となり、本州の約六割が潰滅的な被害を受けることになります」（小出裕章氏）

大阪、名古屋、東京の三大都市は〝死の街〟となる……。

●「耐震数値ごまかした」。浜岡原発、元設計者の悔恨と勇気

「……実は、浜岡の耐震数値は私がごまかしました」

驚愕の内部告発が飛び出した。浜岡原発の設計者が、三三年ぶりに重い口を開いたのだ。その真情は「あいつぐ原発故障に、今、声を上げなければ大変なことが起こる」という焦燥感。勇気をふり絞って告白したのは、一九六九年から七二年まで、日本原子力事業（現・東芝）に在籍していた谷口雅春さん。七〇年頃、横浜市鶴見区にある東芝工場に出向して、原子炉の炉内構造物の設計を担当した。手掛けたのは福島原発二号機と浜岡原発二号機。主に浜岡原発の核燃料集合体の上部を支える格子板の設計を担当した。

彼は、ＧＥ社の設計図を元に、炉の部分ごとに重量データ等を集計し、耐震計算の担当者に手渡した。

ところが、七二年五、六月頃に突発事態が発生。谷口さんら部分ごとの計算担当者三名と部課長クラス二名が集まった会議で、耐震計算担当者が思わぬ口を開いた。「浜岡一号機はもたない」と言う。その原因は①一号機予定地の岩盤強度が弱い。②燃料集合体の固有振動数が想定地震の周波数に近く、共振しやすい、の二点。

①岩盤強度データは中部電力から提出されたもの。これは動かせない。耐震計算担当者は困惑した。「建屋と原子炉格納容器を支える柱などの補強対策も建屋内部の空間が狭すぎて無理」。燃料集合体の共振現象も、GE設計図どおりに試作品を作り実験して得られたデータで、いじれない。

●「〝岩盤は強かった〟ことにする」

「対策として三つの方法が決まった」と、この内部告発をスクープした『東京新聞』（二〇〇五年四月二四日）は驚愕事実を明らかにする。

①**岩盤強度**　「中電側に『測定し直したら〝岩盤が強かった〟ことにする』ことを求める」

②**固有振動数**　「実測値ではなく、GEが出していた推奨値を使い〝共振が出ない〟ことにする」

③**「粘性」捏造**　「建屋の鉄骨建材などの『粘性』（ねばり）を〝実際より大きく見込む〟」。それで〝地震動を減衰する〟ことにした。

以下、谷口さんの苦しい告白だ。

「完全なごまかし。建屋の耐震設計者は『そんなに粘性が見込めるはずはない』と言っていた。

それに、当時は地震といっても横揺れだけしか考えず、縦揺れは考えていなかったから、耐震設計としても不十分……」

●耐震データ・ファイルが消えた?!

「これで、いいのだろうか?」彼は技術者として良心の呵責《かしゃく》に苛《さいな》まれる。七二年七月、警告の意味をこめて退職を決意。そのときの会社側の対応には背筋が凍る。

会社の会議室で退職の決意を上司に伝えた。すると「……自席に戻ったときには、耐震計算結果データが入ったバインダーはなくなっていた」(『東京新聞』二〇〇五年四月二四日)

その後も、谷口さんの心に浜岡原発データ捏造の悔恨は重くのしかかっていた。そして三三年の歳月が過ぎた。二〇〇五年、マスコミ報道で同原発のシュラウド(炉心隔壁)に亀裂が入っていたことに驚く。

「大地震もないのに、こんなに深刻な事態になるとは……」

彼は勇気をふり絞り本名を出して証言することを決意した。

同様の内容の「告発文書」を経済産業省に送付。国側が受理すれば、調査が開始されるという。この日本の原発政策を根底から揺るがす元技術者の内部告発に対して、不思議なことに他のマスコミは一斉にフォローしたかと思いきや、すべて、沈黙した。

政府も、いまだ、公式見解を表に出さない。まさか、もみ潰す魂胆なのではないか。

●中部電力「古い話なのでわからない」とは！

中部電力は東京新聞の取材にこう回答。「古い話なのでわからない」。あまりに間が抜けている。さらに「三号機以降は、縦揺れを含めた耐震設計をしているが、二号機までは設計時、縦揺れを考慮したかしなかったか、わからない」。

当時の設計担当者が実名を出して、具体的に詳細に証言しているのに、この見当違いの回答には唖然とする。中部電力は、とりあえず現在より三割大きな揺れを想定した耐震補強を行うと言う。谷口さんの独白に日本国民すべて、耳をそばだてるべきだ。

「当時は浜岡付近で東海地震が起きるなんて聞かなかったし、まして直下型地震などまったく考えずに設計していた。そういう前提の上の補強が、どこまでできているのか心配だ」

谷口さんの内部告発への対応を経産省・保安院に問いただす。

保安院 それにつきましては、浜岡二号機は定期点検および補強工事中ですので、最終的にプラントを立ち上げるときにチェックできますし、それは…また別に処理しまして……。

捏造した当事者たちの責任追及の声は一言もない。不思議だ。私文書偽造、同行使、詐欺罪、などなど、法的責任がなぜ問われないのか。

●〝三割増し〟耐震補強では無意味

中部電力が発表した〝三割増し〟耐震補強は以下のとおり。

①屋外原子炉機器冷却設備の改造。②排気塔の改造。③屋外油タンクの追加設置。④屋外機器の基礎部の改造――。費用は運転開始から三〇年近い一、二号機で数百億円。新しい四、五号機で数十億円に達する。二〇〇五年一月末に発表され、二月中に補修工事はスタート。この耐震補強、稼働している原発としては「全国初」と知って、さらに愕然とした。他の五〇基近い原発の地震対策は、まったく手つかずなのだ。

そもそも原発耐震指針自体が、一九七八年制定の古めかしいもの。原子力安全委員会は、この基準に沿って原発をチェックする。しかし、このとき中越地震のような二五〇〇ガル超などという激烈地震が日本を襲うことなど、まったく未知であった。

「原子炉建屋、炉心圧力容器など、原発主要部は、過去五万年に起きたと〝推定〟される地震にも耐えるよう設計されなければならない」

これが建て前。なんという笑止千万。

●二〇〇四年の中越地震クラスで壊滅

五万年どころか、わずか数年前に起こった中越地震の震撃にすら耐えられないではないか。いかに原発推進政策が国民をごまかすペテンに満ちているか一目瞭然だ。

浜岡は、補強工事で現在の耐震能力六〇〇ガルから一〇〇〇ガルに引き上げる、という。

■30年以内に9割の確率で東海地震……死者1,300万人！
最も危険な原発と言われる、浜岡原子力発電所。Ⓒ増田勝

中部電力は新たな耐震基準一〇〇〇ガルを「過去に例がない最悪のケース」（広報）とマスコミ発表している。もう、ここで嘘をついている。中越地震は二五一五ガルを記録しているのだ。「原発にとって最悪のケースを計算すべき」と専門家も苦言。とってつけた補強に対して、中越地震は二〜五倍強も上回る。一撃で原発設備は粉砕されるだろう。

中部電力の補強対策は谷口さんの内部告発に慌てたのか……と思いきや、それ以前のお家の事情があった。この前年、独立法人・原子力安全基盤機構が「地震で原子炉の炉心が損傷する」確率を試算。その結果、浜岡原発の損傷確率がＩＡＥＡ（国際原子力機関）の基準を大幅に上回り、関係者に衝撃が走った。ここで注意して欲しい。内部告発した元設計者の谷口さんらが捏造したデータ（前出の①〜③）が、そのまま浜岡原発では〝正式データ〟として一人歩きして今日にいたる。つ

まり、大幅に下駄を履かせた架空〝安全データ〟ですら「原子炉の損傷」確率が桁外れに高いことが、立証されたのだ。

●原子炉溶融あるいは爆発の悪夢

同機構の言う「原子炉の損傷」とは、燃料棒内ウランが一二〇〇度という「機能限界」の超高熱に達したときを指す。さらに、温度が上がり続けると「炉心溶融（メルトダウン）し、火災発生の可能性がある」（同機構）とは……。「炉心溶融」とは、炉心が超高熱で溶けて原子炉地盤まで達する。それがアメリカで起これば、最終的には中国まで達する、という意味を込めて〝チャイナ・シンドローム〟と呼ばれる。

「火災発生」とはチェルノブイリ原発なみの爆発のことをさす。

公表数値によれば浜岡原発の「損傷」確率は〇・〇六％（これも谷口さんらの〝捏造データ〟に基づく）。東京電力福島第一、第二原発は、その一〇〇〇分の一だという。ＩＡＥＡの推奨値ですら〇・〇一％以下。浜岡原発は、でっちあげの偽安全データで大幅にゲタを履かせても、なおＩＡＥＡ値の六倍という桁外れの危険原発なのだ。

●液状化で原子炉は砂に呑まれる？

浜岡原発ＰＲ館の地上六二メートルの展望台に登ってみた。原発施設が一望できる。なんと施設は海岸すれすれに建っている。すぐ先は砂浜で遠く白い波がうち寄せている。なんとも頼りない。

衝撃の内部告発で、①岩盤が弱い、②共振現象を起こす、③鉄材「粘性」捏造と、三点もの安全データごまかしが露見した。これだけ虚構の〝安全性〟で浜岡原発は強行稼働しているのだ。内部告発されずに隠蔽されたままのゴマカシが、さらにどれだけあるのか見当も付かない。岩盤はもろい。基礎は深部岩盤に堅固に固定しているわけではない。浜岡原発は砂浜に〝乗っかっている〟ような状態なのだ。巨大地震が起こると確実に地盤液状化が起こる。その上に建っている建造物は、まるごと、まさにアリ地獄に呑まれるように埋没していく。「原発設備全体が沈みこむ」と警告する研究者もいる。

中部電力は「もともと耐震構造には万全を尽くしている」（広報）と言うが、谷口さんの勇気の内部告発の前には、あまりにも白々しく、空恐ろしい。

役員九割が自民党に献金——電力会社の情報は一切信用できない

●電力会社役員と政府自民党の癒着

ちなみにトラブル隠しの東京電力を筆頭に、沖縄電力を除く電力九社の役員のうち、二三八人（八七％）が自民党に政治献金していることが露見した。総額三三九〇万円。二〇〇〇年、二〇〇一年と……毎年、恒例化した献金攻勢だ。金額も会長・社長三〇万円、副社長二〇万円……というように、全社横並びで決まっている。驚きいった〝上納金〟だ。九割近い役員が納めている、ということは、強制的な上納と言える。電力業界と政府自民党との、これほど露骨な癒着の証拠はない。

ＧＥ社員が内部告発すれば、監督すべき立場の保安院が「ご注進！」と東京電力に駆け付けるのも当然だ。彼らは同じ穴のムジナなのだ。

だから、政府は炉心隔壁という最重要部品に四メートル以上の亀裂が走ろうが「問題ナシ」と東京電力を庇《かば》うのだ。

彼らの頭にあるのは、お互いの地位と保身、利権のことのみ。原発の安全確保や〝原発震災〟などまったく念頭にない。なるほど、これでは壊滅的な破局はいつ訪れてもおかしくない。

●新潟県、プルサーマル計画白紙撤回

一人の元ＧＥ社員の内部告発で、恐るべき東電トラブル隠しが発覚し、おまけに監督する側の保安

院との法律を無視した緊密関係まで暴露されてしまった。

これも氷山の一角。さらに水面下に隠された巨大な嘘偽りを想うと胸が悪くなってくる。これら壮大な嘘と欺瞞と隠蔽の腐敗組織に、われわれは家族の命どころか将来の運命すら預けているのだ。しかし、勇気ある内部告発は、多少なりとも浄化作用を果たしている。

東電トラブル隠しを受け、平山新潟県知事（当時）は九月二一日、「東電との信頼関係は崩れた」と刈羽原発のプルサーマル計画の白紙撤回を表明した。県側はプルサーマル計画は新潟県柏崎刈羽原発で実施を了解していた。「前提となっている安全性確保と信頼関係が損なわれたので一九九九年に計画受け入れを決めた事前了解を取り消す」と表明。知事は、それに先立ち東京電力の原発を地元に抱える柏崎市長、刈羽村長と会談後、合意を確認して記者会見にのぞんだ。

●住民投票でノー！　村民の悲願がかなう

「これで同原発でのプルサーマル計画実施は完全に頓挫した。国が同原発に搬入済みのプルトニウム・ウラン混合酸化物（ＭＯＸ）燃料二八体の扱いも焦点になる」（『東京新聞』二〇〇二年九月一三日）
ちなみに二〇〇一年五月、柏崎刈羽原発三号機のプルサーマル計画をめぐって刈羽村で住民投票が行われ、反対多数となっている。東京電力の失態でようやく民意が反映されることとなった。

平山知事は東京電力側の釈明など「対応の中身に納得できたとしても『明日からは安全、安心』とはならない」と不信感をあらわにしている。当たり前だ。トラブル隠しとは真実隠しなのだから。東京電力の対応を見ると嘘に嘘を重ねており、まるっきり信用できない。

それが、日本最大のエネルギー会社なのだ。ただ暗澹とするのみだ。

●関西電力は検査データ不正が三四八三件

トラブル隠し、情報隠しは東京電力だけの〝御家芸〟ではない。

二〇〇四年六月二八日、関西電力の火力発電所など一一施設で、架空の検査記録や、検査データ改ざんなどの不正が発見された。その捏造、ごまかしなど合計なんと三四八三件……！　ここまでデタラメだと、怒る気力もなくなる。電力会社の内部腐敗は、もはや度し難いレベルで絶望的だ。おそらく、トラブル隠し、情報隠しや捏造は、十の電力会社のどこでもやっているのだろう。地域独占、一枚岩の団結力だ。腐敗堕落も一蓮托生《いちれんたくしょう》。

関西電力の三五〇〇件近いデータ不正とは、どうして起こったのか？

「大半はデータの誤記や転記ミスなど単純なものだ……」と『日経新聞』（二〇〇四年六月二九日）は寛容だが、故意に行った捏造は誤記や転記ミスなどとは異なる。いったい三千件以上もの誤記、転記ミスなどありえない。つまりは確信犯なのだ。

「関西電力では、九一年の美浜原発二号機事故や九九年の海外発注先によるプルサーマル燃料データ改ざんなど、原発絡みの不祥事が相次ぎ発覚、再発防止を進めてきた。こうした原発分野の取り組みの陰で、火力分野で不正が行われていたことになる」（『日経新聞』同）

もはや、電力会社の情報は、いっさい信用できない。それとつるんだ政府の情報も同じだ。

●原発部品の試験データ書きかえ続出

東京電力の仰天ものの原発データ改ざん発覚後、政府は徹底的に調査し不正を根絶する、と国民に確約した。ところが舌の根も乾かぬうちに二〇〇六年一月、東芝による「試験データ」改ざんが発覚。それは東京電力、福島第一原発六号機で、炉心に向かう冷却水「流量計」をごまかした。「流量計」を交換した東芝が、必要精度を満たしているように数値を書き替えて納入していたのだ。その後、刈羽原発七号機でも発覚。さらに一一日、東芝は東北電力の青森県 東通《ひがしどおり》 原発でも「改ざんを確認」と原子力安全・保安院（経産省）に報告。他の五原発でも不正があったことは確実だ。「不正を示唆する証言が得られるなど疑いが残るが、不正の有無は〝判断〟できなかった」（東芝内部告発で不正がばれながら、できるだけ小さく見せようという作為が見え見えだ。

不正露見は続く。東芝が問題の「流量計」の試験を実施した四国電力などの火力発電所七基でも〝データ改ざん〟が見つかったという。

●〝ばれなきゃ何をやってもいい〟という現場体質

東芝は「関係者は処分」「組織的不正はない」「改ざん『流量計』でも安全上問題ない」と公表。現場担当者が、上司の指示もなく自分に何の得にもならないデータ改ざんをやるわけがない。トカゲのしっぽ切り、もみ消しが露骨。原発部品のテスト現場では、都合のよいようにデータを書き換えることが日常茶飯事と見たがいい。

二〇〇四年、美浜三号機の水蒸気噴出事故の惨劇。その後の補修作業でも改ざんが行われた。破裂配管の交換で三菱重工の作業員が配管をつなぎ間違えた。信じられない初歩的ミスだが、隠蔽工作で、配管に刻印された製品番号を削って改ざんしていた。〝ばれなきゃ、何をやってもいい〟という原発現場の体質がある限り、不正は終わらない。

●タービン羽根脱落

二〇〇六年六月一五日、世界で最も危険な原発といわれる浜岡原発五号機が突然ストップ。国内最大級一三八万キロワットの原子炉が〝地震もないのに〟緊急停止してしまった。その原因は発電用タービン回転翼の破損、脱落という信じ難いもの。

タービンは水蒸気を受けて、発電機を回す装置で、原発の主要部品だ。軸に円盤状に二八枚の羽根車がついている。タービン羽根は空気や水蒸気など、流体の乱れで発生する振動が、想定より大きくなると破損してしまう。浜岡原発五号機では、長さ五三センチ、重さ九キログラムの羽根そのものが脱落。別のタービンにも羽根五〇枚に損傷、ヒビ割れが見つかった。

タービン破損事故は、水蒸気の逆流による不規則振動での金属疲労が原因。使用前後の検査で発生したヒビが高速回転の遠心力に耐えられなくなって脱落した。地震もないのに、勝手に故障で緊急自動停止してしまう原発。これで巨大地震の直撃に絶えられるはずがない。

三月、金沢地裁で「運転停止」判決が出た志賀原発二号機は、皮肉なことにタービン損傷で運転停止に追い込まれた。同原子炉タービンは、破損事故を起こした浜岡原発と同タイプ。経産省の原子力安全・保安院は、少なくとも四か月の運転停止と安全点検を命じた。

●欠陥タービン〝ミサイル〟が切り裂く

タービンは原子炉と配管で直結している。そこは放射線汚染水蒸気が通過している。汚染水蒸気が漏れただけで大災害となる。タービン故障で原子炉が冷却できなくなり、即、〝空炊き〟状態になる。すると、たちまち炉心が高熱溶融する。メルトダウン発生……次は凄まじい原子炉爆発と続くだろう。

静かなときでも原子炉タービンは羽根が破損したり、ぐらついたりしている。そんな頼りない欠陥タービン軸が運転中に地震振動で揺さぶられたらどうなるか？　周波数が一致したか所だけ局所的に振動が増幅する。最悪時はタービン軸が振動に絶え切れず超高速回転で飛んで行く。〝タービン・ミサイル〟と呼ばれる現象。それは原子炉構造を回転ノコ刃のように切り裂いていく。すると、原子炉の致命的大事故は避けられない。

原発の主要部品のタービンに、なぜ、これほど損傷、破損が相次ぐのか？

なんと、メーカーである日立製作所の設計ミスだというからおそまつ。タービン回転翼にかかる力を考慮していなかったため、金属疲労で破損破断した。自動車や航空機などでは、絶対に考えられない初歩的なミスだ。いざ事故となれば一〇〇〇万単位の人命が失われる原発の技術的稚拙さには唖然とするしかない。中部・北陸の両電力は、日立に対して一五〇〇億円の賠償請求をするという。

●「ヤミ献金」「リベート」「暴力団」

おそまつな欠陥設計。露骨な手抜き工事。ヤミ献金で受注工作……。

原発をめぐる不祥事が後を絶たないのは、原発が莫大な〝利権の山〟だからだ。だから不正も底なしの泥沼となる。典型は原発工事の受注等で富をなした（株）水谷建設の犯罪行為の数々。「ヤミ献金」「リベート」「暴力団関係」「知事親族企業」などなど。政治家や暴力団関係者などに多額の金をばらまく。この国のダムや原発工事を受注する業者の手口がクッキリ浮かび上がる。

同社、水谷功元会長は、二〇〇六年八月二日、三八億円の脱税容疑で再逮捕された。これもおそらくガス抜き。もっと大きな悪《ワル》は左ウチワだろう。

●原発マフィアたちの狂宴は止まらない

二〇〇六年に退職した関西電力の秋山喜久前会長の退職金は一〇億円！　関西電力は、その二年前（二〇〇四年）に美浜原発三号機の水蒸気噴出事故で一一人も死傷者を出している。当時の最高責任者が秋山前会長。破損した復水管を三〇年近くも検査せず「利益第一主義が招いた」と非難された。その〝利益〟が事故の最高責任者の懐《ふところ》に入る。犠牲者の遺族はたまるまい。

跳梁跋扈する原発マフィアたちにとって、「儲け第一、安全は二の次三の次」は言うまでもない。青森の核燃料最処理施設で、プルトニウムなど放射能を含む汚染水が漏出するトラブルが続出。これに対して、電気事業連合の勝俣会長（東京電力社長）は「この程度で済んで大変ありがたい。許容していただければありがたい」と記者会見で平然。記者たちは唖然。危機意識のカケラもない。

政府は、二〇〇六年八月、〝もんじゅ〟で見事に失敗した高速増殖炉の「安全性と経済性を確かめるため」に、〝実証炉〟を二〇二五年に運転開始する、と発表。それを目指し来年度予算に〝研究費〟一四〇億円を計上する。またもや原発マフィアたちに〝新たな餌〟がばらまかれる。

ゾンビ〝もんじゅ〟はいらない――金喰い虫を封印せよ

●〝もんじゅ〟ナトリウム火災の教訓

一九九五年一二月、高速増殖炉〝もんじゅ〟で、ナトリウム火災という大事故が発生した。それも運転試験中という初歩的段階だった。原因も、温度計の「初歩的な設計ミス」というおそまつさ。その単純ミスが核燃料サイクル開発機構（元「動燃」）の言う〝何重もの厳しいチェック〟をくぐり抜けていたことが怖い。またナトリウムの金属腐食反応は「化学の世界では常識」なのに、原子力安全委員会も〝もんじゅ〟の現場でも「知見も問題意識もなかった」というから無知きわまれり。そういう基礎知識もなく、日本の原発政策が進められていることが信じられない。

〝もんじゅ〟に反対する市民グループは、こう断罪する。

「安全審査の信頼性が、根底から崩壊した。この事故で〝もんじゅ〟の炉心爆発問題や耐震性問題も、国の〝安全審査〟が、まったく信用できなくなった」（「ストップ・ザ・〝もんじゅ〟」事務局ほか）。この安全性の根幹に関わる重大事故によって、〝もんじゅ〟が関係者の手に負えない超危険プラントであることが判明。この事故は「氷山の一角」にすぎない。

原発は運転すれば高レベル放射性廃棄物（死の灰）を大量に生み出し、危険極まりない発電装置である。ところが、〝もんじゅ〟で知られる高速増殖炉は、さらに輪をかけて危険なのだ。

●ゾンビのように生き返らせる陰謀

大量ナトリウム漏れ事故で、運転停止に追い込まれた高速増殖炉〝もんじゅ〟。すでに廃炉が決定していたかと思いきや、またこれを動かそうという策謀があるのに呆れた。二〇〇五年二月、核燃料サイクル開発機構は〝もんじゅ〟の改造工事について西川一誠福井県知事から了承をとりつけた。彼らが狙うのは「早期運転再開」。その真意は、次のとおりだろう。高速増殖炉〝もんじゅ〟は、高純度の軍事用プルトニウムを生産する。プルトニウムは長崎型原爆の原料としても有名。一定量を合体させると核爆発を起こす。よってプルトニウム生産手段の確保こそ、核武装への第一歩なのだ。

●炉心爆発事故で約三〇〇万人のガン死

〝もんじゅ〟が最悪の炉心爆発事故を起こしたら、関西、中部、関東などは、水も空気も、土壌も、強烈な放射能に汚染されてしまう。

関西方面を直撃した場合、約三〇〇万人のガンによる死者が出ると想定されている。またテロなどの標的となって爆破された場合も同じ。原発は、テロリストにとって最大のターゲットとなる。その原発の中でも最悪の危険性を備えているのが高速増殖炉〝もんじゅ〟。〝もんじゅ〟自体が、他の原発よりもはるかに爆発などの大事故を起こしやすい。その最大危険要因は冷却剤に水ではなく、不安定な金属ナトリウムを用いていること。反応が激しく、取扱いは極めて困難だ。大量のナトリウム漏れ事故が、その運転の難しさ、危険さを象徴する。

●ドイツは激しい論争で建設不許可に

高速増殖炉は、ウランとともにプルトニウムを〝燃料〟に使う。そのため出力制御が大変難しく、炉心爆発という恐怖の危険性がある。日本では「たいした事態にはなるまい」と、呆気なく、建築、運転許可がおりた。しかし、ドイツの場合は決定的に違っていた。爆発事故のリスクについて激しい論争がまきおこり、結局政府は高速増殖炉の建設許可をおろさなかった。

〝もんじゅ〟の大きな欠陥の一つに、地震に極めて弱い点があげられる。

原発自体、地震にもろいことが指摘されているが、高速増殖炉はさらに脆弱だ。それは〝もんじゅ〟特有の、配管が極めて薄いからである。たとえば普通の原発のパイプは直径七〇〇ミリなら肉厚は七〇ミリもある。ところが〝もんじゅ〟は、パイプは八一〇ミリと太いのに肉厚は、わずか一一ミリ！　推進派学者ですら「ペランペランです」とたとえたほど。これは高温に有利なように設計されたのだが、これほどきゃしゃなパイプだと地震直撃には耐えきれない。頑丈無比に設計された普通の原発パイプですら腐食劣化などで脆弱化しているのに、まして「ペランペラン」のパイプでは、地震の一撃に耐えられるはずもない。たとえば、浜岡原発の耐震限度は四五〇ガル。二五一五ガルの中越地震レベルには、まったく無力と言われている。まして、パイプ強度がはるかに弱い〝もんじゅ〟は、わずか一〇〇ガルでも破断、裂断で、大爆発するのではないか？

何兆円もの血税を呑み込んで、怪物〝もんじゅ〟は凄まじい放射能をまき散らしながら数百万人を地獄への道連れに息絶えるのだ。

その〝もんじゅ〟を再稼動させようとしている。まさに狂気の地獄に一直線の暴走政策ではないか。

●最高裁、「〝もんじゅ〟無効」の高裁判決を棄却

「呆れかえるばかり……」

提訴から二〇年、最高裁判決に原告側の住民、市民たちは言葉を失った。逆転敗訴……。二〇〇五年五月三〇日、「もんじゅ設置無効」との高裁判決は、一方的に破棄された。原発の安全をめぐる訴訟で、初めて住民側が勝った二審判決は、最高裁がことごとく覆した。安全審査の各論で、証拠調べすらせずに高裁判決をひっくり返したのは「極めて異例」と弁護団も呆然。まあ〝クロをシロとする〟のが国家権力の常だ。法の正義など初めからありはしないのだ。

「原発の安全性を問う裁判は全国で二〇件起こされているが、すべて住民側敗訴だ。その背景には、原発を『門外漢には容易に立ち入れない〝聖域〟』とみなす司法の考え方がある」（『東京新聞』二〇〇五年五月三一日）

ここにも「お上（国家）の為すことには一億一心で従え」という戦時中と同じ国民支配の論理構造がクッキリと存在する。最高裁判事を選定するのは内閣だ。内閣の方針にシッポを振る裁判官以外、選ばれるはずもなかろう。かくしてファシズムは静かに破滅に向かって進行していく……。

こうしてナトリウム漏れ事故で眠ったままだった〝巨大怪物〟が、また目を覚ますこととなった。

福井県知事は、もんじゅ改造工事再開にゴーサインを出し、設置者の核燃料サイクル開発機構は二〇〇五年九月から本格工事に着手。運転再開までに三年かかる見通しだ。

●「ここまで来たら後へは引けぬ」

〝もんじゅ〟最高裁判決は、原発推進が、しゃにむな〝国策〟であることの象徴である。かつて、東京電力社長だった平岩外四《がいし》は、新聞記者のインタビューで「原発には批判もあるが?」と訊かれてこう答えた。

「批判があることは承知しています。しかし、ここまで来たら後には引けない! 前に進むしかない」

私はわが耳を疑った。かつて日本の軍部は中国戦線の拡大、泥沼化を非難されたとき同じ台詞を吐いた。「ここまで来たら、後へは引けぬ」、なんというアナクロ、没論理の発想だろう。屈指の最高学府を出て、経済界トップに登り詰めた人間の台詞とは到底思えない。「ここまで来たら、立ち止まるしかない」が正しい答だろう。そして、「われわれは引き返す勇気を持とう」が、正しいリーダーとしての在り方のはず。しかし、なんとまあ、日本人指導者の思考は、非論理、アナーキーというより目茶苦茶なのだろう。そして、最後は「撃ちてし止まむ」「一億一心」「進め一億、火の玉だ!」となる。頭が悪いというより完全に正気の沙汰ではない。その狂気が、かつて日本人を地獄の戦争に引きずり込んだが、今また同じ破滅的地獄に、この国のリーダーたちは国民を引きずり込もうとしている。

●〝もんじゅ〟判決で最高裁「ご乱心」

その狂気の象徴が〝もんじゅ〟最高裁判決だろう。

九州大学教授、吉岡斉氏の論文「不信高めた最高裁――『もんじゅ訴訟』判決に思う」（『東京新聞』二〇〇五年六月一五日）が、その欠陥性を余すところなく剔抉《てっけつ》している。

そもそも、この最高裁判決は〝もんじゅ〟建設許可「無効」を求めた行政訴訟への判決であった。その内容は、二審名古屋高裁が下した〝もんじゅ〟許可「無効」の判決を〝破棄〟し、原告請求を棄却した一審判決を〝確定〟させる、というもの。

吉岡氏は、判決を読んで「唖然《あぜん》とした」。いわく「最高裁、ご乱心」。

〝もんじゅ〟許可を「無効」とした二審の高裁判決は画期的なものだった。高裁は、許可を与えた原子力安全委員会の「安全審査」に三つの重大な瑕疵《かし》（欠陥）があり、許可は「無効」と判定した。それは、①ナトリウム漏洩《ろうえい》火災事故に対する床ライナー健全性の評価不十分。②水蒸気発生器伝熱管の大量破損事故を予期せず。③炉心崩壊事故が起こる可能性を審査対象外に。素人感覚でもわが耳を疑うだろう。かってに「重大事故は〝起こらない〟」ことにして〝もんじゅ〟建設は許可されたのだ。ゾッとする。

●高裁判決は「予防原則」の模範

原発の配管破損、炉心崩壊など、ひとたび起これば、放射能大量放出で数百万人から一〇〇〇万人が死ぬと言われる。よって「絶対にあってはならない」。まず高裁判決は、放射能放出の具体的危険性を否定できない場合には「違法の明白性の立証無しに設置許可を無効にできる」としている。つまり放射能大量放出の〝おそれ〟があれば「設置許可を無効にできる」と言う。吉岡氏は「高速増殖炉のような技術経験のとぼしい開発途上段階の技術の安全規制に対する司法判断の新たな模範」として『予防原則』運用の模範例で『未来志向』判決と高く評価した」。

〝もんじゅ〟の「安全審査」完了は一九八三年。当時は世界でも高速増殖炉について技術的経験も乏しかった。「その後の一連の事故を通して安全性に関する多くの知験が得られた」。だから二一年前の〝カビの生えた〟建設許可が「多くの無知の上に成り立ち、それゆえに『無効』であることは明白だった」（吉岡氏）。さらに最高裁は「法律審」であり「高裁判決の法律的な妥当性を検討する」のが任務である（民事訴訟法三二一条）。

つまり高裁と〝異なる事実認定〟で、高裁判決を「打ち消す権利は最高裁にはない」（吉岡氏）のだ。ところが〝ご乱心〟の最高裁は、先の高裁判決が認めた①～③の瑕疵《かし》を全否定し、国に〝完全勝訴〟を与えた。

クルマにたとえるとよくわかる。まず、クルマは「重大事故など起こり得ない」という〝大前提〟に立つ。すると「正面衝突」や「横転転覆」などは〝起こり得ない〟のだから〝予期する〟必要性もない。よって、これらが起こる可能性は「安全審査」をする必要はない、ということになる。小学生でも卒倒失神する凄まじい屁理屈だ。

まともな神経の持ち主ならば、唖然呆然、絶句して立ち尽くすだろう。ところが、このような目の眩む〝判決〟を、最高裁の判事は平然と言いわたしたのだ。なるほど、この国は確実に狂っている。

●最高裁「二重タブー破り」を犯す

吉岡氏も鋭く批判する。

「行政訴訟で、司法は技術争点について実態的判断に踏み込むべきではない。司法の権限は形式面から安全審査の適法性を判断することである。また裁判官は原子炉安全問題の素人で安全審査の内容面の判断能力もないからである」

原子炉について素人の裁判官が、技術面で判断できるはずがない。ところが最高裁判決は「安全審査の内容面のみに検討を行い、しかも高裁と異なる判断を下した。これは行政訴訟タブーに加え『法律審』も破る二重タブー破りである」（吉岡氏）。

しかも、高裁では一四回も詳細な技術論争が戦わされた。最高裁では一回の口答弁論のみ。つまり最高裁裁判官の技術的な判断能力は、高裁と比較にならないほど低い。なのに技術的判断を下した。吉岡氏は、最高裁が①「法律審」の任務放棄、②不勉強の素人判断、という「二重のタブー破りを犯した」と糺《ただ》す。

●火消しを焦り将来の火種を残す

つまり、はじめから結論は決まっていた。〝もんじゅ〟運転再開は、至上命令、大前提なのだ。最高裁判事は、そのため〝蛮勇〟を奮って正面突破を計ったのだ。

吉岡氏は、この判決は逆に推進側にマイナス効果だと言う。

「なぜなら、この判決は、『安全審査が原子炉の安全を保証する必要はない』という実質的判断を示しているから」だ。その典型は「床ライナーの有無だけを原子力委員会は審査すれば十分であり、その板厚・形状等を審査する必要はない」としたか所。「板厚・形状」等こそ「安全性の要《かなめ》」のはず。それを「審査する必要はない」とは呆れる。

「この判決は、〝もんじゅ〟の安全性に対する国民・住民の不安を増長させる。そして、〝もんじゅ〟が仮に将来運転を再開しても、事故・トラブルが起きるたびに、〝もんじゅ〟の安全が行政に担保されていないことを国民・住民は想起し、運転停止を求めるであろう」と吉岡氏は予告し、こう結ぶ。

「最高裁は、目先の火消しをあせった結果、かえって将来の火種を残した」(『東京新聞』前出)

仰天！ 危機管理。考えたら怖いので「目をつぶる」

● 「水蒸気爆発、核爆発……何でも起きる」

原子炉専門家、小出裕章氏（前出）に原発の危機管理について訊いた。

――浜岡原発を止めるために、もっとも良い方法は、どうお考えですか？

小出 わかりません。私も、もし浜岡で地震が起きて、原子炉が潰れるようなことになれば大変なことになる、と確信してます。私の伝えられる場所で伝えるぐらいしか、できませんので。先週も静岡に行って伝えてきたところです。やれることはやりたい、と思っています。

――広瀬隆さんも「何が起こってもおかしくない」と……。

小出 それはもう……事故の形態は水蒸気爆発もある、制御棒が入らなくて核爆発ということもあるだろう……あらゆることが想定できる。機械ですから可能性の問題はある。その機械の持っている危険性は「どんなことでも起きる」と思っていなければいけない。

――リスク・マネジメント（危機管理）で、トータル・リスク・マネジメント（総合危機管理）とかシステム・リスク・マネジメント（系統危機管理）とかありますね。ようするに自動車の故障でパンクとかの個別故障ではなくて、一つの小さな故障が全部に及ぶ……。それらを想定するのが、真のリスク・マネジメントでしょう？ 原発は全部システムじゃないですか。だけれど、そのシステム故障を想定してないらしいですね？

●あっちこっち壊れるのは「無視」

小出　（苦笑）要するに、「共通モード故障」と呼ぶようなことがある。たとえば地震があると、こっちの機器も壊れてしまう。こっちも、あっちも壊れる……たった一つの原因であちこち壊れてしまう、ということが起こるわけですね。

――連鎖反応ですね。

小出　連鎖反応というより、「独立で潰れる」わけですよ。一つが潰れて、その結果、次が潰れるんじゃない。あっちも潰れる、こっちも潰れる、と独立で潰れるということが起こります。そういうことは……現在、私たち「確率論的安全評価」と呼んでいますが、それでは、「評価のしようがない」ものなんですよ。だから、まあ「無視してしまう」ということになる（苦笑）。

――それは「怖いから見ないことにする」ということで「考えない」ということですね。

小出　まあ……そうですね。「考えたら怖いので無視しておこう」「目つぶっておこう」……ということですね。

――ようするに、彼らはマルチ（総合）ではなくシングル（個別）でのみしか考えていないわけですね？　同時多発テロみたいな同時多発事故は想定していない。

小出　そうです。（とキッパリ）

冗談ではなく、現在の原子力産業の実態に気が遠くなる。「怖いから見ない」では、子どもの笑い話だ。「考えたら怖い」ので目をふさぐ、耳をふさぐ、口を閉じる、まさに見ザル聞かザル言わザルの〝三ザル症候群〟が現実であったとは。笑いかけた顔が凍り付く。目眩《めまい》がするとは、このことだ。

■チェルノブイリ級“原発震災”で日本は壊滅…

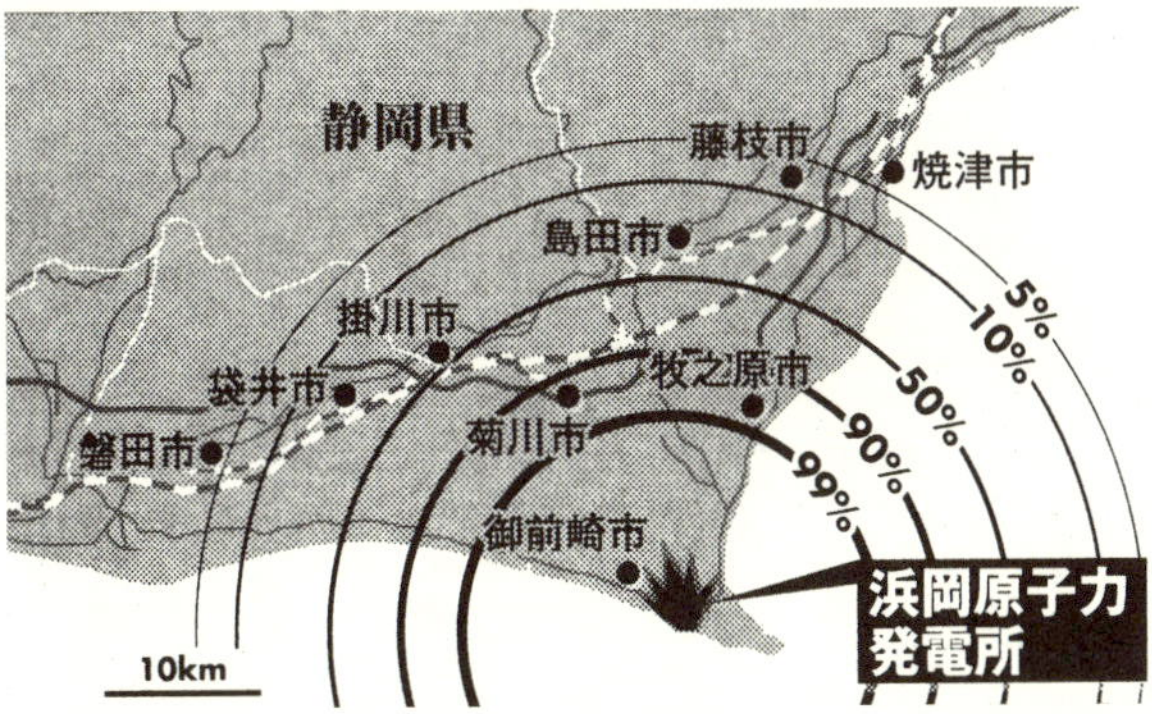

図4－3
■浜岡原発事故による急性致死率（出典：『日本の原発事故“災害予測”』京都大学原子炉実験所　小出裕章）

図4－4
■原発事故による犠牲者数（出典：図4-3に同じ）

戦後、アメリカは敗戦日本に……原子力を〝押しつけた〟

●アメリカが育てた日本人協力者

日本は戦後、占領国アメリカから原発を押しつけられた。私は、そう確信する。

日本は、決して自らの意志で進んで原発を導入したのではない。まず焦土の日本は、GHQ（占領軍総司令部）によって原子力の研究すら厳禁されていたのだ。直截に言えば、その後、日本は米原子力利権に、原発を強要された……。それも巧妙狡猾に……。

考えてもみて欲しい。敗戦国日本は、戦勝国かつ占領国アメリカに、何一つ逆らえなかった。「無条件」降伏なのだから当然だ。そこで、アメリカは日本〝占領政策〟に都合のよい日本人協力者たちを育て上げた。わかりやすい言葉で言えば〝アメリカの犬〟として飼ったのである。

その代表格は岸信介《きしのぶすけ》であろう。戦争犯罪人としてA級戦犯容疑で逮捕、巣鴨拘置所に収監。東京裁判で有罪確定と見られていた。それがGHQにより突然の不起訴、釈放処分。驚いたことに五二年サンフランシスコ講和会議からわずか五年で総理大臣になったのだ。よほどアメリカの下僕として忠節を誓わなければ、そのような特赦、栄達がありうるはずがない。敗戦日本の原子力推進の旗振り役を担わされたのが正力松太郎だ。佐野眞一著『巨怪伝』（文藝春秋）には、彼が原子力を貪欲に取り入れ推進する状況が活写されている。

正力の前身は、なんと特高（警視庁特別高等課）を所管する警察官僚だった。反戦運動や共産党弾圧に辣腕を振るった、いわば戦争遂行に邁進した〝戦争犯罪人〟である。

●米原発利権の忠実な僕《しもべ》、正力松太郎

これら戦争協力者たちはGHQによって〝公職追放されたはず〟なのに、元特高の正力は、いつの間にか初代原子力委員長に就任している。また、初代科技庁長官の重要ポストも略取。彼が原発推進の最重要ポストについたのは偶然ではあるまい。「特高」という秘密警察関係者は〝軍国主義者〟として、当然、GHQにより戦後平和国家建設から排除されている、とだれもが思う。しかし、とんでもなかった。

「国民の思想信条をとことん踏みにじった特高警察の官僚たちは、戦後もほとんどそのまま権力中枢に君臨していた」「好々爺《こうこうや》のような人物とされていた田中楢一・大阪府副知事（一九六三年当時）の正体は、戦時中の言論弾圧に辣腕を振るった元特高官僚だった」「同様の事例が腐るほどある。文部次官も厚生次官も警視総監もJCIAと呼ばれる防諜機関・内閣調査室の創設はもちろん、警察制度の改定にさえも元特高官僚たちは深く関与して、この国の戦後を完全に仕切ってきていた」「彼らはことごとく罷免された、と現代史の教科書は説明してしてきた。だが、大嘘だった。世間の盲点を突いた卑劣なトリックによって、高官らの大部分は復権を果たしていた」。これは『サンデー毎日』（二〇〇五年六月一九日）に「書評」として掲載された齋藤貴男氏の檄文。彼が「日本語を解するすべての人々が熟読すべき」と激賞するのが『告発・戦後の特高警察』（柳河瀬精　日本機関紙出版センター）。

●特高警察から〝原子力委員長〟への転身

正力は、これら元特高官僚たちのワン・オブ・ゼムにすぎなかったのだ。彼らが密かに戦前同様、権力中枢に居座ったのは、占領国家アメリカの日本支配に〝都合〟がよかったからだ。かくして「国会議員にまでなった恥知らずも数限りない。……この連中のガキどもが、そして現代の政界を再び占有し、早い話が日本という国を私物化してしまっている」（齋藤氏）。

戦争責任者たちが、戦後、日本支配層の中枢に巣喰っているのだ。だから、いまだ〝戦争責任論〟はタブーなのだ。たとえば、中国人たちを生きたまま人体実験した悪名高い七三一部隊（関東軍防疫給水部：石井四郎隊長）は、その〝貴重な実験データ〟をすべてアメリカ側に差し出すことで戦争責任を免除された。その証拠に七三一部隊で戦争責任を問われた者は皆無である。彼らこそが、戦後、日本の製薬利権のルーツとなったのだ。

いまだ抗ガン剤〝治療〟など、その実態は〝人間モルモット〟の凄惨な人体実験にすぎない（拙著『抗ガン剤で殺される！』花伝社を参照）。彼らは、占領国アメリカの走狗としての道を選ぶことで戦争責任の訴追を免れ、さらに、地位と富を手中に納めたのだ。正力も同じだろう。

●あらゆる手段で原子力〝平和〟利用推進

「……中曽根との共通点は、正力が米国にとって利用価値のある人間ということであった。早くも一九五四年五月には、正力らの招きにより米国から『原子力平和使節団』が来日し一一月には『原子力平和利用による産業革命の達成』を掲げて衆議院議員に初当選した正力は、翌五六年一月から、初代原子力委員長となった。
正力はたたみかけるように、日本原子力産業会議の設立、欧米への原子力産業視察団の派遣などに力を尽くし、あらゆる手段で原子力平和利用の推進に努めた。正力の手中にあったマスメディア（『読売新聞』『日本テレビ』）がその手段として最大限に活用された……」（原子力史研究者、藤野聡氏『週刊金曜日』二〇〇〇年五月一二日）
表に現れただけでも米原発利権との驚くほどの緊密な絆ではないか。それもそのはず、彼こそはCIA秘密工作員〝ポダム〟であったからだ。（本書二三三頁参照）

●「原子力とは何だね？」と鳩山総理

いかに正力がアメリカに後押しされた原発旗振り役であったか、次のエピソードが如実に物語る。

「一九五四年、後述のように巨額原子力予算が忽然と成立、科学者たちを仰天させた年だ。

このときの内閣総理大臣は鳩山一郎（第三次）であった。閣僚の一人に正力松太郎氏がいた。正力氏は入閣を求められたさい、防衛大臣のポストを与えられようとした。しかし、彼は『原子力大臣ならやる』と自ら原子力担当大臣を買って出た。「彼（鳩山総理）はキョトンとした。〝原子力とは何だね？〟総理大臣が知らないのも無理はない。この時、初めてわが国政府機構の中に原子力を中心とする科学技術全般を専管する大臣のポストが決まり、その本格的政府が動きだしたのだった』(『原子力開発十年史』)と正力氏はのちに、こう書いている」

これは、三宅泰雄著『死の灰と闘う科学者』(岩波新書)が明かす秘話。ときの総理大臣が原子力の何かすら知らない。そんな時に、巨額原発予算をさっさと計上し成立させたのが、正力と共に米国原子力利権の導入者だった中曽根康弘である。

ちなみに著者の三宅泰雄氏は一九〇八年生まれ、東大理学部出身。七〇年代には原子力問題特別委員会・委員長を務めた戦後科学界の重鎮。その苦渋の告発は重い。

●原発利権を日本に手引きした中曽根康弘

中曽根康弘は、一九四七年衆議院議員に初当選。当時、GHQ占領下で原子力研究は全面禁止。ところが軍事占領が終わってわずか一年後の五三年、中曽根は突如渡米、アメリカ国内の原子力関係者との緊密連携を築く。一二月、時の合衆国大統領アイゼンハワーは、国連で「平和のための原子力」演説を高らかにぶった。一九五四年二月、アイゼンハワーは日本に対する核物質・核技術の供与を表明。「禁止」から「推進」へ、アメリカは豹変した。その命を受けたのが中曽根だった。

三月、中曽根は衆議院予算委員長として、突然、原子力開発に二億三五〇〇万円もの巨額予算を成立させた。青天の霹靂《へきれき》！　三宅氏は日本の科学者たちにとって「『寝耳に水…!』だった」と語る。

「新聞で、原子炉築造のための予算二億三五〇〇万円が組まれた——という記事を見たとき、文字通り私はあっと声をあげた。

研究者たちの知らないところで、まったく新しい局面が展開されようとしている……私は本当にとび上がった」（伏見康治『研究と大学の周辺』共立出版）

唐突な〝原子炉〟予算に、日本の科学者たちの驚愕ぶりが伝わってくる。なぜなら日本学術会議では、すぐに原子力研究にとりかかるより「原子核研究所」設立をのぞむ声が大きかった。広島、長崎という世界唯一の被爆国日本として当然だろう。それが、GHQ占領が終わるやいなや中曽根という一人の若い議員が、とてつもない原子炉予算を成立させてしまった。学者たちの反対、反発を知りながら……。中曽根は当時を語る。

「政治の力によって突破する以外に、日本の原子力問題を解決する方法はないと直感した」（『日本原子力開発十年史』）

●学界、行政、報道にも知らせず、抜き打ち

一人の〝青年将校〟の暴走に、当然批判、危惧の声が沸き上がった。

原子力予算という重大事が、学界にも、関係行政機関にも、報道機関にも知らされず、まったく抜き打ち的に国会に上程され、また国会がほとんど実質的な審議もせずにそれを通したことは、わが国の政治の体質を示している。

三宅氏は厳しく批判する。さらに、この原子力学界の重鎮は独白している。

「……このような軽はずみな決定が、連鎖反応をさそい、次第に大事になるのではないかという不安……」（前著）

当時、東京大学新聞研究所教授、高松棟一郎氏も痛切に非難している。

「原子力予算を議し、かつ賛成した議員のうち何人が、この問題を正確に理解し、認識をもっているか疑問である。科学を眼前の近視的、実用的な功利のために使用してはならない。……無知、無理解に近い議員を、大せん光によって目をくらませ、一挙に通過を計ったと邪推されないでもない」「科学の進歩をいそぐと逆効果をもたらすことを恐れる」（『朝日新聞』一九五四年三月二五日）

●「原子力はよく知らん」と湯川秀樹博士

ちなみに正力は、原子力委員会を作るとき、日本で初めてノーベル物理学賞を受賞した湯川秀樹博士を委員に入れようと執心した。懇請されて初代原子力委員となった博士は、五六年の初会合で「私は原子力はよく知らん」と発言。原子核の専門家ですらこの有様だから、当時の政治家、経済界でも原子力の知識はゼロと言ってよい。つまり「日本国民、何がなんだかわからない」うちに、ほとんど正力、中曽根の二人によって原発は〝国策〟とされてしまったのだ。

●「わけのわからぬ原子炉予算、非常に奇怪」

ＮＨＫ座談会で武谷三男氏（立教大学教授・物理学）も「何かわけのわからぬ恰好で原子炉予算を出すのは非常に奇怪」と憤慨している。

原爆で自ら被爆した三村剛昂《よしたか》氏（広島大学教授・物理学）は一九五二年、学術会議総会で激白した。「米ソの緊張がとけるまで、原子力の研究は絶対してはならない！」その熱弁に議場は静まり返った。「教授はつねに核戦争による人類の滅亡をうれえていた。日本の原子力研究が、一歩あやまれば、とめどもなく軍事利用に傾斜する可能性の大きいことを心配していたのである」（三宅泰雄氏）

以上の「歴史的証言」は、戦後日本の原子炉導入が、アメリカ原子力利権と結託した正力、中曽根ら、ほんの一握りの〝政治屋〟〝アメリカのスパイ〟によって強行突破された事実を示す。日本の原発政策は、科学界、言論界、政界の理解とは無縁な場で決定されたのだ。

●中曽根は今でも原子力利権の中心

突然の原子力予算に抗議した学者たちに対して、中曽根は「学者たちが居眠りをしているから、札束で頬を叩いて目を覚まさせるのだ」と豪語したと伝えられる（本人は、同僚、故・稲葉修の発言と弁明）。まさにアメリカの意志を汲んで奔走した売国奴。若き日の中曽根の姿が目に浮かぶ。ちなみに、長男の弘文（参議院議員）も科技庁長官、原子力委員長を兼任（二〇〇〇年当時）。さらに「中曽根康弘は、日本の多くの原発建設を手掛けたゼネコン、鹿島建設の渥美直紀（鹿島建設取締役・大興物産社長）の岳父でもあり、政財界の原子力人脈の中心にいる」と藤野聡氏（前出）は指摘する（『週刊金曜日』二〇〇〇年五月一二日）。

さて。国内での批判、反発にかかわらず巨額原子炉予算の成立に対するアメリカ側の反応は素早かった。翌一九五五年一月一一日、アメリカ政府は日本政府に対して「濃縮ウランの提供と、それにともなう技術援助」の積極的提供を申し出てきたのだ。正力、中曽根コンビとの見事な連携プレーではないか。

●米実験炉購入で「馬なしの馬車」に

「三月末に帰ってきた海外調査団が、渡米中に、濃縮ウラン実験炉の輸入について下話をしていたことは、たしかであろう。日本政府は、濃縮ウランの供与と技術援助の申し出に異常な執心をしめした。それは、いうまでもなく、濃縮ウラン実験炉の早期輸入を実現するためであった」（三宅氏）

ウラン供与を実現するため、早くも六月二一日、「日米原子力協定」仮調印、一一月一四日締結。あれよあれよというまもなく日本は、アメリカの原子力戦略に引きずりこまれていった。

なぜ、原子力政策がこのように自主性のないものになったのか？

「一度アメリカと協定を結んで、燃料を輸入すると、将来なんらかの掣肘《せいちゅう》を受けはしないかと随分心配した。（中略）……大金を投じて濃縮ウランを造ることのできない国では、燃料の輸入はやむを得ないことである。これは（原子力開発）三原則でいう自主性を破るものではないと信ずる」（元・原子力問題委員長 藤岡由夫『科学者と人生』講談社）

しかし、その後、同委員長を引き継いだ三宅氏は手厳しく批判する。

「ここでは実験炉を買った上で、おもむろに研究者を集めようという本末転倒な話が進んでいた。『馬なしの馬車』とはまさにこのこと。

原子炉予算がつけられた以上は、どんな形でもつかってしまわねばならない。原子力利用準備調査会の任務は、まさに、そのことであった。これが『行政の論理』というものである。だが、それは『学問の論理』とはおよそ関係ない」（『死の灰と闘う科学者』）

●原発売込みは占領政策の一環

以上、正力と中曽根は、車輪の両輪のように戦勝国アメリカの命を受けて、日本に原子力利権を広めたのだ。両者がいずれもマスコミ界、政界のトップを究めたのも、この〝功績〟によるものだろう。

アメリカの意向に逆らいロッキード事件で政治生命を絶たれた田中角栄とは、対照的だ。その他、アメリカ原子力利権の手先として走り回った政治屋、経済人、言論人は数多い。つまり、無条件降伏した日本に対する原発売り込みは、アメリカの占領政策の一環だったのだ。スケールは、少し小さくなるが、対日小麦戦略や牛肉売り込み、レモン売り込みなどと同じ感覚だったのかもしれない（拙著『食民地――アメリカに〝餌づけ〟されたニッポン』ゴマブックス参照）。日本は今でも、実態はアメリカの属国、〝植民地〟にすぎない。

日本が世界でも稀な地震国で、原発立地には、極めて危険であることなど、彼らにとっては「知ったこと」ではなかった。

●たとえようない不安と緊張

さて、学界、行政、報道、さらに国会すら黙殺した形で〝暴走〟させられた戦後日本の原発政策に対して、一九五五年一二月一二日、東京大学総長、矢内原忠男氏らが国会（衆参両院）を訪れ、国の原子力政策に対し「重大申し入れ」を行っている。その切迫した憂慮は胸を打つ。以下は当時の矢内原氏の真情である。

「……事実上の軍隊である防衛隊（引用のママ）は、次第に充実され、膨大な防衛予算は国会を簡単に通過し、二〇〇億にのぼる使いきれない金額さえ与えられる。今や、防衛費は国家予算費目の首位をしめる。これは平和国家の予算ではなくて、軍事国家の予算ではないか。

もしも、政府が……教育の制度を自己の都合のよいように改め……干渉するならば、それは全体主義国家のやりかたであって民主主義国家の道ではない」（『朝日新聞』一九五六年八月一五日「論壇」）

矢内原氏は、原子力が軍事目的であることを憂慮している。

「人類の生産力をどこまで発展させるかもわからないもの（すなわち原子力）が、同時に人類を破壊する力をどこまで発達させるかわからない。これを思えば、科学技術の発達は人類のために喜んでいいのか、悲しんでいいのか。……人々の頭脳は分裂し、たとえようもない不安と緊張が心を圧する」（『原子力時代の思想』一九五七年　講演記録）

●アメリカの命を受けた中曽根と正力

日本への原子炉導入……悪のルーツについて、小出裕章氏に再び訊いた。

――中曽根康弘と正力松太郎……調べてみるとこの二人が原子力導入のときに、物凄く動いていますね。

小出　そうです。あの二人がやったんですね。

――正力松太郎って、戦前の特高じゃないですか。戦争責任者、戦犯でしょう？　公職追放されなきゃならないのに、なんでコイツがと思う。ようするに占領軍ＧＨＱの使い走りをやったわけでしょう？　中曽根だって戦争中は海軍将校。それが、結局アメリカがピックアップして使ったという形でしょ。ウラン利権のね……？　この二人しか動いていない。

小出　ハイ、そうですよ。ですから正力は初代原子力委員長になったわけですし、中曽根は国会に原子力予算を出して、走り始めさせた。

——中曽根は、その前アメリカに行ってアイゼンハワーの命を受けているじゃないですか。この二人ですね。

小出　一番は、そうですね。（苦笑）……まあ、しょうがないですね。歴史って、いつもそんなもんだろうと思いますけど。

●「核」利権の原発はどうしても止めない

——一九六一年ごろ科学技術庁（当時）が秘密裏で被害想定をやっていますね。その後、国内で密かに、そういう被害想定をやっているというウワサを聞きますが？

小出　たぶん、もちろん、やっていると思いますよ。ただ公的にはまったく出てこないので、しょうがないので瀬尾さん（『原発事故…その時、あなたは！』の著者 瀬尾健氏）が自分でやった、ということです。

——それだけ、わかってて、何で原発を止めないんですか？　彼らは。

小出　ハハ……それは、船瀬さんの方が、私よりずっとご存じだろうけれども。電力会社の利益もあるだろうし、巨大企業の三菱、日立、東芝の利益もあるわけです。それから最後には国でしょうね。「核」そのものですから、原子力というのは。

〝彼ら〟は原発が爆発しても、「安全な」場所や国に即座に逃れる潤沢なカネを握っている。深刻な放射能汚染地域でのたうち苦しんで死んでいく人々は、〝彼ら〟の目には虫ケラほどにしか、映らないのだろう。そうでなければ、このような恐怖の政策を平然と推進できるはずがない。

原発導入した正力松太郎は、ＣＩＡ工作員だった！

●原子力委員長、メディア王の暗い過去

軍国主義の推進勢力の中枢にいた暗い過去を引きずる男が、敗戦後、あれよという間に初代原子力委員会委員長に就任し、さらに読売新聞社社主、日本テレビ放送網の総師と、戦後のメディア帝国の帝王へとのしあがっていった。さらに巨人軍を創設して〝プロ野球の父〟ともたたえられる。（佐野眞一『巨怪伝』文藝春秋　その他）

戦犯になりかねない残虐非道を行ってきた一人の男が、戦後の原子力政策やメディア王国のトップに昇り詰める。それは、なんらかの〝後ろ盾〟がなくては、不可能だ。

現に、彼は一九四五年一二月、戦犯容疑者として巣鴨拘置所（通称「巣鴨プリズン」）に収監されている。ところが、なぜか二年後に釈放。所有していた読売新聞社は労働争議で経営権が労働者側に握られそうになった。それを救ったのがＧＨＱ介入だった。

●暗号名〝ポダム〟と呼ばれたＣＩＡ工作員

その〝後ろ盾〟が二〇〇六年、突然判明した。それはＣＩＡ（米秘密情報局）だった。

発見者は早稲田大学教授、有馬哲夫氏。米国立公文書館で、第二次大戦の日本人戦犯に関するファイルの中に〝正力ファイル〟はあった。それはＣＩＡ機密文書。五〇年を経てようやく公開されたも

のだ。一読、有馬氏は驚愕。敗戦後、正力松太郎は〝ポダム〟という暗号名を与えられた正真正銘のCIA工作員だったのだ。アメリカは正力を密かにCIAの秘密工作員に仕立て上げ、日本の原発政策やメディア網を直接支配しようとしたのだ。

「CIAは正力に関する追跡調査を続け、ファイルは厚みを増していった。その接着剤となったのが原子力発電である。一九五三年一二月、アイゼンハワー大統領は『原子力を平和のために』と唱え、キャンペーンを始めていた」（『週刊新潮』二〇〇六年二月一六日）

●総理の椅子を狙う男がCIAスパイとは！

しかし翌年三月、米水爆実験によりビキニ環礁で第五福竜丸が被曝。国内で反核、反米運動が勃発。一方、CIA工作員の正力は政界進出を狙う。

「CIAは、正力が政治家となる最終目的が総理の椅子だということも見抜いていた。一九五五年二月に行われた総選挙で、正力は『原子力平和利用』を訴えて、苦戦の末に当選し、同年一一月、第三次鳩山内閣で北海道開発庁長官のポストを得た。CIA文書は、この時、鳩山首相が正力に防衛庁長官を打診したが、正力が『原子力導入を手がけたいので大臣の中でも暇なポストにして欲しい』と希望した内幕まで伝えている」（『週刊新潮』同）

アメリカ・スパイ組織の秘密工作員が日本の総理の椅子を狙う。背筋の凍る話ではないか。

●読売や日テレは米原発利権の走狗

正力が原子力導入に執着したのも米原子力利権の走狗であったからに他ならない。しかし、読売新聞や日本テレビなど巨大メディアの総帥が、CIA秘密工作員だったのだ。つまり、少なくとも読売や日テレは、CIAに操作された謀略メディアであったのだ。（今はどうか？）

その証拠に読売新聞と日本テレビは総力をあげて原子力のイメージアップ・キャンペーンに邁進している。日本人は、完全に「原発は安全でクリーンなエネルギー」という幻想をマインド・コントロールで植え付けられた。読売や日テレの体質は、その後もまったく変わっていない。今や、読売のドン、渡辺恒雄会長は、「オレの目の黒いうちは原発批判の記事は書かせねぇ」と啖呵《たんか》を切ったと伝えられる。それはアメリカのスパイ、大正力からの伝統なのだ。

CIAは原子力に対する日本の世論を転換させたのは正力の功績だと認めている。（『週刊新潮』同）

●日本の各界に潜む〝ポダム〟たち

そして、一九五六年以降、CIAは秘密工作員、正力に「ポジャックポット」という新たな暗号名を授けている。これは、いったい何を意味するのだろうか？

戦後史の暗部は、底無しに深い。CIA公文書で正力が工作員であったことは露見したが、では、他のメディアはどうか？　他の政治家はどうか？

ＣＩＡの予算は、公表されただけで約三兆五〇〇〇億円。工作員は世界中に数十万人ともいわれる。政界、官僚、マスコミ、学者、裁判官などに多数の〝ポダム〟が潜んでいることだろう。

四号機は〝ゆっくり〟地震で爆発した

●温厚快活な地質学者、生越忠先生に聴く

「チェルノブイリを大爆発させたのは〝ゆっくり地震〟です……」

反骨の地質学者として知られる生越忠氏のご自宅に招き入れられ、静かに対座する。銀髪でふくよかな温顔。語り口も穏やかな紳士である。元東京大学教授、さらに和光大学教授を退官後も東奔西走。七八歳のとき心臓を患われたというが、血色も良くお元気そう。それまでは年間一八件ほどの裁判に関わっていた。原発、有明海干拓、ダム、さらにマンション反対……。先生ほど各地の住民運動支援で奔走された学者は他にいないだろう。

「闘争とは一人でやる。これが私の主義でね」と快活に笑われる。「別個に進んで一人で撃つ！」まさにオールド・リベラリストの余裕の笑み。

チェルノブイリ地震説は先生もご存知だった。九五年六月六日付『毎日新聞』のベタ記事が目にとまり、すぐ八方手を尽くしてウクライナ・ロシア科学アカデミー論文の英訳を入手。九七年八月一五日、NHK海外ドキュメント紹介で、デンマーク国営テレビ、チェルノブイリ一時間番組の放映にも注目した。

●「地震説はインチキ！」と拒否の連続

京大、原子炉実験場（大阪）のロシア語堪能な知人学者に翻訳を打診したが「地震説はマユツバもの」と拒否された。「入り口ではねられちゃった」と笑う。

「知人の反原発、理論派の学者に『なんとかロシア語、読める人を！』って論文みせたら『これはインチキだ』というんです（苦笑）。やっぱりネ、物理の人ダメです。『地震が原因で爆発した』ということに、のっけから信用してませんから」

（なぜだろうか？）

「それはね。固定観念があるんですよ。学者は専門家だからね、細かいことはよく知っているけれど、一般常識が案外欠けていて……『専門家の〝専門知らず〟』と書いたことがある。『専門バカ』と言われるでしょ。私もその一人だと思うけど……」と柔和な笑み。

だから、頭が柔軟なジャーナリストで、かつロシア語の堪能な人を探していた。しかし、見つからず、そのまま年月だけが過ぎた。しかし、先生の表情はサバサバしておられる。

●きわめて不備だった旧ソ連の耐震設計

「チェルノブイリには一度行ってみたかった。地質学をやっている人は、景色だけでも見ると見ないじゃ違う。土地勘です、土地勘があるかないかで全然違う。地震説についても向こうの地質図を手に入れるとかしていればネ」と微笑む。

不思議に思ったのは、地震で起きたとしても四号機だけがダメになったこと。一、二、三号機は、なんともなかったのだ。

「これの原因をはっきり知りたかった。チェルノブイリは『耐震設計をやっていない』と書かれてあるが、ソ連にも原発の耐震設計はある。ただこれが不備で、アルメニア地震のときに問題になった。原発には大被害がでなかったけど、廃止された原発もある。その耐震設計はきわめて不十分。それは見てわかる。地質学はフィールドをキチンとやってれば応用は効きます。一を聞いて十を知る」

●〝震度四〟で四号機だけ爆発の謎は？

爆発したチェルノブイリ四号機は耐震設計があったのか、なかったのか、ハッキリしていなかった。さらに起こった地震は〝震度四〟という。この程度の地震で原子炉が破壊されるものだろうか？

「NHKもまちがって解説していました。これは日本の震度じゃない。『メルカリ震度階』と言い一二段階。旧ソ連もこの方式。これが国際標準です。日本だけ九六年四月より十段階です。（それまでは八段階）。さてメルカリ震度四というと、日本では震度二～三なんです。（加速度五～一〇ガル）。これでは〝被害〟なんて出ない。そんな小さな揺れで（原子炉が）爆発するのは、いったいどうしてか？　これ（英訳論文）には『施設そのものが壊れるような震度じゃなかったが不具合が起きた』と書いてある。防護施設にね。これもおかしい。マグニチュードも小さい」

実際に起きた地震が、日本の震度では二～三レベルとは意外だった。そして四号機だけが大爆発し、一、二、三には起きなかった。

「そこには違う条件があった」と先生は身を乗り出す。

●〝揺れ〟より〝ズレ〟で大被害に

「つまり地震動の揺れは、あまりたいしたことはない。被害は受けない。それより〝ズレ〟。建物の基礎岩盤の〝ズレ〟。こちらの方がよほど酷い大被害が出る。原子炉は岩盤の上に乗っけてある。水平だけでなく段差、〝ズレ〟。これが地震の一番大きな被害原因だと、地震学者によって前から言われています」

その証拠を示すのが一九四六年の南海地震、M八。約一三〇〇人が死んだ。当時、木造家屋で地震動、つまり〝揺れ〟で全壊になった建物より、地盤の変位変形、〝ズレ〟で壊れた家屋がその三倍という記録が残っている。（鳥取大学教授・地震学、西田良平氏の報告）

生越先生は断言する。

「四号機を大爆発させたのは〝ゆっくり地震〟です……。ゆっくりと滑る。場合によっては地震動をともなわず〝ズレ〟だけ起きる。（ズ、ズーと）震度はない。インドネシアなど随分あります。『揺れが全然ないのに津波だけきた！』。海底の〝ズレ〟が発生させたので〝津波地震〟と呼ばれる」

英訳論文には、チェルノブイリ直下は〝活断層の巣〟とある。四号機直下の活断層が〝ゆっくり地震〟を起こしたと先生は言う。〝揺れ〟（震度）は小さかったが、変位、つまり〝ズレ〟が大きかった。「そのため岩盤の上に乗っている建物が傾いたりして、原子炉に直接的な不具合が生じた。……こういう解釈だと思います」

●六〇階建てのビルが一秒に八メートルも横揺れ！

つまり体感できない〝地震〟でも、巨大な被害が生じることがある。

超高層ビルの共振など、その最たるものだ。これまで政府は三〇階建ての超高層ビルは横に「最大二メートルしか揺れない」と想定。耐震強度もこの歪みに耐えれば可として建築認可していた。しかし、それはペテンであった。実は研究者の実験で一秒間に四メートル以上横揺れすることが露呈した。六〇階なら一秒間に八メートル超の横揺れだ。住民は重い家具などに挟まれてほぼ全員即死だろう。それどころか想定振動の二倍以上の歪みが超高層ビルを襲う。つまり剛性は耐え切れず、超高層ビルは折れて倒壊する。ＳＦＸ映画を思わせる悪夢の光景が首都圏などで出現するのだ。

「超高層ビルは、共振したら終りです」。建築専門家は声を潜める。最悪の耐震偽装は、超高層ビルであった。姉歯ナニガシらは、それら最悪偽装を隠蔽するためのスケープゴートに使われたのだ。

このように体感できない〝ゆっくり地震〟が巨大ビルを倒壊させることもありうる。

●破壊エネルギーは想定値の二～四倍

「長周期地震動で建物にかかるエネルギーが、従来設計の想定値の二～四倍になる恐れがある」

二〇〇六年一一月二〇日、土木学会と建築学会は巨大地震で発生が予想されるゆっくり地震により、超高層ビル、堤防、橋、大型石油タンクなどが共振を起こして、ゆっくり大きく揺れ続ける、と警告。コンピューター・シミュレーションによれば、東海地震と東南海地震が同時発生したとき、名古屋市の高層ビルなどは倒壊はしないものの、一部の階は〝ゆっくり共振〟で潰れるなど甚大な被害が出る、という。

両学会は「〝立地〟によっては従来設計の想定以上のエネルギーがかかるため、建物ごとに確認し、必要な補強をすべきだ」という報告書（警告書）を、国の中央防災会議に提出した。同報告は「九〇年以前の超高層ビルの多くは長周期地震動を考慮した設計になっていない」と指摘。さらに「考慮したビルでも〝立地〟により補強が必要」という。

●マグニチュードやガルで表せない

だから生越氏は「マグニチュード（震源エネルギー）やガル（加速度）の大きさだけで〝巨大地震〟と呼ぶのは間違い」と断言する。「何の役にも立ちません！　被害規模の大小の指標にはならない。その他、「カイン（KEIN）」という指標もある。これは「地震速度」。つまり地震動が〝一秒間に一センチ〟動く単位。「一九七八年、『耐震設計審査基準』は〝カインでやる〟となっていたのに、阪神淡路大震災では、また〝ガル〟に戻っている。しかし、地震条件は〝数〟や〝式〟で表せないんです」なぜなら「地盤が数値化できない」から。「どんな地盤のところに原発を造ろうとしても……〝カイン〟は最小でも〝最大〟被害は起こりうる」。
その証拠として二〇〇三年五月二六日、三陸南地震で女川三号機が自動停止、九月二六日、十勝沖地震ではM八だったのに、死者もなく空港の屋根が落ちたくらいの軽微な被害だった例をあげる。
「地震の起き方が異なる。国の耐震設計のインチキがより鮮明になりました」（生越氏）
体感できない〝ゆっくり地震〟は、〝震度〟とも〝ガル〟（加速度）とも〝カイン〟（速度）ともまったく無縁だ。なのに、六〇階建て超高層ビルを瓦解させる巨大パワーを秘めている。だから、既成の地震規模を表す各々の単位は、あくまで地震の一面のみをとらえているにすぎない。それほど地震動とは〝つかみどころ〟のないものなのだ。

●ゆっくり滑る〝非地震的滑り〟

生越氏は続ける。

「〝津波地震〟も、よく調べてみるとアチコチに地震があったことがわかっている。たとえば〝クリープ〟。これは〝重力滑り〟。高い所から低い所へ滑っていく。一種の地滑りが地震で起こる。揺れはあまり感じられない。最近は、〝非地震的滑り〟と呼ばれる。岩盤が割れ目を境にして、滑っていく」

阪神淡路大震災は、わずか一〇秒で野島断層が南北五十何キロメートル、淡路島から宝塚までズッと滑った。ゆっくり滑りは、まったく異なる。

「〝非地震的滑り〟は、場合によっては何日もかけてゆっくり、ゆっくり滑る。だから、海底でそれが起こると、海底が凸凹になる。すると津波が起きる。だけどほとんど振動はない。チェルノブイリは、そういう地震だったのではないか。一帯は〝地震の巣〟と書いてありますが、なぜ、四号機だけ事故を起こしたのか？　それは四号機の下だけ活断層が滑った。他はなんともなかった。その滑りも大きな地震動の揺れを引き起こすようなものじゃなかった。その地震加速度は、ごくわずかですね。掘建て小屋ならいざしらず、普通の建物だったら被害は起きない。それが、ああなったのだから、やはり揺れの強さではなく、岩盤のある程度の〝ズレ〟。他の一号から三号まで支えている岩盤に活断層があったとしても、それは動かなかった。四号機の下だけ動いた。なら四号機だけ潰れるのは当たり前です」

●「堅い地盤はもっとダメ」とは皮肉

生越氏は、それを〝displacement：変位〟と呼ぶ。「四号機の下の地盤（活断層）が〝変位〟したのだろう。そもそも原発推進派の言う、「堅い岩盤だから大丈夫」がインチキなのだ。浜岡原発の地盤の正体は〝軟岩〟であることが市民団体の調査で、ばれた。

生越氏は、さらに驚くべき追い撃ちをかける。

「最近は、『堅いから、余計ダメ』となってきた。地震のとき共振現象を起こしたり、ビリビリ小刻みに揺れる。その上の原子炉はコンクリの塊の剛構造です。単周期で揺れる地盤の上に単周期の建物が乗っているので揺れが増幅される。剛構造の建物の上下は、柔らかい方がOK。固有周期が離れるほど安全です」

ナルホド……。柔らかい地盤の方がショックアブソーバー（緩衝材）となるのだ。これほど地震とは、一筋縄ではいかないものなのだ。

●プレートで〝スロー・スリップ〟観測

またプレート境界型地震でもゆっくり地震は起こる。プレート間で〝ゆっくり滑り（スロー・スリップ）〟が観測されている。震度だけで地震の強弱は、測れない。

その不気味なゆっくり地震は、二〇〇六年一月、四月に発生。それも、もっとも巨大地震が警戒されている東南海・南海地震の想定震源域で……。

「日本列島南西のフィリピン海プレート境界部で、これまで知られていないタイプの約二〇秒周期の超低周波地震が発生！」（防災科学技術研究所）マグニチュードは最大三・五程度だった。

ゆっくり地震のメカニズムは他の地震と異なる。巨大地震はプレート境界面が一気に壊れることで発生する。しかし、ゆっくり地震の発生域は境界面より深い。

「その奥にある深さ二〇～三〇キロメートル、幅五〇～一〇〇キロメートルの範囲。巨大地震の発生域にくらべ、境界面の固着が弱く、プレートが滑るようにずれる」（『東京新聞』二〇〇六年一二月一日）

これら、ゆっくり地震は、巨大地震の震源域にひずみが蓄積していることを示すという。

「東海地域で〝スロー・スリップ〟が止まった」

二〇〇六年七月三一日、東海地震の前兆を監視する判定会（地震防災対策強化）報告だ。プレートが長期にわたってゆっくりずれていた〝ゆっくり滑り〟が停止したのだ。

この動きは二〇〇一年から観測されていたが、ピタリ止まったことが逆に不気味。

また、地震のときとくにエネルギーを大放出する部分を「アスペリティ」と呼ぶ。むろん、そこはとりわけ被害甚大となる。

日本の原発はデータ偽造と改ざんによって成り立つ

●原発地盤ボロボロで評価書改ざん

生越氏によれば「日本の原発立地の地盤調査はデタラメ、偽造と改ざんだらけ」という。

「もともと原発建設の地質調査はいい加減だった。基準なんか設けない。それはダム建設も同じ。しかし、一足先に昭和三〇年、宮崎県に高さ一〇〇メートルを超えるダムが初めてできた。『これは、よほど岩盤がしっかりしていないとダメ』ということで、建物の地盤調査はダムから始まったのです。そのころは高いマンションも原発もなかった。岩盤調査に一番先に関わったのは電力中央研究所の主任研究員で、後に大阪大学教授になった田中某という方。彼は日本のダム地質学の草分け。まず黒四ダム建設に向けて『地盤評価ランク』を作成した。それがA（良好）、B、C（H：上［やや不良］、M：中、L：下）等の五段階。田中氏が初期の原発地盤調査を全部やった。女川原発一号、東海原発などなど。まもなく寿命を迎える原発が二十何基あります。その相当数は電力会社から委託され田中氏がやった」


地盤調査は、原発立地の要《かなめ》、はじめて聞くエピソードだ。

「まず地盤調査をやったのが女川。やってみたらボロボロなんです（苦笑）。破砕帯だらけで、田中さん自身が（地盤評価を）改ざんしちゃった。C（H：上［やや不良］）が〝良好〟岩盤に！　A、Bと一緒になっちゃった。またC：M（やや軟岩）が『おおむね堅岩』になっちゃった。女川原発の地盤は、ほとんど（C：M［やや軟岩］）なんです」

●女川原発の地盤は破砕帯でザクザク

生越氏は、田中氏のデッチアゲ「報告書」に呆れ、現地を訪れ、再調査し「地盤評価書」を作り直したという。

女川原発の地盤がボロボロとは……！　恐ろしい話だ。

「女川は見てすぐわかる。破砕帯だらけです。ほんらいは堅かった岩盤でも、破砕帯でメッタ切りにされたらザクザク、グシャグシャ。ここは二億年ぐらい古い岩盤（浜岡は、四～六〇〇万年）。元は堅かった。二億年近くたつと、古ければ古いほど、人間の体と同じ様に、年をとるほど筋肉が堅くなる代わりにシワがよったり、ヒビが入ったりする。赤ん坊の手は平たくてツルツルでしょ。地層も同じ。新しくて柔らかいほどヒビはない。あまり曲がってもいない。女川原発の基礎岩盤は、元は堅かったが、一億数千万年の年月を経て、その間に、地殻変動を繰り返し受けて、割れ目がたくさんできてボロボロになっている。その割れ目に空気や水が入ってさらに風化した破砕帯がたくさんある。破砕帯は断層の一つ。断層が急激に動くと、断層の両側の岩石が砕けますから」

●「ダメです」と言ったら仕事が来ない

「とにかく、女川原発は使いものにならない悪い岩盤なのよ。しかし、田中さんは東北電力から頼まれて岩盤調査やったわけでしょ。『ダメです』と言うわけにはいかない。あの人たちは『ダメです』

と言ったら仕事来ないから。電力中央研究所も委託研究でカネ儲けている。九州電力から金もらってる下請け。とにかく、発注者に都合のいいような答を出さないと、次の仕事が来ないから（笑）。イエスマンじゃないとダメ。ゴマスリが出世する。（地盤調査不正は）浜岡もどこもここも同じです」

呆れて溜め息もでない。〝草分け〟と言われる学者の正体は、たんなる詐欺師だった。その〝イエスマン〟たちの〝専門的知識〟で、戦後日本国家は運営されている。政治家たちは、その恐怖の現実をどこまで知っているのか？　いや知るのが怖いので見ぬふり、聞かぬふりをしているのだろう。

知らぬは一般国民ばかりなり。

「浜岡の場合も一号と二号は、女川の基礎岩盤の調査をした人（田中氏）が、同じようにゴマかしをやっている。そこを見なきゃダメ。日本の原発はデータの偽造と改ざんによって成り立っている。そこを見抜けるかどうか。見抜いても、裁判で訴えても、国は要するに原子力政策は国のエネルギー政策の根本ですから、それを『ダメよ』と言うだけのアレ（勇気）はない。三権分立の日本ではないからねェ」と苦笑と溜め息。

「判決」は電力会社の「準備書面」丸写し

●阪神淡路大震災級に耐える!? インチキ報告書

太平の眠りをさましたのが阪神淡路大震災だ。「原発は地震に危ない！」と一般の人々も口にし始めた。マスコミも「次は原発に地震か！」と騒ぎ始める。地震列島であり原発列島の日本なら当然だ。

生越氏はクビを振る。

「ところが国側の原子力推進派は『仮に神戸に原子力発電所があったとしても、今の設計で十分』と言った。日本の原発は阪神淡路大震災級に〝十分耐えられる〟と結論出しちゃった。その『報告書』は開いてみるとインチキだらけ。第一章から終りまで全部インチキ。それで私は耐震論争を始めた。向こうは権力を持っていますから（苦笑）。こっちはミニコミでやってるだけ」

●裁判やっても絶対勝てない！

「裁判やっても絶対勝てません！　絶対……。伊方二号機で国側証人（経済産業省の元地質調査研究所長）を、こっちの住民側が呼んで『おまえ、インチキやってるだろう?』と詰問。証人請求して裁判で争うことに。偽証になりますからネ。こんど本審に行って『あれは、間違いでした』と証言させた。かなり成果を上げたけど、それでも最後は負けたんです」

伊方一号機反対の裁判はもちろん、二号機も負けた。次は三号機があったが、もう裁判やってもしようがない。一号機は最高裁まで行ったが負け。もう裁判やってもアホらしい。後は住民パワーだ。

――〝もんじゅ〟裁判は唯一高裁で勝ちましたが……。（〝もんじゅ〟裁判は最高裁では敗訴）

「〝もんじゅ〟も安全審査に深く関わった向こう側（推進派）の大将、佐藤という方が『ナトリウム漏れは予想していなかったので、その点について安全審査で欠陥があった』と発言。彼らは、負けた場合の用意を始めていた。負けると思ったんです。京大の原子炉実験所の小林さんや、東京では高木仁三郎さんらが『外国でナトリウム漏れがあったから、日本でもあるぞ』と警告していた。〝もんじゅ〟裁判、一審福井地裁の判決は、相手側の準備書面まる写し！　裁判長として見解はゼロ。（被告の）準備書面を判決文にしちゃった。伊方一号機もそう」（メチャクチャだ）。

●最高裁が〝刺客〟裁判官を差し向け

「伊方一号機では、最高裁は、住民側を負けさせるため、わざわざ悪い裁判官を松山地裁に派遣した（〝刺客〟だ）「証人尋問に全然立ち会わず、判決文を書くだけの裁判官を派遣して書かせた」

「――〝ナニナニ……〟という国側の主張には相当がある――という書き方だね。判決文は、全部カッコつき。向こう側の『準備書面』を丸写しなんですから、何を言っても最後はダメ。初めから判決は決まっている。それがすべて」と声を落とす。

――〝もんじゅ〟裁判は、高裁では〝全面勝訴〟と聞きましたが。

「〝もんじゅ〟では『ナトリウム漏れを想定しなかった安全審査には不備があった』という点ではこ

ちらが勝った。ところが耐震設計は全部ボロクソ負けです。これは普通の人はあまり知らない。『全面勝訴』なんてノボリが出たもんだから、早とちりだった。判決文を見ると……地質、地盤、地震、耐震設計……これらは全部負けた。そこまで勝たせたら、今ある他の原発全部ダメになる。基準は同じだから。〝もんじゅ〟は普通の軽水炉よりよほど危険なのは周知だけど、耐震設計の基準は同じ。〝もんじゅ〟がダメと言うと、原発の耐震設計が全部ダメとなる。（裁判官は）そこまで言うだけの勇気はなかった」

●日本全部の原発がダメということ

八〇歳を超えて覇気を失わぬ孤高の学者はこう結んだ。

「（原発の安全論争で）一番大切なのは地震だ。地震で細管がどうなるか？　原子炉はだいじょうぶでもパイプがやられたら終りです。今、いちばん大切なのは女川原発。一号、二号、三号……全部、小さな地震で止まった。大被害にならなかったけど、止まることは止まった。設計が甘かったことは事実。女川がダメということは、日本全部の原発がダメということなのです……」

生越氏のご自宅を辞した後も、柔和でありながら熱を失わぬお声が胸に残った。その後、「遠路をわざわざ拙宅までお越しになり、まことにご苦労さまでした」と丁寧なお便り、さらに関連書籍のアドバイスまでいただいた。原稿用紙の枡目に一字一字、几帳面に綴られた文面に氏の誠実なお人柄がしのばれ感服した。今の日本に本当に必要な知性とは、生越氏のような学者を言うのだと、確信する。それにしても権力に媚びた御用学者たちのなんという醜さ悍《おぞ》ましさ……そして、哀れさ……。

第五章

大地震で原発はこうなる

ある試算、原発事故で四〇〇万人死亡、損害一六〇兆円超!!

●科学技術庁――恐怖の〝極秘試算〟

「国家予算の二倍――科学技術庁が極秘で可能性試算」

この新聞見出しに驚愕されるはずだ。これは原発事故の損害額を、すでに旧科学技術庁が密かに試算していた、という驚くべき内容だ。スクープしたのは『環境新聞』（一九九八年八月五日）（図5-1）。まず目を引くのは「絶望的人数四〇〇万人」。これは、原発事故で漏出した高レベル放射性物資（死の灰）を浴びて死亡する人々の数……。四〇〇人ではない。四〇〇万人なのだ。これは一六万キロワットと比較的小型の原発事故を想定したものである。さらに放射能漏れをわずか二％と想定している。それでも、これだけの犠牲者が出ると、日本の政府機関である科学技術庁は、公式報告でまとめていたのだ。

その「試算」は、次のようなタイトルでまとめられた。

「大型原子炉の事故の理論的可能性及び公衆損害額に関する試算」（以下「試算」）

この報告は一九六〇年当時の試算である。その損害総額は三・七兆円。当時の国家予算は一・七兆

環境新聞　1998.8.5　（昭和41年2月14日第3種郵便物認可）

原発事故損害額　国家予算の2倍

科技庁が極秘で可能性試算

本社が文書入手

絶望的人数400万人

'60年当時　現在なら100兆円超

科学技術庁が日本原子力産業会議に調査を委託し、とりまとめた秘密文書「大型原子炉の事故の理論的可能性および公衆損害額に関する試算」（一九六〇年）の全文をこのほど環境新聞社が入手した。当時、政府は原発事故が起きた際の損害賠償を世界一の保険会社、英・ロイズ社に依頼し、ことわられたために日本の保険会社が賠償額を支払えるかどうかを調査した。同文書はその結果を示すもので、被害が中国や韓国、ロシアなどまで莫大なものに及び、損害額は当時の国家予算の約二倍と支払い不可能な数字が示されたため、極秘扱いしたとみられている。

16万kW規模　放射能漏れ2%　中国なども被害

昨年九月、山口哲夫参議院議員（当時）が科学技術庁に資料請求を行い、提出された同文書の「本文」は一六万キロワットの原発から二％の放射能が漏れた際の人的、物的災害合わせて損害額一兆円と明記されていた。ところが本紙が入手した極秘の「付録」は賠償額が三兆七〇〇〇億円（現在は約一〇〇兆円）と記されており、大幅な開きがあることが判明。付録には気候変動なども考慮した賠償額の詳細なデータが記され、こちらが本命であることがわかった。

人的損害のうち絶望的な人数は約四〇〇万人と試算。被害者は一～四級までランク付けされ、一級（原子炉近くで被爆し二週間以内に死亡グループ）を例にとると治療費が一人九万六〇〇〇円、葬式費用五万円、慰謝料三五万円、計八三万円と試算した。ただ被害者の試算は健康成人の急性障害のみで、晩ぱつ性の癌や白血病、また子供は一切含まれていない。そのため、文書中にもデータを「過少評価」と明記している。

三兆七〇〇〇億円という莫大な損害額を試算していながら当時の「原子力損害による賠償に関する法律」は、電力会社の賠償額最高限度額を五〇億円としている。そのため一企業の損害を国が支払うことに決めたが、当時の国家予算一・七兆円と比較すると約二・二倍にも上り支払いは不可能。原発政策を推進するために莫大な損害額を隠す必要があり、同文書を極秘扱いにしたとみられている。

電気事業連合会と通産省はこの文書について「知らなかった」という。一方、科学技術庁は「時代が異なる」と答える。これに対し原子力研究家の広瀬隆氏は「現在の原発規模は約一〇倍。今、この文書の特徴を真剣に議論しないと大事故が起きた時、誰も保証できない」と述べている。

図5-1　■見よ…！驚愕の科技庁“原発事故”被害「試算」

（『環境新聞』1998年8月5日）

円だから国家予算の二・二倍となる。このスクープ記事が掲載された九八年なら約五〇兆円×二で一〇〇兆円超。現在、日本の国家予算は約八〇兆円なので、原発一基の事故による損害額は、一六〇兆円超という驚愕の数値となる。

●原発の巨大利権〝闇の力〟が封印

しかし、国家レベルで、このような原発事故の被害を想定した試算があったとは！　ほとんどの日本人にとって初耳であろう。

なぜか？　それ以降の政府が、この驚愕の試算を封印したからだ。マスコミが報道を回避したからだ。関係者が沈黙したからだ。

なぜか？　この驚愕の科技庁報告が公になったら、間違いなく日本世論は沸騰し、原発一基を建設することすら不可能となるからだ。ならば、この日本民族の存否をわける超重要リポートを闇に隠蔽してしまった〝権力〟の正体が見えてくる。それは、原発にかかわる巨大利権であり、日本民族の将来を、未来永劫にわたって掌握する〝闇の力〟である。

ともあれ、この「試算」が闇に封印されるまでの経緯を発掘する作業に入ろう。

まず、この驚愕リポートの存在をスクープした『環境新聞』の栄誉を称えなければいけない。このような小さなメディアが、『朝日新聞』やNHKなど巨大メディアが黙殺、隠蔽してきた事実を掘り起こし世に問うたのである。マスコミは、この小さなメディアに脱帽し頭《こうべ》を垂れるべきであろう。そして、全国民に自らの怠慢を恥じ、謝罪、懺悔《ざんげ》すべきだ。

●一九六〇年、保険整備のため試算

さて、この科技庁報告が試算された時期に、立ち返ってみよう。

この「試算」は一九六〇年につくられた。当時はまだ、日本に原発は一基も存在しなかった。これから原発を建設していくためには、事故によって損害が出た場合の保険が必要である。その保険制度を整備するためには、どんな事故が起きたら、どれくらいの損害が出るのか、試算しておかなければならない。

これは政治を担当する者としては、当然の発想だろう。われわれは新車を購入したとき強制的に保険に加入させられる。それは、クルマを運転すれば対人、自損を問わず、事故の可能性がゼロではないからだ。だから保険会社は、その確率を「試算」してクルマ所有者の保険負担額を算出する。新築の家を建てたときも同じ。万が一の火災に備えて、少なくとも火災保険に加入するのは、もはや常識だろう。

〃マル秘〃文書として、四〇年間、闇に葬られる

●〃マル秘〃として国会にも秘匿

この「試算」報告書は、「本文」だけで一八ページ。さらに「付録」が約二四〇ページという膨大な内容だった。

一九六一年、「原子力損害の賠償に関する法律」が国会で審議された。当然、国費を投じて詳細に算出された「試算」は、全文が審議の参考資料として、各議員に提出された……と思いきや、国会に提出されたのは「試算」の本文一八ページのみ。しかし、この「科技庁リポート」の最も重要部分は約二四〇ページの「付録」の中にあった。その核心部分がすべて〃マル秘〃とされた。こうして、重大リポートは、国民の代表である国会議員の目からも隠蔽されたのだ。これでは、国会でまともな審議などできるわけがない。

●公開されていたら、原発は一基も建たなかった

この恐るべき国家レベルの隠蔽工作の実態を暴いたのも、名もない市民たちの努力による。そのいきさつはミニコミ紙『たんぽぽ通信』に、次のような記事で掲載された。

――「みなさまへ――原発事故試算『マル秘』文書、四〇年ぶりに全文公開！」（PKO法、『雑則を

広める会』東京都武蔵野）

まさに、草の根市民こそが、真実に肉薄しうることの証しだ。

雑則を広める会は指摘する。

「……もし、この部分（約二四〇ページの『付録』）を含めた全文が国会に提出されて、しっかりと議論され、そこがきちんと報道され、国民が原発事故の重大さを知ることができていたら、日本には絶対に原発は造られていなかった」


まさに悔恨。

「この時、一九五五年に制定された『原子力基本法』の三原則『公開・自主・民主』は、完全に踏みにじられたのです」

●四〇年の封印を解かれ国会へ

以後、戦慄の「報告書」は闇に封印されたまま約四〇年もの年月が空しく流れた。その間に、世界に冠たる地震大国ニッポンには、なんと五〇基を超える原発が建設されてしまった。この地震の巣窟列島は、屈指の原発大国となってしまったのだ。〝闇の力〟は、存分にその狙いを達成したのである。

国会に動きがみられたのは、一九九九年六月二日。なんと地下の闇に眠っていた科技庁「試算」リポートが、文字通り四〇年の封印を解かれて、白日のもとに現れてきたのだ。「マル秘」試算全文が、衆議院の経済・産業委員会を通した国会各会派に配付された。

しかし、五〇基以上の原発が日本列島に林立してしまっている。後の祭り……とは、このことだ。

●「存在しない」と答えた科技庁の闇

四〇年の封印を解かれ、極秘リポートが現れた発端は以下のとおり。

一九九七年九月、参議院の山口哲夫議員が、国会でこれらの〝マル秘〟報告書の資料請求をしたのだ。これに応じて科技庁側は、一八ページの「試算」本文のみを提出。

これに対して、一九九八年六月、山口議員は武谷三男氏の著書『原子力発電』(岩波新書一〇六頁)を例に挙げて「試算」全文を再度請求した。これに対し科技庁は、前回と同じ一八ページを提出して、こう答弁した。

「武谷三男氏の著書にあるようなものは〝存在しない〟」

ところが七月、市民グループ「雑則を広める会」は、科技庁が「ない」と主張するマル秘〟「付録」二四二ページ分を発見したのだ。

八月、この歴史的発見に基づき『環境新聞』(一九九八年八月五日)が「原子力事故、損害、国家予算の二倍……」とトップで報道した(前出)。

九月、某テレビ局の記者が、この記事を見て、科技庁に資料請求したところ、二四四ページの「試算」を送付してきた。一〇月、山口議員は、この情報をもとに、科技庁に対して、再度、資料請求。国会で「存在しない」と答弁した科技庁側は（観念して）二四四ページ分の報告書（「付録」）を送付してきた。なんと三度にわたる請求で、ようやく同報告の全文を入手できたのだ。

●現在は原発五〇基以上。新たな「試算」を！

この驚愕リポートには、さすがに国会議員の一部は色めき立った。

翌九九年四月、加藤修一参議院議員は、経済・産業委員会で『環境新聞』の記事をもとに、科技庁「試算」について、質問した。これに対し科技庁は「昨年、秋に山口議員に提出した」と答えるのみ。業を煮やした加藤議員は、五月、「試算」を国会に公表するように要求した。そして六月、「試算」全文が国会に提出されたのである。こうして約四〇年もの長きにわたった隠蔽工作は幕を閉じた。

この隠蔽工作は、国家的犯罪である。加担した科技庁の官僚たちは、まさに売国奴というほかない。むろん彼ら役人たちだけで、これほど重大な謀略工作が行えるわけがない。この背景には、黒い深い〝闇の力〟が働いていたことは、間違いないだろう。

封印の箱の蓋をこじ開けた加藤議員は、科技庁に対して次のように公式要求を行った。

「一九六〇年当時より原子炉も巨大化している。（五〇基以上も稼働と）状況も変わっている。よって原発事故の損害試算をやりなおせ」

現在の日本列島には一〇〇万キロワット規模の巨大原発群が乱立してしまった。「科技庁リポート」によれば、わずか一六万キロワットの小型原子炉でも、ひとたび事故を起こせば、わずか二％の放射能漏れで約四〇〇万人の国民が無惨に〝殺され〟、損害総額も「国家予算の二倍を超える」という。ならば、一〇〇万キロワット級原発が事故を起こしたら、どれほどの惨禍になるか。想像するだに身の毛がよだつ。

●政府、国会、マスコミは沈黙した

この歴史的文書を発掘した市民グループ「雑則を広める会」も「新たに試算すべき」と主張する。

「現実に稼働している原発で『試算』を行うべき」

さらに主張する。

「事故や原発震災の恐怖に加え、何万年もの間、放射能を出し続ける核のゴミをどうするのか？　原発を動かす限り、少なくとも、半減期二・四万年の猛毒プルトニウムを増やし続けることをどう考えるのか。国会も報道機関も、私たち一人ひとりも『試算』という原発の原点に建ち返って、国民的な議論をすべきだと考えます」（「雑則を広める会」）

彼らの切なる叫びは続く。

「〝マル秘〟が解けた『試算』の全文を、一人でも多くの方に読んでほしい。国民的議論となるように、報道関係者に、一刻も早く公開された『試算』の内容をありのままに報道してほしい。

とくに原発現地で、地元の国会議員に対して『試算』をやり直すような働きかけをしてほしいと思います」（「雑則を広める会」）

彼らの血を吐くような叫び、願いはかなわなかった。

明るみに出た驚愕の科技庁「試算」に対して、マスコミは一斉に沈黙した。国会でも加藤、山口議員に続く議員は現れなかった。当然、政府は、あたかもそのような「試算」はなかったかのように、今日まで振舞い続けている。

●原発中止を。〝闇の力〟は許さない

なぜ、彼らは沈黙したのか？　もしも、五五基もの原発が稼働する現在の日本で、万が一、直下地震などで原子炉が放射能漏洩事故を起こしたら、どのような惨劇が列島を見舞うか。彼らは、熟知している。そのような「試算」報告書は、おそらく一九六〇年当時の科技庁試算の数倍、いや数十倍という血の凍るような惨禍を予言するものになるはずだ。

その瞬間、日本中は大パニックとなり、原発即時中止を求める声が沸騰するだろう。原発利権のさらにその奥にある〝闇の力〟は、そのような事態はぜったいに許さない。よって関係者は、一斉に口をつぐんだのだ。

……わが国には、売国奴の数があまりに多すぎる。

子どもの死、白血病、ガン死……犠牲者は一〇〇〇万人超

●世界最大のロイズ社に断られた

われわれ市民の義務は、まず、発端となった「科技庁リポート」の衝撃的事実を理解することだろう。

そもそも、この「試算」誕生のいきさつは、次のとおりだ。

一九六〇年当時、まず政府は、原発建設に先立ち、原発事故が起きた際の損害賠償業務を、世界最大の保険会社である英国のロイズ社に依頼した。ところがロイズ社は即刻この申し出を拒絶。これも当然の話だ。国家予算の二倍以上の事故損害額を、いくら世界最大の保険会社とはいえ、支払えるわけがない。

つまり、ロイズ社に断られた時点で、原発推進はもしもの場合、国家を壊滅させる天文学的な損害をもたらすことを、政府は理解すべきだったのだ。

ロイズ社に断られた政府は、日本の保険会社が賠償額に耐えられるかを調査、検討した。この「科技庁リポート」は、その調査の段階で試算されたものだ。

科技庁だけでなく、政府関係者は、その調査が進むにつれ、顔は青ざめ、膝が震えたはずだ。まさに、調査結果は、戦慄のシナリオを次々に打ち出してきたからだ。

●「犠牲者四〇〇万人」報告書は〝マル秘〟に

国家予算の二倍超の損害額ならロイズ社でなくとも、地球上のどんな保険会社でも逃げ出す。「犠牲者四〇〇万人」には政府関係者は顔面蒼白となったに違いない。さらに、報告書は「被害は、国内にとどまらず中国、韓国、ソ連（当時）などにまで及ぶ」と冷酷な現実を突き付けてきた。当初は保険の算定のはずが、彼らは〝パンドラの箱〟を開けてしまったのだ。当事者たちは震える顔を見合わせて、ある一つの決断をした。それは、この報告書を〝マル秘〟扱いとして未来永劫封印することであった。むろん、現場の役人たちだけで、こんな重大決定の判断が下せるわけがない。なんらかの〝圧力〟が働いたことは間違いないだろう。

●科技庁、損害額を約四分の一に捏造

さて、四〇年の年月を経て公開された「科技庁リポート」には、重大な事実が隠されていた。まず、九八年六月に山口議員が科技庁に請求して、提出された同文書の「一八ページの本文」には「一六万キロワットの原発から二%の放射能が漏れたとき、人的、物的災害を合わせて損害額〝一兆円〟」と明記されていた。

ところが「雑則を広める会」が入手した極秘「付録」には、賠償額は、一九六〇年当時の国家予算（一・七兆円）の二倍超、三兆七〇〇〇億円と記されていた。「本文」と「付録」で、損害額に四倍近い開きがある。政府機関の公的報告書で、こんなことがありうるのか？

「『付録』には、気候変動なども考慮した賠償額の詳細なデータが記され、こちらが本命であることがわかった」（「雑則を広める会」）

つまり、唐突に山口議員から、〝マル秘〟「科技庁リポート」の提出を、国会で要求された科技庁側は、「付録」の存在は隠し、「一八ページの本文」の内容を捏造して、山口議員に提出したのだ。姑息というより、これはまさに公文書偽造の罪に相当する。

●子どもや慢性病死は一切含まれない

よって、「科技庁リポート」で信頼できるのは、二四〇ページ余りの「付録」文書なのである。そこには、恐怖の試算が並んでいる。

人的損害として、絶望的な人数（死者）は約四〇〇万人。

被害者は、一〜四級にランク付けされている（賠償額は一九六〇年当時の貨幣価値）。

たとえば、一級（原子炉近くで被曝し、二週間以内に死亡するグループ）は、治療費が平均一人九万六〇〇〇円。葬式費用五万円。慰謝料三五万円……合計八三万円と算出されている。

しかし、なんとまあ、悲しい「試算」だろう。彼らは、ある日突然、襲いかかった目にも見えない放射能の〝毒〟により悶絶、苦悶のなかで息を引き取るのだ。これらの賠償額が仮に支払われたとしても、そのかけがえのない命は償えない。

さらに同報告書で、注意しなければならないのは、原子炉事故による放射能漏れによる「被害者」

の試算は「あくまで健康成人の急性障害」のみ。つまり「子どもは一切含まれない」。健康な成人だけしか被害対象とみなさないのか？　「損害賠償のための試算なので」という言い訳は通らない。大人の命も子どもの命も、その重さに変わりはない。

また、これらの被害者の試算に「遅れて症状が現れる晩発性のガンや白血病の犠牲者」も一切含まれていない。放射能を浴びて二週間以内に急性障害で死んだ、それも健康な成人のみが、科技庁の賠償試算の対象となっていたのだ。

●巨大企業救済のための「原子力損害賠償法」

よって、報告文書の中でも「データを過少評価している」と注釈している。報告書の作成担当者も、この「試算」は、ミニマムの裁定だと正直に断っている。それでも国家予算の二倍超の賠償額となってしまう。子どもや、さらに、事故後に遅れてガンや白血病を発症したり、死亡したりする犠牲者たちは、まったく〝被害者〟として考慮に入れていないのだ。

つまり、この報告書が掲げる原発事故での〝絶望的人数四〇〇万人〟とは、急性放射能障害で即時亡くなる、それも健康な成人だけの人数なのだ。

子どもたちがいくらバタバタ死んでも、遅れて発症する放射能障害のガンや白血病で大人が次々に死んでも、それは〝犠牲者〟としてカウントされていないのだ。

子どもたちや、ガン、白血病の死者などを加えれば、犠牲者は天文学的な数にのぼるだろう。なぜなら、放射能障害による犠牲は、急性より晩発性のガン、白血病などによる犠牲のほうが、はるかに多いからだ。

時の政府は、自ら原発事故による損害額を、国家予算の二・二倍（三・七兆円）と算定している。一方で政府は、当時「原子力損害による賠償に関する法律」（略：「原子力損害賠償法」）を成立させている。

国家予算の二・二倍という科技庁「試算」データを踏まえたものかと思えば、さにあらず。「原子力損害賠償法」では「電力会社の賠償最高限度額」はたったの五〇億円なのだ。原発事故の放射能漏れで、一〇〇万人死のうが一〇〇〇万人〝殺そうが〟これ以上の賠償金額は、電力会社はビタ一文支払わなくてもよい。まさに国家権力とは国民救済のためではなく巨大企業救済のために存在することが、あまりに露骨ではないか。この上限五〇億円を超える損害額は、結局は政府が負担するしかない。

さて、三・七兆円を五〇億円で割ってみよう。なんと七四〇倍だ。電力会社の賠償限度額の七四〇倍もの〝賠償額〟を国が負担できるわけがない。

そこで、政府は頬っかむりを決め込んだ。よって、「科技庁リポート」は〝存在しなかった〟ことにされたのだ。


「原発政策を推進するために、莫大な損害額を隠す必要があり、同文書を極秘扱いにしたとみられる」（「雑則を広める会」）

●マスコミのタブーとして闇に封印

さて、この文書の存在を国会などで問い質された「電気事業連合会」と通産省は「知らなかった」とシラを切り通している。また、当事者の科技庁は「時代が異なる」と答弁。なるほど、これは正しい。当時は日本には原発は一基もなかったのだ。この〝マル秘〟文書が露見したときには五〇基を超える原発が国内に林立、乱立している。まさに時代は異なる。よって現状を踏まえたリスク評価と損害をすべきだろう。

その要求には、緘黙《かんもく》して一切答えない。政府も、企業も、そしてマスコミすらも、原発事故の想定をだれもしようとはしない。

あなたは、ここまで読んで血の気が引く思いだろう。そしてつぶやくはずだ。「知らなかった……」。さよう、『環境新聞』や市民グループの必死の努力でいったん日の目を見た衝撃の「科技庁リポート」は、またもや、歴史の闇の奥に封印されてしまったのだ。

●現代ニッポンを支配〝三ザル症候群〟

もはやマスコミでは、この文書の存在についてすら触れることはタブーとなっている。だから、だれも知らない。だから、語らない。これが、〝高度〟情報化社会の偽らざる実態なのだ。

現代ニッポンには、ある特殊な疫病が蔓延している。それは〝三ザル症候群〟だ。〝見ザル、言わザル、聞かザル〟。嫌なもの、怖いもの、ヤバイものには、目をふさぐ、耳を閉じる、口を覆う。危機がひたすら迫っているときに、目も耳も口もふさいでいたら、到底、生き残れない。それでも、

〝スリー・モンキーズ〟たちはハッピーなのだろう。

昔から「知らぬが仏」という諺がある。何も知らなければ、仏様のような心境でいられる、という意味だ。しかし、それは地獄の釜の縁に腰掛けているようなもの。アッという間に奈落の底に真っ逆さまだ。さよう、知らぬうちに〝仏〟になれる。御陀仏だ。〝愚者の楽園〟は、実は地獄の業火の真上にあるのだ。

まずは、禁断の文書、「科技庁リポート」の存在を広く、クチコミでも、なんでも、広めて欲しい。時間は、まったく寸刻も残されていない。

〝原発震災〟――それは、日本民族〝終末の日〟となる

●〝原発震災〟直視を！　石橋氏の叫び

前出（第三章）の石橋克彦氏は、「阪神淡路大震災のような大規模地震の災害に加えて、原発事故まで加わる最悪の厄災」を指し示す。つまり、空前絶後の大災害。とりわけ、原発事故の惨禍は「科技庁リポート」で、急性放射能障害による死者約四〇〇万人、被害総額、国家予算の二・二倍とあるように桁外れだ。大震災の被害も恐ろしいが、それに加わった原発事故の惨禍惨状は、もはや筆舌に尽くしがたい。おそらく、その日が日本民族にとって〝終末の日〟となるだろう。

茂木清夫氏や石橋氏は、地震学者としてその戦慄の脅威を知り尽くしている。ゆえに警世、警鐘の筆鋒を納めることはしない。

●政府・電力会社「耐震設計」の嘘偽り

その石橋氏が、〝原発震災〟の脅威を訴える「警鐘論文」を、『朝日新聞』の「論壇」に投稿してボツになる、という〝事件〟があった。

それを「朝日新聞がボツにした地震学者の『警鐘論文』　サンデー毎日は掲載します」とやったのが一九九九年十一月二一日付の『サンデー毎日』。

この辺はメディア間の切磋琢磨《せっさたくま》で好ましい。さて、その論文が驚愕的なのだ。

タイトルは「今こそ『原発震災』直視を」。

これには同年九月末に発生した惨劇が背景にある。茨城県東海村の核燃料加工施設で発生した臨界事故は、眼を背けたくなるほど悲惨な急性放射能障害による犠牲者を出した。

石橋氏は訴える。

「見過ごされている〝原発震災〟の現実的可能性を直視すべきことを訴えたい。それは、原子力発電所（原発）が、地震で大事故を起こし、通常の震災と放射能災害とが複合・増幅しあう破局的災害である」

まず、政府・電力会社の〝原発安全説〟を真っ向から批判する。

「（彼らは）原発は、『耐震設計審査指針』で耐震性が、保証されているから大地震でも絶対に大丈夫だと言う。しかし、その根底にある地震（地下の岩石破壊現象）と地震動（地震による揺れ）の想定が地震学的に間違っており、従ってそれに基づいた耐震性は不十分である」

つまり政府・電力会社はデッチあげ〝耐震性能〟で「安全です」を繰り返してきたわけだ。呆れた。

●通産省デッチあげの〝安全宣言〟

石橋氏の警告にだんだん、息がつまる思いがしてくる。

「列島を縁取る一六の商業用原発（原子炉五一基）のほとんどが、大地震に直撃されやすい場所に立地している」（数字は一九九九年当時）

活断層が無くてもM七級の直下地震が起こりうることは、現代地震科学の常識であるのに、『原発は活断層の無いところに建設する』という理由で、M六・五までしか考慮していない。（なるほど政府は地震学のイロハも知らない）さらに、この〝建て前〟もウソで「実は多くの原発の近くに活断層がある」（石橋氏）

たとえば島根原発の間近には、長さ八キロメートルの活断層が確認されている。ところが旧通産省は「この活断層ではM六・三の地震しか起きない」と勝手に決めて〝安全宣言〟を出してしまった。これぞペテン宣言。

「長さ八キロメートルの活断層の地下でM七・二の鳥取地震（一九四三年）が起こって大被害を生じたような実例も多く、この〝安全宣言〟は完全に間違っている」（石橋氏）

つまり、「日本中のどの原発も、想定外の大地震に襲われる可能性がある」のだ。それを旧通産省や電力会社は、かってに自分たちで都合のいい「線引き」をして「想定内だから大丈夫」とオウム返しに繰り返しているにすぎない。喜劇、茶番として見る分には滑稽で面白い。しかし、日本人一人ひとりの生命がかかっているのだ。それどころか、一朝事あらば一〇〇〇万人単位の日本人が凄まじい急性放射能障害で、皮膚はケロイド状に崩れ落ちてのたうち回って悶絶することになるのだ。通産省の木端役人のたわごとでは済まされない。

我々には、自らの命、家族の命を守る権利があるのだ。

●安全装置がやられ核暴走や炉心溶融へ

チェルノブイリ原発を見よ。局地地震だったのに直下の衝撃で制御棒が止まり、原子炉は一気に核暴走し、恐怖の死の灰が噴出した。

ロシアン・ルーレットのごとく日本中のどの原発も大地震に襲われる可能性がある。

「その場合には、多くの機器・配管系が同時に損傷する恐れが強く、多重の安全装置がすべて故障する状況も考えられる。しかし、そのような事態は想定されていないから、最悪のケースでは核暴走や炉心溶融という『過酷事故』、さらには水蒸気爆発や水素爆発が起こって、炉心の莫大な放射性物質が原発の外に放出されるだろう」（石橋氏）

アメリカ原子力規制委員会リポートは「地震による過酷事故の発生確率の方が、原発内の故障で起こる可能性より、はるかに大きい」とハッキリ警告している。
つまり、原発にとっての〝最大の敵〟は地震なのだ。

●浜岡原発爆発！　阿鼻叫喚《あびきょうかん》の地獄出現

石橋氏は、もっとも切迫している東海地震に触れる。

「M八級の東海地震が起これば、阪神淡路大震災を一桁以上上回る広域大震災が生じ、新幹線の脱線転覆などもありうる。そこに浜岡原発の大事故が重なれば、震災地の救援・復旧が、強い放射能のために不可能になるとともに、原発の事故処理や近隣住民の放射能からの避難も地震被害のために困難をきわめ、被災地は放棄されて莫大な命が見殺しにされるだろう。また、周辺の膨大な人々が避難しなければならない。浜岡の過酷事故では、条件によっては、十数キロメートル圏内の九〇％以上の人が急性死し、茨城県や兵庫県までの風下側が長期間居住不能になる……」（石橋氏）

言葉を失い、血が凍るとはこのことだ。
石橋氏は、次の言葉で締めくくる。

「〝原発震災〟は、おびただしい数の急性および晩発性の死者と障害者と遺伝的影響を生じ、国土の何割かを喪失させ、社会を崩壊させて、地震の揺れを感じなかった遠方の地や未来世代までを容赦なく覆い尽くす。そして、放射能汚染が地球全体に及ぶ」(石橋氏)

なお石橋氏によれば、政府の原子力防災法案は、何の役にもたたないシロモノだという。愚劣愚鈍、無為無策……このような政府を持った国民は不幸だ。その愚策によって、国民は地獄に突き落とされるからだ。

●死者二万八〇〇〇人、損害八一兆円どころではない

政府の中央防災会議(会長：小泉純一郎首相＝当時)は二〇〇三年九月一七日、①東海地震、②東南海地震、③南海地震が、同時発生という最悪の場合の被害想定を発表した。それはおそらく人類史上でも未曾有の超巨大地震となるはずだ。まず、地震規模は国内最大級のM八・七。死者は最悪の場合二万八〇〇〇人に達するという。しかし、ここで忘れてはいけない。中央防災会議は、これほどの大激震を、いっさい原発と結び付けてはいない。故意に原発に触れないのだ。だから原発のゲの字も出ない。

M八・七の超巨大地震を喰らったら原子炉はひとたまりもない。だから、これら被害想定は、現実よりはるかに少なく見積もったものであることを、まず知っておかねばならない。それでも、家屋の全壊九六万棟。被害損失は八一兆円と、超弩級だ。国家予算が、この三重(トリプル)地震でふっとんでしまう。

国や電力会社に頼るな！　家族の命は自ら守るしかない

●〝ロシアン・ルーレット〟の始まり

ここまで書いて、私はただ暗澹とするのみだ。

「原発は、地震に対して決定的に弱い」という米原子力機関の指摘を思い起こしてほしい。原子炉破壊しておかしくない大地震が、これから全国各地に頻発する。恐怖の〝ロシアン・ルーレット〟の始まりだ。中越地震二五〇〇ガル強は、その壊滅的な破壊力を教えてくれる。東海大地震はM八級と予想。桁外れの大激震だ。最大加速度は一〇〇〇ガルどころか二〇〇〇ガル突破は確実だろう。

美浜原発の水蒸気噴出事故は一センチの肉厚パイプが〇・六ミリにまで劣化している現実を晒した。戦慄の老朽劣化ではないか。静かな昼下がり、突然、パイプは破断噴出したのだ。〝勝手に〟日本の原発は、自らの老朽劣化のために〝壊れ始めている〟。そこに、情け容赦のない二〇〇〇ガルの衝撃が襲ったら……。

はっきり言おう。日本列島沿岸に林立稼働している五五基の原発は、すべてオンボロ原発群なのだ。それを、これから頻発する大地震の激震が、次々に襲いかかる。その結果は、身の毛がよだつ。直撃を喰らって耐えきれる原発は、一基もない。これは断言できる。つまり、その瞬間に日本民族の終焉が訪れる。

●原発社員寮で連絡員はビールにナイター

「一三の原発で連絡体制に欠陥。優先電話すらない所が一〇か所も！」二〇〇五年一月五日、共同通信の調査結果には唖然とする。政府ですら「巨大地震は、これからも続発する」と警鐘を鳴らしている。中越地震に続くスマトラ沖巨大地震で、その懸念は現実のものとなった。原発を激震が襲えば、ほぼ間違いなく重大故障や事故が発生する。緊急事態は、即座に国や自治体に通報する。当然の危機管理だ。そのためには連絡担当者は、二四時間体制で緊急連絡システムの脇に待機していなければならない。事故はいつ何時発生するかわからないからだ。ところが共同通信が調べたところ、呆れ果てた実態が明らかになった。連絡担当要員が、夜間などはなんと社員寮でのんびりくつろいでいたのだ。全国一七原発のうち一三原発が、この〝くつろぎモード〟だった。

社員寮で連絡要員がビールを飲みながらテレビのナイター中継を観ているとき、原発で故障やトラブルが起こったらどうなるのか？　入浴中は？　あるいは就寝中に直下地震に原発が襲われたら……。国などへの緊急連絡設備は社員寮にはない。ビールを途中で切り上げ原発施設まで全力疾走するのか！　寮の電話に飛び付くのか？

●一〇原発で「優先電話なし」の状態

ところが社員寮の電話や担当者の携帯電話が、「災害時優先電話」に指定されていない。そんな間の抜けたケースが一〇原発にのぼった。地震時には電話回線がパンクして、どうにもつながらないのは、だれもが経験することだ。直下地震で異常事態発生……担当者は必死で携帯電話のボタンを押す。

回線混雑のためつながらない……。なんとも手に汗握る悲喜劇ではないか。緊急連絡システムの不備はそれだけではない。なんと連絡を受ける自治体側も、「優先指定電話」がない。そんなお粗末な体制がボロボロ明らかになった。

共同の調査では、夜間でも緊急連絡を原発施設内から直接自治体や国の担当者に連絡できるケースは、福島第二原発など、わずか四原発のみ。それ以外の原発では、まず社員寮にいる担当者に原発側から連絡する。それを受けた担当者が、自治体に連絡するか連絡を指示する、というから、そのまだるっこさに呆れてしまう。

事故発生の情報は寸秒を争う。とりわけ放射能漏れ事故は、分、秒の避難の差が、生死を分ける。スマトラ沖地震の悲劇を見よ。情報の遅れは目を覆う惨禍を引き起こすのだ。担当者が酒を飲んで寝込んでいました、風呂に入ってました、社員寮には電話がつながらなかったので……。それが、言い訳になるか。万余の犠牲者が、このような間の抜けた失態から、引き起こされかねないのだ。この一事をみても、ニッポンの現在の原発現場が、いかにタルミきっているか、一目瞭然ではないか。危機意識の欠如はなはだし。

即座に、緊急通報体制を完備し、二四時間の即時通報システムを確立せよ。

●自衛隊は、われ先に逃げ出す

すわ！　原発震災発生——。そのとき、あなたは、家族は？　車があれば、それに飛び乗って一キロメートルでも原発から遠くへ逃げる。渋滞や崖崩れで車が動けなくなったら、車を捨てて家族は手を取りあって、徒歩で風上方向に逃げるしかない。最後に望むべきは、自衛隊や消防などのヘリによる救出作戦だ。しかし、数千、数万人という規模の避難者を、いったいどれくらいヘリコプターで救出できるだろう。それどころか猛烈な致死量の放射性物資に汚染されている地域に、自衛隊などがヘリを飛ばすだろうか。答えはノーだ。

それどころか、自衛隊は、われ先にと安全地域への緊急退避を開始するだろう。これだけは間違いない。アジア太平洋戦争の末期、旧「満州国」ではソ連参戦と同時に、真っ先に逃げ出したのは軍部だった。避難民が戦車の進行の妨げになったとき、「轢《ひ》き殺して行け！」と冷酷に命じた上官もいたことが伝えられている。国民を守るはずの軍隊が、国民を真っ先に見捨てたのだ。それどころか沖縄では国民を盾にした。それが、軍隊というものの本質だ。……となると、浜岡原発周辺の住民たちは、万事窮して脱出不能となり、あとは急性放射線障害の死のみが待ち受けていることになる。

これは、浜岡だけでなく、全国の原発立地の地域では、どこでも起こりうる修羅場だ。人々が、いままでも原発のかたわらでなんとか暮らしているのは、そのような想定を、頭の中から追い出しているからだ。知りたくない。聞きたくない。思いたくない。それで、なんとか精神の平静を保っていられるのだ。「知らぬが仏……」という諺の重みを、これほど感じることはない。

●防災対策ではなく〝治安対策〟

原子炉災害への対策ひとつみても、どうしてこれほど現実離れしているのか？

原発付近住民への〝防災対策〟は一九八〇年に、「原子力安全委員会」が「指針」を出している。

浜岡町（現御前崎市）の滑稽「避難計画」もその「指針」に基づいている。

ところが、「指針」にはこうある。「周辺住民の心理的な動揺あるいは混乱を抑える」ことが最優先されている。それから「現地災害対策本部の指示にしたがって秩序ある行動をとれるようにする」と明記。

『東海大地震と浜岡原発』シンポジウム（前出）に参加した静岡大学教授、小村浩夫氏は、「ようするに治安対策的な発想が表に出ている」と語る。だから「住民の安全」は二の次なのだ。

「それが、端的に出ているのが『避難訓練』で、全国ほとんどのところで、『避難訓練』の中に住民を含みません。実態とかけ離れていて、地震は想定しません。役所の勤務時間内に終わるようにします。実際の訓練もやりたがらない。静岡県に『なぜやらないか』と尋ねると『やると混乱する』という言い方をします。それでは（『避難計画』をつくる）意味もない」

混乱を避けるための訓練なのに、「訓練をしたら混乱する」とは、落語のような話だ。つまり原発稼働という〝狂気の沙汰〟をやっているので、それへのあらゆる対策も〝狂気の沙汰〟となる。

●救援隊一一万余人も〝原発震災〟で逃げ出す

「東海地震に救援隊一一万六〇〇〇人派遣」。政府（中央防災会議）が二〇〇四年六月、発表した応援部隊の内訳は自衛隊七万人弱。消防庁三万人弱。警察庁二万人弱。これらのうち五万一五〇〇人は最大被害が予測される静岡県に入る。地震から二日間で必要な救助部隊は約八万人確保できたという。問題は消火要員。地震から一二時間後でも三六〇〇人で、消火部隊は必要の五％どまり。つまり火災地区の九五％は、何の消火作業も行われないまま燃え続けることになる。

阪神淡路大震災では倒壊家屋の下敷きになったまま〝焼き殺された〟犠牲者が続出している。消火ヘリコプターの出動など機動的な対応が必要だ。しかし、この救援隊も、原発事故はいっさい想定していない。巨大地震が原発爆発などを引き起こすことは、チェルノブイリ原発が〝実証〟した。いわゆる原発震災。このとき周辺は、凄まじい致死性の猛毒放射能に急速に汚染される。

一一万六〇〇〇人の救援隊が近付けるわけがない。それどころか消防部隊も警察も動ける者は、先を争って〝爆心地〟から少しでも遠くに逃げようとする。そこには地獄図が現出する。その光景は想像だにしたくない。

「住民には知らせるな！」——恐怖の〝極秘〟緊急マニュアル

●「緊急対策」秘密会議の内部告発

一九八六年、チェルノブイリ原発事故が勃発したあと、広瀬隆さんのもとに内部告発文書が次々に舞い込んだ。すべて、原発推進側からだ。

中に東京電力社員の内部告発もあった、という。一九八八年に寄せられたものは、内部連絡文書。「七月五日、火曜日、東京電力本社原子力発電部・技術課　鈴木主任」と発信者の名前が記されていた。その下には「東電共研、緊急時連絡システム：東電／日立／東芝で、今後のやり方について詰めたい」と会合の議題。つまり、東京電力内部の〝秘密会議〟の招集文書。ここでいう「緊急時」とは「大事故が起きたとき」のこと。そのとき「どうしたらいいか」が話し合われたのだ。さらに会議の内容について。「メーカーとして緊急時支援システムについて、考え方をまとめる」などがテーマとして書かれている。

広瀬氏によれば、これはすべて手書き。その実物コピーが送られてきたのだ。

●「大事故は起こらない」はずなのに

会議の中身は、驚くべきものだった。

「服部部長という人が登場し、チェルノブイリ検討会に出ている。『防災対策高度化が必要である』

とあって、『地方自治体等があるので後の扱い方慎重に……』と、この文書、この会議そのものが外に出ないように、釘を刺しています。地元自治体には『大事故なんて起こらない』と説明しているのに〝大事故対策〟の緊急会議をやっているわけですからね」

チェルノブイリ原発事故が、日本の電力会社に与えた衝撃の深さを思わせる〝内部告発〟だ。広瀬氏は言う。

「日本でも大事故が起こることを、あの人たちが真っ青になって考えているわけです。そして『防災対策・時間的オーダーは短い。一〇時間で勝負。それくらいの時間で有効にとれるかどうかの対応』とあります。つまり『実際に大事故が起これば、逃げる時間はほとんどない』そして『あるべき姿を、会社を離れて議論してくれ』とまで書かれている。『今までのようなウソで住民をだましてきたようなことはもういいから、本当の対策を考えようじゃないか』という……」

広瀬氏が確認したところ、この東京電力の服部部長さんは秘密会議を開いたことを認めている。

●目の前の住民に事故を知らせない

問題は、その秘密会議の中身である。

そこでは「緊急時支援システム」という図があった。つまり、原発事故が発生したとき、情報をどう伝えるかを示したものだ。

そこには原子炉メーカー（東芝など）、サイト（原子炉の位置）、MITI（通産省）、関係自治体（浜岡町など）、プレス（報道機関）などへの〝事故情報〟の流れがチャートで示されていた。驚くべきことに、〝事故情報〟は即座に地元（関係自治体）に知らされるのかと思いきや、そうではない。まず、電力会社は、事故発生の情報をＭＩＴＩ（通産省）に報告する。そして、通産省経由で、地元に連絡が入るというシステムなのだ。

つまり「電力会社は、目の前の住民に、事故を知らせない」（広瀬氏）。

私は、ただ唖然とするしかない。ここに登場する東京電力などの社員は〝時間の余裕は少ない〟と、原発事故が発生したら寸秒を争うことを認めている。なのに「地元住民には事故を知らせない」ことを申し合わせているのだ。

●住民〝見殺し〟、「公開」原則のペテン

まず、電力会社の関係者が、事故を知った直後から一斉に避難を開始するのは間違いない。それを見た地元の人々は「あれ……何だろう？」と首をかしげるだけだ。彼らは事故発生の一報を通産省（現経済産業省）に送り、後はただ口をつぐんで一斉に逃げ出す。電力会社側が、この秘密会議で確認した「緊急情報システム」では、事故情報は、原発関係者は〝地元住人には伝えてはいけない〟ことになっているのだ。

「あとは、通産省が地元自治体に、いつ、どのような方法で伝えるかを決めればいい」というゾッとする〝緊急対策〟なのだ。つまり、地元住民〝見殺し〟作戦……。

そもそも、一九五四年、日本は原発を導入するとき「公開、民主、独立」の〝原子力平和利用三原則〟を高々と掲げて国民の了解を得た。

この「公開」原則とは、政府も電力会社も、住民、国民には「いっさいの隠し事をしない」という確約である。しかし、この〝確約〟がカラ念仏、カラ証文であったことは、原発事故で四〇〇万人の犠牲、国家予算二倍超の損害を「試算」した「科技庁リポート」の隠蔽工作で、とっくの昔に破られている。この「試算」極秘封印スキャンダルは、一九六一年、まだ一基の原発すら建設されていない時期に、闇に消されたのだ。

「公開、民主、独立」三原則がむなしい。重大情報をもみつぶしていながら「情報はすべて『公開』します」と国民に宣言したのだ。まさにペテンもいいところではないか。

東京電力が対策会議を〝極秘〟としたのもおかしい。「自治体等には、会議の存在すら知らせるな」とは何事か。それまで「事故は絶対起こらない」とウソをついてきた建前上「事故対策会議を開く」ことの自己矛盾から、〝極秘〟扱いとしたのだろう。

しかし、事故が絶対起こらないということは、ありえない。本来は「公開、民主、独立」原則に則って、原発メーカー、自治体、住民、通産省、マスコミなど、関係者全員が集まって、原発事故という緊急時への対応を協議するべきであった。

それを、地元、マスコミなどを完全排除したため〝極秘〟扱いとなったのだ。とにかく原発産業は、日本だけでなく、世界のどこでも〝秘密主義〟の巣窟だ。チェルノブイリ原発の不可解、奇妙な〝原因論〟を見よ！

■11人が死傷……水蒸気噴出事故で停止した関西電力美浜原発。
（関西電力ホームページより）

●美浜大事故を地元だけが知らなかった

この恐怖の秘密主義がどれほど恐ろしいか、広瀬氏が自らの体験を語っている。

九一年二月九日、美浜原発の炉でギロチン破断事故が起こり、緊急炉心冷却装置ECCSが作動した。原発爆発の一歩手前、間一髪の大事態だ。広瀬氏は知人と電話中だった。「いま、テレビが報道している。美浜で大事故があったらしい」と聞き、慌てて美浜の現地に電話をした。「驚いたことに、昼ごろ大事故が起こっていながら、美浜の人が知らない」（広瀬氏）。

このとき、たまたま美浜原発を訪れていた見学者の一人が、原子炉の排気口から猛烈に噴き上げる水蒸気を不審に思い撮影している。この人は、後に『朝日新聞』読者写真コンクールで特選になり、一〇〇万円の賞金をもらうというおまけのエピソードがつくが、事態は深刻だ。この見学者も場合によっては〝大変な被曝〟をしていた可能性がある。事態がギロチン破断でＥＣＣＳが作動するほどの大事故だった、と知らされていれば、写真など撮っている場合ではなかった。

広瀬氏のもとへの内部告発で明らかになった緊急情報マニュアルを思い起こしてほしい。事故発生時には「地元に知らせるな」という鉄則が、みごとに美浜原発の大事故では守られていたのだ。だから、東京にいる広瀬氏がテレビ報道で一報を知り、地元はまったく知らなかったという、恐るべき現実が明らかになったのだ。

つまり、マニュアル通り、事故発生→通産省→マスコミと情報が流れたために、通産省→地元自治体→住民という情報の流れにならず、テレビで情報を知った遠隔地の人が、地元に電話で事故発生を知らせるという珍事となったのだ。この本末転倒の通報システムは、いまだ変わっていない。

●住民が被曝する汚染水蒸気を外部へ

この美浜大事故のとき、原子炉コントロール・ルームにいた操作員たちは、どうしていたのか。広瀬氏によれば、これはスリーマイル島型のメルトダウン（炉心溶融）事故そのものだと言う。「炉心溶融事故にどんどん近付いてゆき、しかも中の炉心の水の高ささえわからない。メーターが読めないというパニック状態」。そのとき、操作員たちは突然、水蒸気逃がし弁を開いた。それが噴出する水蒸気写真として報道された。

「一次系という原子炉の中の（放射能汚染された）水がギロチン破断したところから、直接、二次系というタービン系に噴出しているときバルブを開いて、美浜町の大気中にそれを出した」（広瀬氏）

なぜ危険な操作をしたのか?

「あんな(原子炉)格納容器は事故になれば全然関係なくて、大事故が起こりかけたら、この中で働いている人間は、原子炉の水蒸気を全部外に出してしまう。必死で冷却をする。それが証明された」(広瀬氏)

つまり、「地域住民が被曝する放射能は外部に出さない」という原発運転の鉄則は、非常事態では、いとも簡単に無視される。

●役に立たないモニタリング・ポスト

よく政府や電力会社は、「原発周辺では、つねにモニタリング・ポストで、常時、異常放射能を測定している」という。だから、異常があった場合、「すぐに住民の皆様に通報するシステムがあります」とPRしている。このモニタリング・ポストなる存在は、それほど信頼していいものなのだろうか?

やはり、広瀬氏が驚くべき事実を公開している。チェルノブイリ原発事故のあと、北欧スウェーデンで放射能測定をした人たちの証言では、モニターで測定された放射能の数値は「通常の二、三倍でしかなかった」。ところが、ソ連から風に乗って飛んで来た大気中のチリなどを集めて測定したら「百万倍を超える放射能が検出された」という。

つまり、通産省(当時)が太鼓判を押すモニタリング・ポストは、事故発生時にはなんの役にも立たない。

●ないないづくしで、本当に逃げられるのか？

一九九七年三月九日に開催された『東海大地震と浜岡原発』シンポジウムでの広瀬氏の〝結論〟は、一人ひとりが胸に刻むべきだろう。会場には、浜岡原発が大事故を起こすのではないか、と不安に満ちた人々の顔、顔……。彼らに向かって広瀬氏は語る。

「皆さんは、静岡県に住んでおられて、少なくとも大事故が起こって放射能が大量に出始めたら〝知らされる〟と思っておられるかもしれない。しかし、まず地震そのものの①『警戒宣言が出されない』。地震で揺れても②『原子炉運転を止めない』。放射能が外に出ても、モニタリング・ポストは③『役に立たない』……」（要約）。

そして④「住民には知らせない」。まさに、ないないずくし。さらに、⑤「格納容器は破壊される」恐れを指摘される。これは古いタイプの沸騰水型原子炉で起こりうる、という。

「放射能を〝外に逃がさない〟ため、炉そのものが破壊される。こうして、浜岡で大事故があれば、おそらく国道一五〇号線を中心に皆さんは逃げなければいけないでしょうが、本当に逃げられるのか、どうか……」（広瀬氏）

目を背けるな！——凄絶な放射能死

●急性放射線障害で、皮膚の七割が剥がれおちた

原発が地震などで爆発したとき、周辺住民数十万人は急性放射線障害で死亡する、と言われている。それは、どんな症状なのか？　東海村JCO臨界事故犠牲者たちが、その凄まじい苦悶、凄惨を伝えてくれる。死亡した大内さんの被曝線量は約一七シーベルト。これは絶望的な数値だという。ついで死亡した篠原さんは六～一〇シーベルト。いずれもIAEA国際基準では致死量とされる。病院に搬送された当時は、皮膚が赤く腫れた程度だったが、その皮膚は次々に剥がれ、ついに全身の皮膚の約七〇％が剥がれ落ちたという。皮膚移植手術にもかかわらず症状は急速に悪化の一途をたどる。

現場で被曝した二名の症状は激烈で、普通の人は直視できない。

篠原さんの放射線〝火傷《やけど》〟は重症で、背中を除く全身の約七割が火傷状態で、さらに日を追って火傷は進行し、四肢の末端の指先では壊死《えし》が進んだ。担当医師によれば「DNA損傷が著しい」「顔面皮膚は硬く筋肉が萎縮」「開眼できず」「家族と意思疎通不能」「人工呼吸で発声不能」「尿が出ない」「腎障害」「消化管出血」「MRSA院内感染」「肺炎悪化」……。担当医は「医学の限界を感じた。DNAの一部は二重ラセン構造が寸断、これでは再生困難」と絶望感に陥る。そして、篠原さんは凄絶な闘病の後、同僚の大内さんの後を追った。

これが急性放射線障害なのだ。

●二人の凄絶死を無駄にしてはならない

大内さん、篠原さんらは被曝後、ただちに病院に搬送され、集中治療室で、懸命の治療を受けた。それでも残酷な死は止められなかった。

たとえば浜岡原発が、近々起こる東海地震で爆発したとする。御前崎市周辺の数十万人の住民は、JCO臨界事故の大内さんらと同じ、高レベルの放射能に被曝する。

それはどのようなことなのか。『週刊現代』（二〇〇〇年五月二七日）は、学会で発表された犠牲者の写真を公開している。これには反発異論もあるだろう。しかし同誌は「犠牲者二人と遺族に心から哀悼の意を表したい」としつつ、「だが、凄絶な写真から目を背けるのではなく、正面から向かい合い、いまいちど原子力行政について考えなければならない。それこそが、二人の死に報いる唯一の方法ではないだろうか」と写真掲載の苦衷に満ちた思いを訴えている。

しかし、私はこの無残な写真を一秒も直視できない。あまりに惨《むご》すぎる。あまりに悲しすぎる。大内さんの主治医は死亡会見のとき「人間の尊厳が侵された……」と声を詰まらせた。二人の物言わぬ顔は、原子力の恐ろしさを無言で告発している。

巨大地震が原発を襲い、爆発などの〝原発震災〟が起こると、周辺住民の数十万人は、このような急性放射線障害の地獄の苦悶にのたうち、息を引き取ることになる。

そこには救急車どころか、だれひとり助けに駆け付ける人はいない。周辺の人々すべてが、この凄絶な苦しみの中で悶絶するのだ。

大地震、原発事故がついに起こった！

●一〇〇〇ガル強地震で浜岡地域壊滅

ある日、浜岡地域に凄まじい直下の激震……。最悪のときが来た。

加速度は一〇〇〇ガル強。浜岡原発三、四、五号機の限界耐震強度六〇〇ガルを遥かに上回る。四基は壊滅だろう。この耐震強度六〇〇ガルというのは格納容器と原子炉の炉心を包む圧力容器だけ。

藤田祐幸氏（前出）は警告する。

「水蒸気を送ってきた隣の発電機の入っている建物とか、コンピューター制御している制御室とか、補助用電源の建物などは、もっと耐震性は低い。炉心などは軟岩とはいえ地下深くに基礎を置いている。他は地表に建っている。すると、揺れ方がちがう。するとパイプはどうなるか？　違う耐震設計で、違う構造の上に建つ建物の壁をパイプが通過しているとき、そこで折れる可能性が非常に高い。そういう意味でも耐震設計はまったく無意味。四つある原発が四つとも助かる可能性はほとんどない」

つまり、六〇〇ガル以下の地震ですら、浜岡原発は壊滅状態に陥るリスクが極めて高い。これは、他の原発サイトでもまったく同じ。

●逃げろ！　一秒でも早く一メートルでも遠くに

パイプ系統など内部装置は無惨に破壊され、一気に原子炉は核暴走を始めた。とにかく「大地震のときは、原発事故はなんでもあり」（広瀬隆氏）という。格納容器爆発、あるいは水蒸気爆発、水素爆発、炉心溶融（メルトダウン）……などなど。すると瞬時に爆発する。

住民にとって助かる道はただひとつ。原発から一秒でも早く、一メートルでも遠くに、家族と一緒に逃げることだ。それも、風上に向かって。

大量に放出された死の灰は風に乗って襲ってくる。だから、風下へ逃げることは自殺行為だ。背中の方向に原発があって、風がやはり背中から吹いている場合は、まず垂直に横移動すること。風の道から脱出することが生き残るか、否かを分ける。

●原子炉から四キロメートル以内は、一週間以内に死亡

日本原子力産業会議がまとめた秘密報告書がある。

日本が原発を導入する前夜の一九六〇年ごろ、万が一原子炉で事故が起こった場合、どういう被害が出るかを予測計算した結果である。依頼を受けた物理学者たちは、自らその結果に青ざめたはずだ。想定されたのは、日本で最初に稼働を計画していた東海原子炉。出力一六・六万キロワットという小型原子炉だった（浜岡原発四号機が一一三万キロワット）。その炉心から、わずか五％の放射能が漏れた、という想定だった。

それで被害を計算してみると「原子炉から四キロメートルくらいまでの住人は、一週間以内に死亡します。一〇キロメートルぐらいまでに住んでいる人は一時間以内に立ち退かないといけません」（藤田氏）。

さらに、東海村の近くには人口密集地の水戸市がある。

「水戸市周辺は一年間の農業制限、農地放棄、都市部では六か月の立ち退き……こういう領域が、水戸市をずっと越えて、東京の近くまで広がっている。それによって、大損害が起こると『損害計算』している」

「ですから電力会社や国は、初めから事故があったら大量の人が死ぬ、チェルノブイリのような損害が出るということも知っていた。ただ、知らなかったのはわれわれだけ……」と藤田氏は、報告書をかざす。「この報告書は秘密報告書で、今も〝マル秘〟の判が押されていて公開されていません」

現在稼働中の百万キロワット級より、ひと桁小さい原発事故ですら、これだけの壊滅的な被害をもたらす。浜岡原発は、すでに百万キロワット級五基が稼働する。

これらが大地震の直撃を受け全滅した光景を想像すると気を失いそうになる。

●チェルノブイリの悲劇は日本の悲劇に

図5-2は、同じ縮尺でチェルノブイリ原発による放射能汚染地域と、日本地図を重ねたものだ。チェルノブイリ原発と浜岡原発を同じ位置として、日本列島なら汚染がどこまで広がるかをシミュレーションしたものだ。

これらの汚染地域には、国際的基準値を上回る「居住禁止地域」がある。それらは基準の五倍、一五倍、四〇倍……と被曝する強度によって分類されている。

「本当は五倍の全域までを避難対象としなければならないが、そうすると約三〇〇万人もの大量避難

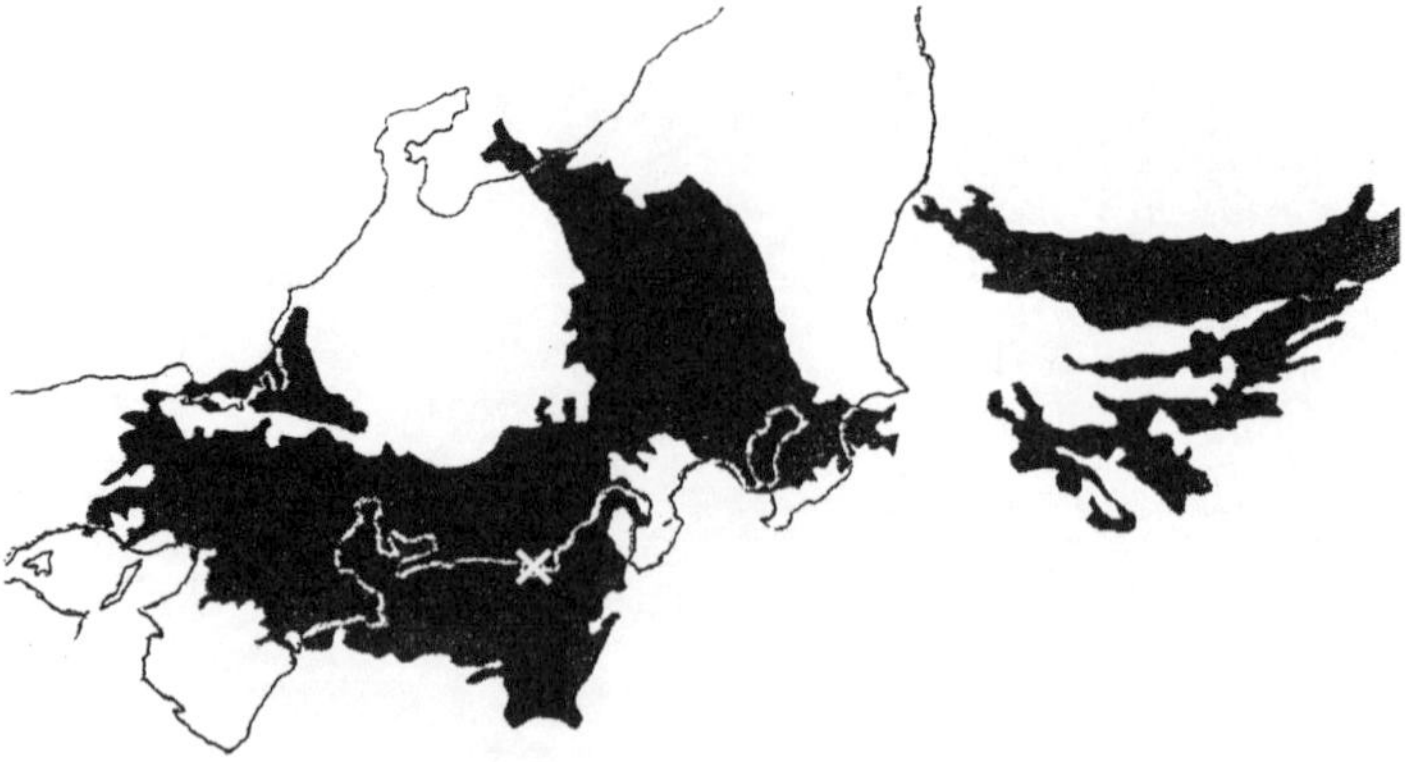

図5－2
■浜岡“原発震災”で大阪、名古屋、東京は壊滅。
同じ縮尺で示したチェルノブイリ汚染地帯と日本
（『東海大地震と浜岡原発』シンポジウム全記録より）

となる。それは現実的に不可能なので、一五～四〇倍地域だけを避難対象としています」（藤田氏）

●住民の九九％が急性死する

『原発事故……その時、あなたは！』（瀬尾健　風媒社）という名著がある。（前出）著者は京都大学の原子炉実験所の瀬尾健氏。彼はガンで亡くなったが、まさに〝遺言〟として、日本国民に原発事故がいかに悲惨なものかを、専門のシミュレーション理論に基づいて、科学的に立証したものだ。

瀬尾氏は、浜岡で三号機一〇〇万キロワットが事故を起こした場合を想定して、被害をシミュレーションしている。その結果、御前崎市周辺の住民は、九九％が急性死する。ほとんど、だれ一人として生き残れない。焼津あたりも急性死の領域に入る。

「これはチェルノブイリ事故の結果に合わせると、非常に高い妥当性を持っている評価。しかも、これは急性死の問題であって、被曝によって三年後～五年後に発生する白血病、甲状腺ガン、そのほかのガンが発生する確率は、もっと広範囲に広がります」（藤田氏）

〝原発震災〟の絶望……そこに放射能が

この発言に「東海地震と浜岡原発」シンポジウム会場は、暗澹とした空気に包まれる。そこに藤田氏は、追い討ちをかける。

「……避難のとき、前提として地震災害があるということ。新幹線はぶっ飛んでいます。高速道路もぶっ飛んでいます。町は大火災に包まれているかもしれません。沿岸は津波にやられているかもしれません。……そこに放射能が広がります」

これは、考え得る最悪の絶望的な状況だ。それが日本列島どこででも、明日どころか、いまこの瞬間に起こってもおかしくない。

このような地獄の瀬戸際状態を放置して、原発を稼働させつづける為政者の脳の構造はどうなっているのか？

地震と原子炉災害を二つに分ける愚策

〝原発震災〟のとき、われわれに与えられた選択は、ただ二つ。

座して、死を待つか。一秒でも生き延びる道を選ぶか。

むろん後者に活路を見出すしかない。浜岡原発の例を引いて、一縷《る》のサバイバルの道を探ってみる。

避難計画などの防災計画は静岡県が担っている。その致命的欠陥は、地震対策と原子炉災害対策を、完全に二つに分けていること。そして「両者を絶対関係づけない」ようにしていることだ。お役所の縦割り行政と笑っている場合ではない。大地震が原発事故を起こし、〝原発震災〟になる、という発想がまるでないのだ。バカとしか言いようがない。

それ以前に、地震の被害予測がお粗末。九三年に、静岡県が出した「東海地震の被害予測」には原発も新幹線も東名高速も入っていなかった。もっとも県の存亡に関わるような施設の被害予測をしない〝予測〟とは、いったい何だろう。その理由を聞いてのけぞるしかない。「被害を評価する方法がない」から、という。この論法でいえば「役人は、一切の仕事をしなくてよい」ことになる。「評価方法」がなければ「自ら確立」するべき話ではないか。民間企業だったらそうしている。

（以上『東海大地震と浜岡原発』シンポジウム　浜岡原発を考える静岡ネットワーク編　をもとに記述）

家族は逃げ切れるか

●ピントはずれ！　原子炉災害「避難計画」

小村浩夫氏（前出）は、『東海地震と浜岡原発』シンポジウムで旧浜岡町の「原子炉災害」の「避難計画」について、批判する。

「地震と関連させていないため、非常におかしなことばかり起こる。たとえば、図5-3の『①情報確認』の絵にあるような、非常に簡単な情報確認でも、神戸地震でわれわれが経験したように、電話なんて全然つながりません」

なるほど、浜岡町の「避難計画」イラストは、まず「電話で町役場などに確認するよう」指導している。しかし、もっとも原子炉災害を引き起こすリスクが高いのが地震なのだ。つまり地震とリンクさせて想定しない原子炉災害「避難計画」は、最初からナンセンスだ。

さらに、このイラスト説明には「有線放送、町行政無線、広報車などによる情報・指示を信用して、流言飛語に惑わされないようにしてください」とある。

しかし、二〇〇四年、中越地震を思い起こしてほしい。有線どころか電話線までズタズタに切断され、各市町村が情報でも孤立状態に置かれたことは記憶に新しい。M八クラスの地震なら、道路も断裂。いったい町役場の広報車などが走れるはずもない。むろん、携帯電話ですら通信回線パンクで通話不能となる。いざというときまったく役に立たないのだ。

■まるでハイキング！　浜岡原発の“退避指導”。

図5－3　「浜岡町避難計画」のイラスト。

図5－4　市民グループが作成したイラスト。

●「屋内待機」「お散歩モード」の滑稽さ

さらに、浜岡町は原子炉災害の発生時に「②屋内待機」を指導している図には「屋内に待機して、町役場からの指示を待ってください」とある。

これにも小村氏は異を唱える。

「地震のあとに原子炉災害が起こって、われわれに退避できる屋内があるでしょうか？」

これも中越地震の被災例で歴然。

「たとえ家がつぶれていなくても、多分、余震におびえて屋内にはいられないでしょう。それに、こんな平静な表情をしていられないと思います」

それもそうだ。イラストのご主人はゆったりソファーでタバコをくゆらせている。原子炉災害の一報を聞いて、これほど悠然としている一家など現実にはありえない。

「④退避行動」のイラストについても小村氏はおかしいと指摘する。

「『退避指示があったとき、身軽な服装で……』と書いていますが、ハイキングに行くような服装では、とてもダメだろう」

なるほど、これでは、子どもといっしょにお散歩だ。町の指導は「町役場から退避の指示があった場合、火の元・戸締まりをしっかりして、身軽な服装で、決められた集合場所（公民館など）に集まってください」とある。

●必要なのは雨ガッパ、ゴーグル、マスク、ゴム長

小村氏は「市民グループが出している絵と比較してください」と、図5‐4を示す。なるほど同じ子どもの手を引いても、その緊迫感は、まるでちがう。こちらは、雨ガッパにゴーグルをガムテープで止め、マスクをかけ、ゴム長靴、ゴム手袋といういでたち。

長靴、手袋の境目もガムテープで目張りをしている。夏場など耐えきれない暑さだと思うが、強烈な放射性物資に肌をさらさないことは、原子炉災害の避難時の鉄則。この装備の有無が生死をわける。

どちらが正しい服装かは、言うまでもない。市民グループのやりかたでも、完全に放射能被曝を避けることは不可能だ。しかし、のんびりお散歩姿の親子は、果たして公民館にたどりつけるのか。

「要するに被曝を避けるためには、なるべく重装備にしたほうがいい、というのが、市民の考え方です」（小村氏）

●事故を知ったら、まず逃げるが勝ち

町が指導する「集団退避」もおかしい。「避難所へは、町役場が用意した車で行きます。退避誘導者の指示にしたがってください」とある。

「集団退避の問題です。日本ではバスで避難することになっているので、勝手に避難してはいけない。しかし、今の（原子炉災害の）防災圏内は、八〜一〇キロメートルです。だから、自分の車で逃げることに成功しなければ、その中に閉じ込められるおそれがあります」（小村氏）

彼は「個人的には、とにかく情報をつかまえたら逃げるが勝ち」と断言する。国や電力会社や自治

体は、住人を騙《だま》し、裏切ることを、散々学習してきたはずだ。

小村氏の被害予測と、避難方法アドバイスは貴重だ。小村氏が実際に浜岡原発の周辺道路を車で走り回って、得た結論は次のとおり。

「小笠町（現菊川市）からは、地盤が悪く、液状化や延焼、崖崩れなどで、おそらく道路は使えない。国道一五〇号線も、津波と液状化でおそらく使えない。御前崎の人が（閉じ込められて）いちばん厳しい状況になる」

小村氏は続ける。

「個人個人にとっては、いちばん早く逃げることが大事なことですけれど、必然的に交通渋滞を招きます。全体にとっては、どういうことになるか、ちょっと想像もつきません」

●津波、崖崩れ、渋滞……の絶望

小村氏メモでは風は北東に向かって吹く状況を想定している。しかし、当日、どちら向きの風が吹くかは、神のみぞ知る。東側の国道一五〇号線は津波を被り、退路を断たれる。西に逃げる道路には橋がいくつもあるが、これは激震で破壊されている可能性が高い。また海岸沿いは津波に洗われているだろう。さらに地震で道路が断裂、隆起などしていたら、車での避難は絶望的。万が一、道路が無事だったとしても、アッという間に殺到する車で渋滞してしまうはずだ。

かつて観たハリウッド映画『ディープ・インパクト』を想い出す。小惑星の衝突で発生した大津波から逃れるために、高地に向かう車がひしめきあい、絶望的渋滞を引き起こす。むなしいクラクションの喧騒。そこを大津波が次々と車を呑みこんでいく。

なんともやりきれない絶望的光景だが、それが、一朝ことがあったときの浜岡周辺の光景とだぶってくるのだ。

●まるで緊張感のない「避難訓練」

一九九七年二月四日に実施された浜岡町の原子力災害訓練について、小村氏は指摘する。

「もちろん地震と関連づけていない。それにしてもメチャクチャ緊張感のない訓練です。周辺五町の人たちがバスに乗って浜岡町へ避難してくるんですが、みんな普段着で、図5-4のような放射能に対する重装備をしていない。県会議員が視察に来られていたのですが、みんな背広にネクタイで、バッジをつけている。まったく緊張感がないのはすごいもので、役場の係員に質問をしても、答なんか返ってこない。『私は駐車場の整理係ですから』と言うだけで『わからない』という答しか返って来ない」

これで町が作ったパンフレットに「退避誘導員の指示に従ってください」と書いてある。マンガというしかなかろう。

その集合場所に、浜岡病院から(放射能解毒のための)ヨウ素剤が運ばれて来た。小村氏は呆れる。

「参加者は何も興味を示さず、何にも見ない。ガイガーカウンターとか、いろんなものを並べてあるのに、そこを素通りして、原研(原子力研究所)の偉い人の〝原発のお話〟を聞きにいく。それは、聞かないといけなかったらしい」

外には御殿場の自衛隊の車が一台。何をやってるのか見てみると「車の後ろの所でお湯を沸かしている。それだけですよ、やっていることは。遊んでるのではないでしょうが、本気じゃない。迷彩服を着て缶詰を温めているというのも変な感じです」。

なんとも間が抜けた図だ。しかし、自衛隊が正面に出て、原発から八〜一〇キロメートル地帯で道路の検問や封鎖などをやられてはかなわない。

●市民の自主訓練は、はるかに現実的

これに対して石川県で一九九六年二月に行われた、市民による自主訓練は前向きというべき。二四家族、四一五名が参加した。近くには〝原発銀座〟と呼ばれるほどの原発密集地がある。そこから、どう避難するかがポイント。

この訓練は、降雪時に原発事故が起こったという想定だ。全国どこの原子炉防災訓練の目安も「一〇キロメートル圏外に出る」ということ。しかし石川県の羽咋《はくい》市は、一〇キロ圏より少し出ている。そこでは自主的に、防災計画の範囲を三〇キロメートルと拡大している。

そして、原発銀座から南は金沢へ。北側は輪島へ、自分の車で逃げることを勧めている。またバスを一台雇って、それに参加者の一部を乗せて避難する。さらに放射能モニタリング・ステーションをすべてチェックして歩く。自分が持っている放射線の測定器をすべて動かして、大気中放射能をチェック。さらに通報体制も確認する。

主催者側は「帽子をかぶれ。ヤッケを着ろ。マスクをして、手ぬぐい、着替えの上下などの用意」

を徹底させ、参加者は皆、それを守ったという。こちらの訓練のほうが、はるかに現実的だ。

●「助からない、一蓮托生《いちれんたくしょう》」と推進派

しかし、これらの原子炉災害への避難訓練を、冷ややかに見る向きもある。

「それより原発を止めるのが先だ」「どうせ、事故が起こったら助からない」などなど。原発が止まれば、確かに事故は起こらない。しかし現実は、今も原発は稼働しており、次善の策として原発事故に備えて、緊急避難という選択肢を、頭と体に覚えさせることは大切だろう。

「大事故が起こったら、どっちみち助からない、と開き直った言い方をする人がいる。実は現地でも出る話で、だれかというと推進派です。（住民の意見に）反対するのもしんどい。『事故は起こらない』と言い切ってしまう勇気もない。だから大事故が起こったらどのみち助からない、一蓮托生だ、と逃げちゃう。そういう議論は、現地の人の気持ちを考えれば、絶対にできる議論じゃないと思います」（小村氏）

どうも昨今は、日本人全体がこの虚無感に陥っているようだ。ことは原発だけの問題ではない。真っ向から憲法を踏みにじるイラク自衛隊派兵、政治腐敗、金融腐食、じわじわ進む言論統制……。

これらに対して怒るでなし、行動を起こすでなし。とにかく、日本人の口から出てくる言葉は「しかたがない」だ。あきらめ、諦念、無常観。悪く言えば、羊の群れだ。それも見えざる刑場にトボトボと引かれているのだからたちが悪い。羊であろうと、綱を食いちぎって立ち上がるくらいのことをやってみろ、と言いたい。

●「私は、死にたくない」住民の叫び

「放射能で汚染されるので、ボランティアは来ない。神戸の震災とはちがう。ヨウ素剤は各戸に配布されるなど、きめ細かいことも要求する。細かく詰めた避難訓練、防災計画の手直しは、現実に原発が動いていれば絶対にやらなければならない。それが結果として原発に対するいろいろな人の疑問に結び付いてゆき、いつか原発を止めることができれば一番いい」(小村氏)

最後に、『東海地震と浜岡原発』シンポジウムに参加した一人の住民の声を紹介しよう。

仮にAさんとしておく。Aさんは発電所との境界から四~五〇〇メートルほどのところに住んでいる。周辺には六~七軒の民家が点在する。「田舎の自然が非常に美しいところです」とAさんは、一つの詩を暗唱する。

「君知るや南の国、レモン花咲き、オレンジは実る。空は青く。そよ風は甘く、桂はそびえ、ミルテはそよぐ、鳥は歌い……。まさに、このような風景と自然のところです。これはゲーテの詩です。(原発から)放射能が、たとえば一%でも三%でも漏れたらどういうことになるのか。周辺の浜岡町だけでなくて、美しい自然というのは、どんなことになるのか。これが放射能で汚染されるということは悲しいことです」

さらに、詩を愛するこの方は訴える。

「正直な気持ちは、私はとにかく死にたくない。今、(漏出する放射能が)五〇%で一週間以内の急性死というお話でしたが、三%、一%でどの程度なのか。それを考えるとゾッとします。とにかく、

私は死にたくありません。だけど、どうしたらいいのかも、わかりません。わからないことだらけです……」

Aさんの思いは、日本人全体の思いと同じだ。一つの原子炉が事故を起こせば、時間の差はあれ、ほぼ確実に一〇〇〇万人は〝殺される〟。原発から近い遠いの問題をはるかに超えている。はやく言えば、日本列島全体が〝浜岡〟なのだ。

二〇〇～八〇〇〇万人が〝殺される〟

●死者は二〇〇万人をはるかに超える

「検証・巨大地震――〝原発〟は安全か」

二〇〇五年一月一〇日、スマトラ沖巨大地震の衝撃を受け「報道ステーション」（テレビ朝日）が特番を組んだ。「もっとも心配されるのが東海地震の想定震源域にある浜岡原発……」。画面には空中撮影された五つの原子炉。「世界で一番大変な所にある……」と前出の神戸大学都市安全調査センター石橋克彦氏は憂いを吐きだす。中部電力は「東海地震の想定規模をクリア、M八・五に耐える設計をしている」と言う。しかし石橋氏は反論する。「東海地震が実際起こったときに、浜岡付近の揺れの強さが、必ずいつでも、それ（想定強度）を下回るという保証は何もない」。当然である。

さらに「地震で怖いのは原子力発電所の内部トラブルによる事故とちがって、外から激しい力が加わる。いろんな複雑な設備、配管、機器にあちこちに、同時に損傷が起こる」。つまり、同時多発トラブル。日本の原発は、それをまったく想定していない。

地震により原子炉が破壊された場合、被害はどうなるのか？

京大原子炉実験所の小出裕章氏が、アメリカ政府機関（原子力規制委員会）が想定した事故シナリオを元にシミュレーションしている。それは二つの原子炉破壊を想定。

「風向きが東京の方に向かっている場合には、ガンなどで死者数は二〇〇万人をはるかに超える」

（小出氏）

驚愕結果である。これも原発推進国アメリカのシナリオに依っているから〝この程度〟であろう。『原発事故……そのときあなたは！』（前出）の著者、故・瀬尾健氏のシミュレーションは死者数八〇〇万人としており、こちらの数値の方が現実性がある。

京大原子炉実験所の試算は一三〇〇万人だ。

●「ヒビがあっても一〇〇％安全」

浜岡原発は、テレビ朝日の取材申し入れに対し、原発内部の撮影を厳しく制限した。テロ対策が口実だが、内部の安全管理のずさんさが露見するのを恐れてのことと、すぐにわかる。

四号機内部。唯一撮影許可された場所は余熱除去ポンプ周囲のみ。パイプに後付けされたサポート（支持枠）。スクラム用地震計。これは「一五〇ガル（震度五）加速度を感知すると原子炉を緊急停止させる」という説明。「普段でも水漏れ、ヒビなど報告されているが、大地震で大丈夫か？」との問いに「ヒビ割れがあっても健全性をちゃんと評価し、地震にも耐えられることを確認し、運転を継続するなり、取り換えなどの修理をして……」との回答には唖然とする。

三菱ふそうトラックのスキャンダルを想起せよ。部品のヒビ割れなどを点検で見過ごしたことを、会社側は重大責任として追及されたのだ。自動車やトラックですら部品のヒビ割れは致命的欠陥として指弾される。なのに、いったん事故を起こせば二〇〇万人以上が〝殺される〟原発で、「部品のヒビは問題なし」という。ヒビ割れがあれば健全性どころではあるまい。なのに「想定東海地震につい

■激震、液状化、そして巨大津波が襲いかかる。
海岸すれすれに立つ浜岡原子力発電所。目の前は砂浜である。
（出典：国土交通省）

ての不安はとくにありません。一〇〇%安全だと考えております」とヘルメット姿の広報社員は胸を張る。〝一〇〇%〟の安全性など絶対ありえないのに。虚勢にこわばった顔が空しい。

●原発事故とコンビナート爆発は違う

以下、原発震災を心配する「報道ステーション」と原子力安全保安院とのやりとり。

保安院（安全審査課）　それは極端な推計をすれば、なんとでも数値は作れます。コンビナートが爆発すれば……とかね。

――コンビナート爆発で何百万人は死なない！　原子炉は放射性廃棄物が猛烈に拡散するでしょう。

保安院　……だから、それをいかに閉じ込めるかが原子炉設計なわけで……。それを素っ裸にして計算すると、大変なことになるのは当然です。いろんな装置を付け、何重にも防護を巡らせている。それらを全部とっぱらって、極端な数値をドンとやられるのは納得がいかない。

話がまるで噛み合っていない。何重防護も事故で破壊されて放射性廃棄物が飛散する危険性を指摘しているのだ。保安院は「多重防護をとっぱらった議論は納得いかない」とはこの事故が念頭になくまったくピントがずれている。

●初めての体験。何が起こるか予測不能

浜岡原発は海岸のまさに波打ち際に建っている。「一〇メートル以上の砂丘が防波堤の役割を果たし被害はない」という。しかし、映像を見れば低い砂丘の幅が〝一〇メートル以上〟にすぎないことがわかる。すぐ海岸内側に原子炉施設が映っており、まさに波に洗われんばかり。ゾッとする。インド洋津波を見よ。波高五～五〇メートルもの巨大津波が内陸一〇キロメートルまで押し寄せ破壊し尽くしている。奥尻島津波は最高三〇・六メートルだ。三陸津波は三八メートル超。

波打ち際の砂浜沿いに建つ原発が、これら怒濤の破壊エネルギーに耐えられるわけがない。一〇メートル足らずの砂丘が防波堤代わりになるとは、呆れ果てた妄言ではないか。

高度経済成長は、歴史的に見ると皮肉なことに、ほとんど地震がなかった空白域に重なっている。林立する原発や超高層ビル、さらに巨大橋脚などなど……。これら近代化された都市を巨大地震が襲ったことはない。

「いったいどういう影響を建物などに及ぼすか、明確な予測は不可能。こんど来る地震が私たちにとって初めての体験になる」

『報道ステーション』のコメントに日本国民は暗然とするほかない。

「最悪二〇〇〇万人が死ぬ！」——ペンタゴン予測の衝撃

●浜岡五基、連続爆発もありうる

万が一、地震が浜岡原発を直撃し、原子炉が爆発したとき、国内での犠牲者は何百万人に達するのだろう？

原子炉に関しては屈指のエキスパート小出裕章氏が、テレビ朝日「報道ステーション」の取材に「死者、二〇〇〇万人超」と答えていたことについて質問した。

小出氏から、「船瀬さん！　よく存じてますよ」と快活明朗なお声が返ってきた。

小出　シミュレーションは色々あります。一号機が事故を起こす、あるいは三号機、あるいは三、四、五号機、または全部がやられたとき、仮定によって全部変わる。かんたんには言えない。どの発電所が、どういう形の事故を起こし、気象条件はどうか、と仮定に仮定を積み重ねて、最後に出てくる数値です。それは、どんなものでも出せる、ということです。

——瀬尾健さんの『原発事故……その時あなたは！』の死者八〇〇万人に暗澹としました、これはマキシマム（最大限）想定ですか？

小出　いや、全然マキシマムではない。瀬尾さんは浜岡三号機が事故を起こしたと想定している。けれど、今は五号機まである。合計、約四七〇万キロワット。もし最悪を考えるなら、東海地震は

Ｍ八・五になると言われてます。だから（五基とも連続爆発する？）まあ、どれも「助からない」と思ったほうがいい。そうなれば被害規模は何倍かになります。

●死者は八〇〇万人の何倍にも‼

——瀬尾さん想定の死者は八〇〇万人を超える……‼

小出　はい。もちろん。それは事故をどう仮定するかだけのことです。

——マキシマム被害を想定したら大変なことになる？（二〇〇〇～四〇〇〇万人もありうる⁉）

小出　もっと大きくなるわけですね。「報道ステーション」での被害予測はワン・オブ・ゼムです。単なる一つの計算です。仮定の仕方によってはいくらでも変わる。もっとひどい場合もあるだろうし、もう少し助かる場合もある。

——地震予知のことを相当調べてみると、プレートテクノス理論は相当古い古典理論で、今は電磁気、電磁波の異常をＦＭ電波や地磁気などを使って感知し、民間でアマチュアの方々が、結構、地震予知をやられています。太陽黒点とかいろんなファクターを相当取り入れて、予知を綿密に絞り込んでいます。

小出　そうですね。

●巨大〝原発震災〟で米軍が再占領？

——ペンタゴン（米国防総省）が東海、東南海、南海と三つの地震が同時に起こったときのシミュレーションをしているそうです。最大死者を、なんと二〇〇〇万人とカウントしている。それは明らかに巨大地震による原発事故を想定しているのでしょう。

小出　そんな気がしますね、数字をみると。

——その後、彼らのシミュレーションには唖然とします。アメリカは太平洋艦隊が〝救助〟と称して日本に上陸する。

小出　余計なお世話ですね。（苦笑）

——そして、日本は統治能力を喪失しているから国家としての体をなさない。けっきょく委任統治を行う。つまりアメリカに再占領されるわけです。そして、プエルトリコみたいに委任統治国で、細々と放射能汚染された国土で生きていくことになるわけです。

小出　それは、ペンタゴンの公式報告ですか？

——彼らも公式には言うわけがない。内部情報を知っている某外交評論家が公にしたのです。「現地に行ったらそういうシミュレーションがあった」と。もういやになります（たんなる〝憶測〟で終わってほしい）。

浜岡原発は一〇〇〇～二五〇〇ガル地震の直撃に耐えられるか？

●見え透いたウソでごまかす浜岡原発広報

津波ならぬ私自身が浜岡原発を〝直撃〟取材した。

まず、中越地震では二五一五ガルを記録したのに浜岡一、二号機の耐震限度は四五〇ガル、三、四、五号機は六〇〇ガルにすぎない。はたして四～五倍もの激烈な地震に耐えられるのか？　近年起こった鳥取地震、十勝沖地震などなど、すべて一〇〇〇ガルを突破している（第三章参照）。浜岡の耐震限度をはるかにオーバー。このような激震に浜岡原発は耐えられないはずだ。二〇〇五年一月六日、応対したのは広報部の岡本氏。

「それは地表の加速度で、原発の建物は地下二〇メートルほどの岩盤に直接建っており岩盤の加速度は異なるので安全です」

これは初耳だ。

「では、地表が二五一五ガルでも、地下二〇メートルの岩盤は四五〇ガル以下であることを立証する具体的データはあるのか？」と質問すると、相手は絶句。

「イエ、ございません……」

「岩盤では六〇〇ガルに耐える設計だとして、その四倍強の二五〇〇ガルに耐えるのか？」

「イエ…それは」

「岩盤は何ガルか記録はあるのか?」これにも沈黙。

相手が素人だとなめたのか。あまりにデタラメな説明ではないか。

「根拠もなく、いいかげんなことを言うのではない!」と叱責すると「そうですね。いけませんね」には力が抜けた。

●M六・五しか想定していない耐震設計

そもそも原発の耐震設計なども実にいい加減。

一九七八年に、国が定めた原発の耐震安全審査基準は、なんとM六・五。だれでも、「たったその程度か!」と驚くだろう。現在でも〝想定〟はそのままだ。浜岡原発一、二号機は、その七〇年代に建設された。そのような原発はゴロゴロある。それが九五年阪神淡路大震災でM七・五が記録され原発関係者は顔面蒼白となった。二〇〇〇年、鳥取西部地震もM七・二。近年、続発する地震は、M七、八クラスが当たり前。M六・五などとのどかな揺れを想定した浜岡原発が、巨大地震の直撃に耐えられるはずもない。

広報は言う。「(浜岡原発は)この地方で起こりうる最大規模の地震を想定していますから」

これにも反論した。「そんなことだれにもわからない。中越地震の後、地震専門家は『こういう地震はどこにでも起こりうる』と言っていますよ」と追及すると相手はシドロモドロとなる。

そもそも浜岡地域で起こりうる最大規模の地震とは何か?

●〝想定外〟のことが起こるのが天変地異

つまり、「約一〇〇年前の東海地震『安政地震』でのマグニチュードが八・四（六〇〇ガル）だったので、これを踏まえた上で、余裕を持った〝想定〟をしている」という。しかし、これほど手前勝手な論法もない。

さらに問い詰める。

「今回のスマトラ沖や中越地震ですら、過去の記録をはるかに超える凄まじい巨大地震が起こっている。『過去に起こった地震を超えるものはない』とは、だれが決めるのか？　地震予知とは、あくまで予知で、想定を超える場所で、想定を超える規模で起こるでしょう。想定以外のことが起こるのか天変地異だ。中越地震だって、あそこは地盤が安定で安心だと言われていた」

「ええ……ですから、アノソノ……」と相手は完全にパニック状態。

「そこは震源予想地でしょう。その真上に建っている。中越みたいに二五〇〇ガルが来たら耐えられるのか？　だれが責任を持つのか？」これにまともな回答はなし。

●もろい地盤、ギロチン破断、減肉劣化

さらに「〝岩盤〟というが、粘土に近いもろい軟岩だろう？」と問いつめると、「そんなことはない」とむきになって反論する。しかし、地質学者は、原発が建っているのは岩盤モドキだと告発している（第三章参照）。

「原子炉とコントロール設備などの建屋は、同じ〝耐震構造〟ではないはず」の質問には「そのとお

りです」。

耐震限度の異なる建物が縦横に無数のパイプでつながっている。直下型が来たら〝ギロチン〟破断でズタズタになりはしないか？

相手は「それに耐えうる設計で」と繰り返すのみ。なら美浜原発は配管が肉厚一〇ミリが〇・六ミリまで減っている。なんと厚さが約二〇分の一！　それも三〇年間ノーチェック。

「だから設計どおり作っても劣化して、強度は二〇分の一になっている。設計当時の強度計算なんて通用しない！」と私。

「それにつきましては、国の方から言われチェックしました」と広報。

「全部の配管何万メートル、溶接だけで数千か所と言われる。全部チェックしたのか？」

「イエ……」

これだけ夥しい数の錯綜するパイプ群をすべて完全点検するなど、まず物理的に不可能だろう。

●〝炉心冷却装置〟も爆発破断の衝撃

浜岡原発は二〇〇一年一一月七日、緊急炉心冷却装置（ＥＣＣＳ）のパイプ破断事故を起こしている。これは水素爆発によるもので、配管構造に設計上ミスがあったと中部電力は認めている。

「原子炉の〝最後の砦〟といわれるＥＣＣＳの高圧配管が起動試験中に破断した。内径一五センチ。厚さ一・一センチの炭素鋼が壊れたラッパのように大きくまくれ上がって破壊され、放射能を含む水蒸気が漏れて、一時は通常の八倍の放射能が施設内で計測された。
ECCS配管が破壊的に破断したという事故は今まで聞いたことがない。世界的にも例のないケース」(『週刊新潮』二〇〇一年一一月二三日)

「安全だ、安全だ」と言っていて、何でこういうことが起こるのか？ その原因は、配管内で水素爆発が起こったからである。これは地震で起こったのではない。静かなときにボーンと勝手に爆発、破断した。配管の垂直部分が水素、酸素の溜りやすい構造になっていたから、という。完全な設計ミス。まさに、原発そのものがいまだ実験段階なのだ。「安全に配慮して設計」という中部電力の釈明はこの一事で吹っ飛ぶ。一事が万事。

この大事故発生の三日後、今度は圧力容器の直下で放射能を含む冷却水漏れが発覚。事故、故障、トラブルの絶え間がない。あまりのずさんさに、追及する方も背筋が寒くなってくる。

「浜岡原発が爆発したら約八〇〇万人の死者が出る」と追及すると広報は、「原子炉は爆発しない設計になっております」と言う。

水蒸気爆発、水素爆発、メルトダウン、「何が起きても不思議はない」。二重三重という安全装置も、地震が来たら多重故障で配管などはズタズタになり、緊急炉心冷却装置(ECCS)ですら動かない。二〇〇一年、静かなときにECCS配管が勝手に破断している。地震のときはどうなる？

ただし、二〇〇六年九月一九日、頻発する大地震に国も「耐震基準」見直しに重い腰を上げた。原子力安全委員会は、これまでの一律「直下地震、M六・五」の「指針」(『発電用原子炉施設に関する耐震設計審査指針』）を改定。内容は「各々原子炉の立地にあわせて耐震設計を行う」と極めて抽象的。「Ｍ（マグニチュード）だけでなく、ガル（加速度）、カイン（速度）などの具体的な『数値規制』は一切設けない」（経産省、原子力安全審査課）という。

「数値基準」のない「耐震基準」などありうるのか！　恐らく近年、Ｍ六・五や一〇〇〇ガルを超える大地震が頻発。「数値設定したら、建てる場所がなくなる！」が、国の本音なのだ。

さらに呆れるのは、この〝新基準〟は、既に建設済みの原発には適用されない。つまり、現在稼働している五五基の原発の耐震基準は、いまだＭ六・五のままなのだ。

新指針ではマグニチュードの数値標記がなくなったが、今後新設される原発は、さらにいい加減な「耐震設計」が行われる恐れがある。

政府は二〇〇六年三月二四日の金沢地裁による志賀原発運転停止の判決を受け、同年四月二八日にようやく「原発耐震基準」の改定案を発表することになる。（三三〇頁参照）

静かな田園の先に広がる絶望の光景

●陽光の初夏、浜岡原発に向かう

二〇〇五年六月五日、昼下がり。新幹線掛川駅にて下車。駅前は閑散として人気はない。殺風景な駅周辺を歩く。暮色。人工的な駅前広場の暗い樹影に無数の鳥の群れ飛来。囀《さえずり》。そして、静寂……。

駅前のビジネスホテルに投宿。翌朝、バス案内所で原発への道順を問う。さすが取材とはいいかね「原発資料館を見学したいので」と言えば、人の良さそうな中年女性が「三番線からバスが出てますよ」と指差す。「バスで一時間」に驚く。さらにタクシーを乗り継ぐという。これは、相当遠いと覚悟する。

ちょうどバス到着。乗り込むと女性は、わざわざ運転手さんに「浜岡営業所までのお客さんがいますから」と告げてくれた。本当に静岡の人は親切だ。

快晴――。窓外は新緑が輝き、まぶしい。停留所で背を曲げたお年寄りが杖を頼りに乗り込んでくる。静かな日常の暮らし。郊外の田園風景に、初夏の柔らかい陽が落ちている。きれいに刈り込んだ茶畑が窓外を走り去る。

この地が放射能汚染にみまわれたら……。

それは一瞬の白日夢。この車内の老人たちの物静かな日々は、地獄図に……。頭を振って妄想を振り払う。低い丘陵の霞む黄緑が目にやさしい。

●「爆発すりゃあ原爆と同じじゃ」

道路はきれいに舗装され沿道の並木も整備されている。広大な東京女子医大キャンパス。どこまでも遠く美しい田園が広がる。民家の甍《いらか》が陽光に光る。沿道には真新しい新築の家が多く、中には豪勢な数寄屋造りも。

窓下に赤い帽子の行列。小学校一～二年生の校外学習か。赤い体操帽に白いシャツ二〇〇人ほど連なる。さんざめきは聞こえぬが、もし原発事故が起こったら、この子らは……と思うと胸が塞《ふさ》がる。

一時間余りで浜岡バス営業所着。タクシーを呼んでもらう。

「あの遠くの煙突が原発ですよ」と年配運転手さん。

質問する。

「耐震補強してるようだけど、地元の人は心配してないの？」

沿道にはカインズ・ホーム、担々麵……などの看板。

「それなりのこと、してくれているので心配してません」と淡々。「原発止めたら日本中の電気の三分の一が止まるでしょ」と続ける（これは間違い。原発止めても停電にはならない）。地元の人々の一般的な考えなのだろう。

「原爆と同じように考えて反対しとる人もいるけど。まあ、原発も爆発すりゃあ原爆と同じじゃろうがね」

穏やかな物言いには、静かな諦念すら感じられる。

「原発施設？　通行証のない一般の人は入れません」

なるほど、目前に近付いてきた浜岡原発正門の駐屯所には守衛が立つ。あきらめて隣接の「浜岡原子力館」へ。

●カネをかけまくった原発ＰＲ館

でかい！　「浜岡原子力館」は、まさに見上げるほど豪華な施設だ。仰天とはこのこと。階段、屋根付き広場。手前には郷土館。長いアプローチを経てようやく本館へ。フロアの一隅では絵画展。「御前崎市文化協会」と看板。大画面ビデオが原発ＰＲを繰り返す。五、六人の老人。二、三名の幼子《おさなご》。暇つぶしといった態でくつろぐ。閑寂。カウンターにはユニフォーム姿の二名の女性。とにかく「順路」に沿って回ってみる。人気はない。

「石油がなくなるまであと四〇年……」頭上より男性ナレーションが響く。「私たちは、次のエネルギーについて真剣に考えるときではないでしょうか……このまま化石燃料に依存し続ければ……」。

頭上画面には「天然ガス七〇年」「石炭一九〇年」とオーバーラップ。そして「ＴＨＩＮＫ　ＥＮＥＲＧＹ」の文字。つまり化石燃料だけではもたない。だから原発へ――という理屈。不思議なことに、ここでは風力、太陽光、波力発電など持続可能なエネルギーには一言一句も触れていない。順路を巡る。突然、実物大の原子炉模型が出現。見上げて唖然。とにかく、カネをかけまくっている。

原子炉耐圧容器のコンクリート壁がどれだけの厚さか。制御パネル。従業員の防御服。何種類もの放射能アラーム。作業員の放射能を落とすエアクリーナーなどなど。原発がいかに〝安全か〟を必死で訴えていることが、よくわかる。

しかし、様々な〝安全装置〟がズラリ並ぶほど、それだけアブナイんだな、と逆に不安になる。

●「青い海と緑の茶畑……」郷土館と絶望

呆れたことにPR館内には豪華映画館まであった。ジャンボ・スクリーン。入場無料。「伝説のバイキング」他、二本立て上映中。豪華な椅子がズラリ。しかし、観客は二、三人……あるいはゼロといった惨状。バスは一時間に一本で新静岡駅まで一時間半。極めて辺鄙《へんぴ》な立地。来訪者がほとんどいないのも当然だ。これほどのカネの無駄使いはない。

帰路、郷土館に立ち寄る。原発建設コストで建てられた内部には「青い海と緑の茶畑に／さんさんとふりそそぐ太陽。／人と自然が、新しさと歴史が／さわやかにとけあう」とある。そこには茶摘み風景。館内には伝統工芸布などが展示され、父祖の歴史が刻まれている。

なんという皮肉。私は、息を呑んで佇むしかない。今日明日に激震が襲ってもおかしくない東海巨大地震。その一撃で、チェルノブイリ同様、おそらく浜岡原発も壊滅的打撃を被るだろう。原子炉溶融、水素爆発……なにが起きても不思議はない。そのとき「青い海と緑の茶畑」は、この世の地獄と化すだろう。

間近な首都圏も例外ではあるまい。私はまたもや目眩《めまい》を覚えて、頭を振り、想念を振り払う。

●劣る耐震性能、減肉パイプなど一切触れず

原発本体とみまがうほどの巨大PR施設がなぜ必要なのか。浜岡原子力館では、同原発の耐震限度が中越地震の四分の一以下の脆弱さであることは一言も言及していない。パイプ溶接か所の〝ギロチン〟破断の恐れにも触れず。各パイプの〝減肉〟劣化の現実も無視。先述のように、元設計者が耐震性能で重要データを三か所も捏造したことを内部告発した事実にも、いっさい触れず。すべて隠蔽し闇に葬る。

いったい、これだけの巨費をかけて、何をPRしているのか?

ただし、思わぬところからホンネが漏れた。屋外展示されていたトンネル掘削器械の製品説明図に注目。原発地盤を図示している。そこには、砂丘の下は「泥岩」とある。

泥岩とは「泥が固結してできた堆積岩。粒の大きさにより、さらにシルト岩と粘土岩に細分・鉱物片のほかに、粘土鉱物を多量に含む」(『百科辞典マイペディア』)

つまり泥が堆積したものだけに、もろい。前出(第三章)の内部告発は、その点を衝いたものだ。

「志賀原発を止めよ！」耐震不安への初判決に拍手

●廷内に拍手とどよめきガッツポーズ

「被告は志賀原子力発電所を運転してはならない――」

裁判官の判決主文の後、法廷内には一瞬の沈黙が流れた。そして、どよめきと拍手。「すごいぞー」「やったー」。原告らはガッツポーズ。ハンカチで思わず口を覆う人も。一方、被告席は渋面の顔々……。北陸電力の職員だ。それほど画期的な判決だった。

二〇〇六年三月二四日、金沢地裁。判決第一報を伝えるためマスコミ関係者が脱兎のごとく廊下に駆け出る。

三〇秒ほどざわめきが続いて、廷内が静まると、井戸謙一裁判長はゆっくりと判決要旨を読み上げ始めた。ウンウンと判決一字一句にうなずく原告住民たち。拍手も沸く。最後に裁判長は結んだ。

「原告ら全員の被告に対する本訴各請求をいずれも容認すべきである」

割れるような拍手。傍聴席では堅い握手を交わしたり、肩を抱き合う姿も。外に出ても「こんなことあるのか」「やった、やった」と原告たち自身が信じられない面持ち。まさに戦後エネルギー政策の根幹を揺るがす名判決だ。

●国の耐震基準の根拠は崩壊している

報じる『東京新聞』（二〇〇六年三月二四日付）で技術評論家、桜井淳《きよし》氏は「国の耐震基準の根拠は崩壊した」と断じた。

「現在、国の耐震基準は直下型M六・五を想定している。しかし判決にも引用された鳥取県西部地震（二〇〇〇年）や宮城県沖地震（二〇〇五年）で、この想定を上回る地震動が観測されている」（桜井氏）

かくして、国の耐震基準の根拠は根底から崩れたのである。小学生にもわかる。

「実際に起こった地震の結果をもとにすると、現在の安全基準はもはや通用しなくなった、ということで、こうした現実がある以上、今回の判決は意外ではない。判決が今後の原子力政策に与える影響は甚大だろう。原子力安全委員会では、すでに耐震基準の見直し議論が始まっているが、国や電力会社は実際に起こった地震の結果を、あらためて謙虚に受け止めるべき」（桜井氏）

判決要旨は、以下のとおり。

計算法否定　耐震指針で使われる計算法は否定される。すでに二〇〇五年八月、宮城県沖地震で、女川原発（東北電力）で最大想定値を超える揺れを観測している。

「よって、この計算法の妥当性は首肯し難い」（判決文）

M七・六地震　志賀原発から二〇キロメートル地点にある断層帯は将来活動し、規模はM七・六の可能性がある。

「原発の耐震基準は直下型のM六・五の想定でいいのか。それを超す地震の頻発から、この基準の根拠も崩れた……」（『東京新聞』二〇〇六年三月二五日）

至極まっとうで、なんら反論の余地はない。

この時点で国の耐震基準（指針）は二七年前の一九七八年に決められたまま。それは①活断層の上に作らない。②岩盤上に建設する。③最大の地震を考慮して設計など。これらは、ことごとく崩壊している。理屈より現実である。実際に恐るべき強度の地震が続発しているのだ。その現実に目をつぶって「そのような地震は、ありえない」と言ったら、満座は爆笑と嘲笑に満たされるであろう。しかし、それを、いまだ言い張っているのが国であり、電力会社なのだ。

●裁判連敗はまさにファッショ体制

原告団長ですら「頭が真っ白になって、メモを取る手が震えた」という。

志賀原発差止め訴訟の原告住民らが、当たり前の判決に「信じられなーい！」と耳を疑ったのは、原発をめぐる住民訴訟は、それこそ連戦連敗だったからだ。

その一覧表を見ると、もはや〝門前払い〟などといった生易しいものではない。すでに日本は民主国家ではなく、独裁国家である現実がクッキリわかる。住民側が起こした三一件中、勝訴判決は〝もんじゅ〟に関してのみ。それも最高裁で潰された。国策に異議は一切許さぬ。まさにファッショ国家。かつてアジア諸国を侵略した軍国主義と同様、国民の批判は一切受け付けない。私が「昔、満州。今、原発」と断じるのは、そういう理由からだ。

正気の沙汰ではない。破滅への暴走列車。それは老若男女を問わず、われわれ国民全員が乗せられているのだ。死にたくない。殺されたくない。その必死の叫びが、原発差止めの住民訴訟なのだ。

●破滅へ〝地獄の暴走列車〟を止めろ

今回の判決は、まさに真実に目覚めた裁判長の勇気ある決断だった。しかし、呆れ果てたことに、北陸電力側は控訴を行った。これも、かつての軍部と同じ。彼らにとって大切なのは、自らのクビと面子のみ。目を堅く閉じ、暴走列車を止めることも、降りようともしない、できない。

「北電の永原功社長は『ただちに控訴する』と話した。しかし、裁判に勝った負けたが問題なのではない。人の命、健康をどう優先させるのかが重要なのだ。地震をきっかけに、電気を供給するはずの機械から、許容限度を超える放射線が漏れて防ぎようのない人に甚大な被害を与える。事故が起きてからでは遅く、取り返しもつかない」（『東京新聞』二〇〇六年三月二五日）

●無駄なシロモノ〝利権〟のための原発

この判決に政府は慌てた。四月二八日、政府の原子力安全委員会は、二五年ぶりに原発耐震基準の改定案を発表。全国一律M六・五の直下地震を最大想定していた基準を、M六・八とする、という。数字だけの姑息なつじつま合わせだ。

前年八月、宮城県沖地震で女川原発は、この「耐震設計」基準を超える揺れを検出。本来なら稼働中止、閉鎖とすべきなのに、政府は「耐震性に問題なし」と運転再開を宣言している有様。日本の原発は「〝事故〟を起こすまでは〝安全〟」なのだ。

今回の裁判で、志賀原発二号機自体が無駄なシロモノであることも判明。二号機の増設を決定した九三年当時、北電の算定では「向う一〇年間の電力販売量は二・三％増加する」との見込みだった。しかし、現実は〇・七％増。三分の一以下だ。つまり、需要のための原発ではなく、〝利権〟のための原発であることが、如実にわかる。

電力が必要なのではない。「原発を建設することが必要」なのだ。

●浜岡原発プルサーマル導入を強行

「浜岡原発、プルサーマル承認――中部電力、一〇年後にも開始」（『朝日新聞』二〇〇七年六月二六日）

■「制御棒」「割高」「猛毒プルトニウム」の欠陥。

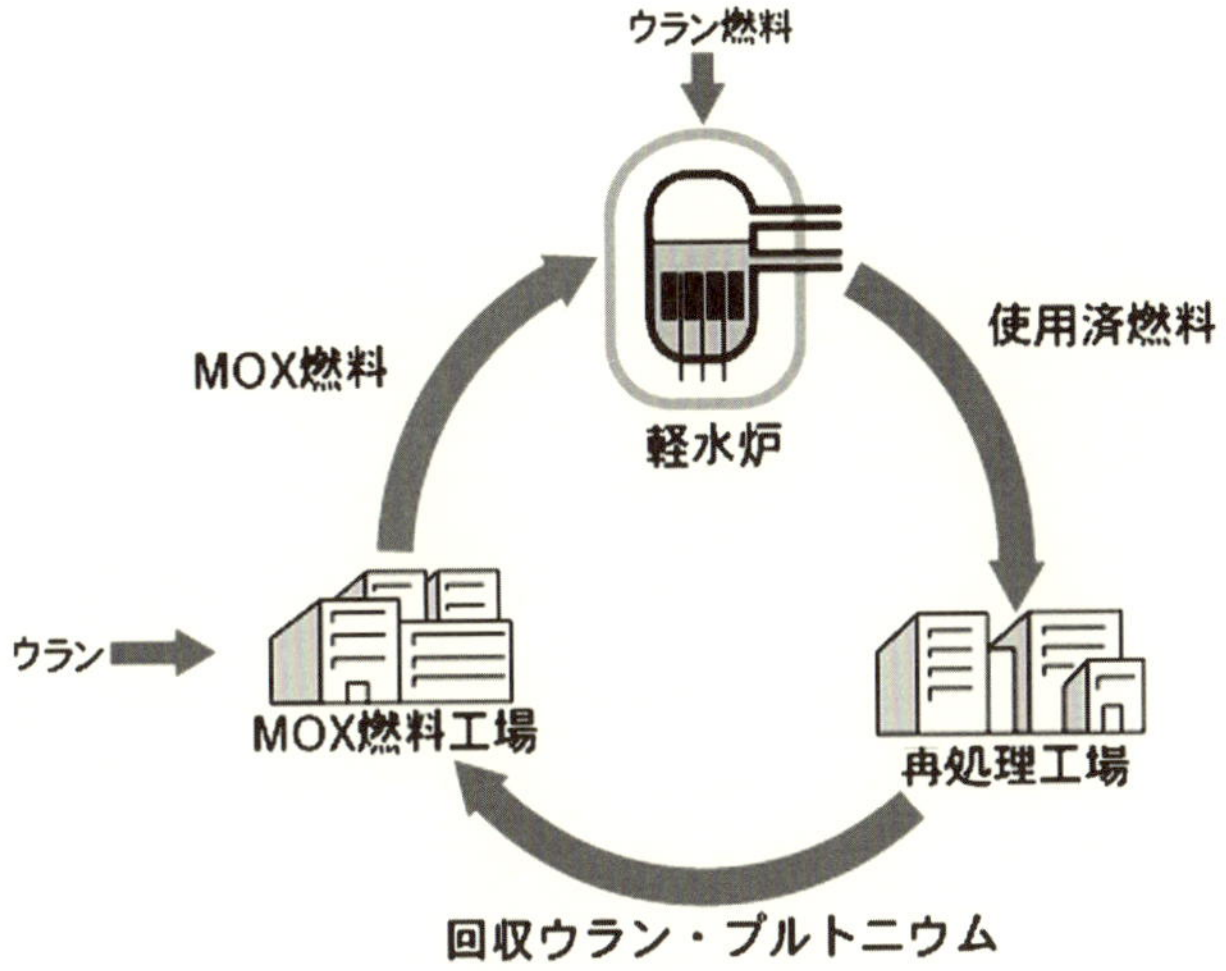

図5－5　プルサーマルのしくみ。（原子力・エネルギー図面集　2007）

「世界で一番危険な原発」にプルサーマル導入……！。悪い冗談としか思えない。

　プルサーマルとは使用済み核燃料を再処理してプルトウニムを抽出し、それをウランと混ぜて「混合酸化物燃料」（MOX）に加工して、再度、原子炉で燃料として〝燃やす〟。そのメリットは「ウランが一割ほど節約できる」といった程度のみ（図5－5）。

　推進派は〝資源リサイクル〟と耳によい言葉で地元住民を説得してきた。しかし、恐ろしいのはMOX燃料はウラン燃料に比べて「制御棒が効きにくくなる」欠点を秘めていること。

　一九九九年、関西電力でMOX燃料検査データ捏造が発覚。大幅に導入が遅れていた、といういわくつきの〝核燃料〟だ。データを捏造するということは、すなわち「世間に知られてはまずい」欠陥が、プルサーマルには隠されているからだ。

「ウラン燃料に比べ割高」「毒性の強いプルトニウムを燃やす」など恐ろしい側面を隠しての強行導入は危険だ。

第八章

原発は止められる、代替エネルギー

だまされるな！――原発をめぐる四つのウソ

●一〇年ごとにマインド・コントロール

藤田祐幸氏は、原子力には〝四つの迷信〟がある、という。（以下は『東海大地震と浜岡原発』シンポジウムより）。

①原子力は、経済的に有利である。
②原子力は石油の代替エネルギーである。
③日本の電力の三分の一は原子力である。
④炭酸ガスを出さない原子力は地球を救う。

①〜④が迷信であると言われれば、ほとんどの人はエーッ!?　と叫び声をあげるはずだ。日本人のほとんどは「まさか」と絶句するだろう。つまり、日本人のほとんどは、だまされている。藤田氏の説を要約する。まず、これら四つの〝迷信〟によって、大多数の日本人はマインドコントロール下におかれている。①〜④すべて、根拠はない。原発を推進する理由が四つもあるのは、実は推進側の根拠が常に変化し、一貫性がないことを示す。

①経済的に有利――の〝迷信〟は一九六〇年代、原子力時代に入っていく幕開けに盛んに言われた。

②石油の代替エネルギー――の〝迷信〟は七〇年代、オイルショックを境に、盛んに言われた。

③電力の三分の一は原子力――の〝迷信〟は、八〇年代に入って。原発がある程度定着したので、実績があると主張し始めた。

④炭酸ガスを出さない――の〝迷信〟は、九〇年代、世界全体で環境問題が大きなテーマとなった。電力業界は、すかさずそれに乗った。

このように一〇年ごとに、推進側の論拠はクルクルと変遷してきたのだ。

●廃棄物処理、原発解体コストを隠す

まず、ほんとうに①「経済的に有利」なのか？

つまり、原発は他のエネルギー源より、安上がりなのか？

藤田氏は「この説明は、完全に覆されている」と断言する。旧通産省の出したデータを見ても原子力の発電単価は、キロワット時当たり九円。それに対しＬＮＧ（天然ガス）火力も九円、石油火力一〇円、水力一三円。火力と原発コストがほとんど同じなのに拍子抜けするだろう。しかし、まだこの数値にはごまかしがある。

「このコスト計算の中に含まれていないコストがあります。

（Ａ）高レベル放射性廃棄物の処理費用、（Ｂ）寿命の尽きた原子炉解体の経費などが含まれていません。（その理由は）方法が定まらないので、経費の計算ができないのです」（藤田氏）

私も通産省に質問したことがある。

――放射性廃棄物の処理費用は、当然原発の発電コストでしょう？

通産省　いいえ。コストには含めません。

私は仰天し、その理由を聞いて唖然とした。

通産省　処理方法が未定でコストが算出できない。よってコストには含めません。

馬鹿も休み休み言え、とはこのことだ。

まず、放射性廃棄物の処理方法も決めないまま原発推進した〝狂気〟への反省もない。

●処理費は天文学的なので〝ないことに〟

早く言えば、天文学的な数字になる放射性廃棄物処理費用を加算すると、原子力発電のコストは天文学的になる。だから〝処理方法が未定〟ということとして、発電コストに加えなかった。

子どもだまし以下のペテンである。その空前絶後のインチキが国会などでまかり通ったことが空恐ろしい。原発解体と撤去コストを加算しなかったのも同じ。原発コストが、実は火力どころか水力、風力などより桁外れに高くつく。その真実がばれては困る。そこで廃棄物と解体の両コストを〝引き算〟したのだ。

天を仰ぐしかないダブルペテンだ。それでも、国民は「原発はコストが安い」と完全にだまされた。政府の詐術、マインド・コントロール情報をたれ流し続けたその重大責任の一端は、マスコミにもある。原子力産業からの巨額の宣伝費でうるおうマスコミも、所詮は共犯なのだ。

●日本の電気料金は世界一高い

「原子力の後始末をキチンとつけようとすれば、その経費は桁外れに高いものになります。その費用は世代を超えて、数千年もあとまで、子孫が負担することになります」(藤田氏)

コストが桁外れに「高い」原発を、「安い」と偽ってやみくもに推進してきたのが、戦後日本のエネルギー政策である。現実コストは目茶苦茶に〝高い〟のだから、そのムダな経費たれ流しの無理が日本経済の足を引っ張ってきた。

「現実に原子力をやればやるほど、日本の電気料金は高くなって、今では世界で一番高い電気料金を日本人は払っている。それは、日本があまりにも原子力に依存しすぎるからです」(藤田氏)

これまた、滑稽無惨と言うしかない。それなら風力、波力、地熱など、日本列島に備わった自然エネルギーにシフトした方が、どれだけ電気料金が安くなったか計り知れない。

「電力市場を完全自由化すれば、日本の電気料金はもっと安くなります。原子力は太刀打ちできなくなるはずです」(藤田氏)

昨今の原発産業の衰退ぶりは、この藤田氏の予言どおりといえる。

原発は、石油をガブのみする——代替エネルギー論のウソ

●〝石油三〇年〟枯渇説は国際的陰謀

二番目の〝迷信〟②「原子力は石油の代替エネルギーである」も、信じきっていた人は多いだろう。

藤田氏は言う。

「ここには二つの問題があります。一つは、『石油はあと三〇年で枯渇する』という〝迷信〟。もう一つが、原子力は石油の代替であるという〝迷信〟です」

そういえば、一九七〇年代初め「石油はあと三〇年で枯渇する」とマスコミも盛んに書き立てた。若かった私は「それは、大変なことだ」と焦った、「石油に替わるエネルギーを見つけなければ」。私の関心は北欧などで開発が進んでいた風力発電や波力、地熱などの自然エネルギーに向かったが、大半の人々は、この嘘にあおられて原子力に向かった。つまり、〝石油三〇年〟枯渇説こそ、原発推進のための国際的陰謀だったのだ。

八〇年代半ばになっても不思議なことに、石油は枯渇するようには見えない。だれもが「おかしいゾ」と思い始めた。すると八七年ごろから「あと〝四五年〟で枯渇する」と先のばしを始めた。なんとまあ、いい加減なことか。ここでも謀略の片棒を担いだマスコミの責任は重い。

「つまり石油枯渇説には、根拠がありません。少なくとも、あと何十年という水準で枯渇するものではない。不思議なことに、もうすでに枯渇しているはずの石油の埋蔵量は年々増えている事実があり

ます」（藤田氏）

呆れてものが言えない。つまり国際石油資本は、「確認埋蔵量」を低めに公表し、七〇年代から八七年までは〝三〇年〟枯渇説を流布し石油価格を高値維持させ、一方で原発利権で大儲けしたのだ。その虚説がバレそうになったので、埋蔵量を少し大目に発表して〝四五年〟枯渇説にシフトしたわけだ。やりたい放題とは、このことだ。

●石油なしでは、ウランは電力にならない

原子力が石油の代替エネルギーにならないもう一つの根拠は、原発自体が石油に依存しているからだ。原発とは、燃料のウランを電力に転換することだ。

「転換するすべての過程において、石油が必要になります。①ウラン鉱山でウラン採掘する。②ウラン鉱石を精錬する。③原発まで輸送する。それらのためにも石油が要る。さらに、原子力発電所そのものが使っているあらゆる機器も部品も、電気を送る電線ケーブルも、最後には、廃棄物の固化に使われてきたアスファルトも、すべて石油製品です。このように、ウランというものは、石油なしには電力に転換することができない」（藤田氏）

つまり、原子力の正体は、石油エネルギーがウランエネルギーに転換し、それが電力に替わっていたにすぎない。

「問題は、石油を直接、電力に転換するか？　石油を使ってウランを電力に転換するか？　その選択肢の問題になります」（藤田氏）

前者のほうが合理的なのは赤子でもわかる。

●原発を進めるほど石油をガブのみ

さきほどの通産省が発表した発電コスト、原発九円、石油火力一〇円という数値を見て欲しい。これは原発が石油と同じ発電コストだと推進理由がなくなるので、政治的に一円安く見せているにすぎない。前述のように放射性廃棄物、廃棄原発の処理コストを除外しているのだから、はじめから比較しようがない大ペテンなのだ。

原発の発電費は九円ではなく、今後何万年にもわたる廃棄物処理と原発解体処理の二大コストを加えなければならないのだ。

チェルノブイリ原発のように一度、事故を起こすと世界規模で汚染が広がり、農業などあらゆる産業にダメージを与える。そしてガン、白血病などの人的コスト。それらのコストも勘案すれば、原発の真のコストは、キロワット時当たり一〇〇円は下るまい。石油→電力と直接換えたほうが、石油→ウラン→電力と二手間かけるより、はるかに合理的なのだ。

「原子力は、石油の代替物ではなく、石油が枯渇すればウランを電力に転換できません。残る問題は、どちらのほうが石油の節約になるか。放射性廃棄物の処理も、石油がなくてはできない。よって（原子力は）実は、石油の節約になるどころか、全体として、大変な石油浪費になる可能性があります」（藤田氏）

火力、水力で十二分——原発止めても停電にはならない

●「原子力は三分の一」のペテンにひっかかるな

③電力の三分の一は原子力——という〝迷信〟。

「電力の三分の一は原子力」、これは九〇年代に、盛んに「政府広報」などでも流されたCM。そこには「もう、ここまで来たから、引き返せない」という言外の響きがあった。

藤田氏は「確かに日本の電力の三分の一は原子力によってつくられている」と言う。では、なぜ〝迷信〟なのだろう？

「問題は、その実態にある」と言う。ポイントは電力消費量だ。一日は、昼もあれば夜もある。だから日本全体の電力消費量も一定ではない。グラフにすれば、電力消費量はバイオリズムのように波打っている。国の経済活動も、人間の日常活動もよく似ている。昼間は活発に生産活動を行うので電力消費量も多い。そして、夜、就寝するように経済活動も休んだ状態になる。よって、もっとも電力消費量が少ないのは、すべてが眠りについた午前四時ごろだ。ここが、電力消費量の谷底となる。では、消費量ピークはいつか？　それは午後一時だ。

●炎闘！　高校野球決勝戦で電力ピークに

この電力消費量の波は、当然季節によっても変動する。もっとも電力消費量がピークとなるのは、

予想がつくように夏場だ。七〜八月が電力需要のピークとなる。猛暑でクーラーがフル稼働するからだ。このパターンは、近年になりクーラー普及率が高くなるほど著しくなっている。その最大ピークは高校野球、夏の「全国高校野球選手権大会」決勝戦の九回の裏と言われる。

冗談ではなく、ツー・アウトでツー・ストライク、スリー・ボール。一打逆転満塁のチャンス。「ピッチャー、投げましたっ」とアナウンサーが絶叫した瞬間に、電力消費量はその年の最大値を示すのだ。決勝戦は、ちょうど昼下がりの炎暑どき。油照りの下で皆涼を求めて喫茶店などに〝避難〟している。折しも高校野球の決勝戦。「暑いナァ、クーラー上げろよ」と客の声。かくして、日本全国でクーラーが一斉にフル稼働となる。

この傾向は、地球温暖化が急速に加速するにつれ、夏場の電力消費量もウナギ昇り。さらに都市が熱化するヒート・アイランド現象が追い討ちをかける。

では、夏場の突出したクーラー用の電力需要ピークカットをどうするか。

笑い話のようだが、夏の甲子園を、秋の甲子園にすることだ。九回の裏、手に汗握る攻防戦は、秋風の涼しいときに満喫すればよい。これで、この一瞬のクーラーフル稼働のピークはカットされる。

●原発がベースで火力・水力で調節する

このように一日、一年を通じて、電力需要の波がある。二四時間を見たとき、深夜の最低電力需要をベース・ロードと呼ぶ。

原発には「小回りがきかない」という欠点がある。一度、稼働させると簡単には止められない。止めると再スタートに大変な手間がかかる。さらに需要に応じて出力を変更できない。〝どうにも止まらない〟という歌があったが、原発がまさにそう。どうしようもなく不器用なのだ。これに対して火力、水力は稼動と停止が容易で、需要に応じた出力変更も自由自在だ。

「そこで、原子力をこのベース・ロード用電力として位置づける。夜も昼も〝一定の電力〟をベースにする。そこに向けて浜岡など原子力発電所がフル稼働します。そして、一日の変動する部分を火力と水力で補うように運用するのです」（藤田氏）

なんのことはない。原発はフル稼働させ、火力、水力の大半は休ませている。そのため「原子力は発電量の三分の一をまかなっています」というPRになる。火力、水力に発電余力は十分にあるので、火力、水力をベースにすれば、原発がなくてもやっていけたのだ。

九七年当時で藤田氏は、夏場「実質的には一〇日間ていどのピークに対応できれば、いますぐ原発を止めてもなんとかやっていける」と断言しておられる。

●これで家族は全滅の脅威から解放！

さらに、藤田氏は、冷房用の電力を、原発以外から得る方法を提案する。

太陽電池　各戸の屋根に設置し、昼間発電した余剰電力を電力会社に供給し、これをクーラー電力とする。

「経済的には、原発に投入されている莫大予算を回せば解決します」（藤田氏）

コジェネ・システム　これは小規模の火力発電と廃熱利用システムを組み合わせたもの。

　原発も火力も、なんと約三分の二が廃熱として〝捨てられている〟。原発が海岸沿いにあるのは冷却用に海水を使っているからだ。だから、原発は〝海水暖房〟装置とヤユされる。ところが火力は、この廃熱を熱源として冷暖房や給湯に利用できる。このコジェネ方式で熱効率を七～八〇％にまで上げられる。原発には逆立ちしても、できない芸当だ。これ一事でも火力は発電効率で原発をはるかに引き離す。コジェネは同じエネルギー消費量でも石油・ガスの消費量は二分の一にできる。同じ一〇〇％燃料でも、これまでの火力発電所など大型発電システムは五四～六〇％も廃熱ロスがある。送電ロス五～六％もムダだ。おまけに有害電磁波を周辺にまき散らす。

　これを小型のタービン発電機で発電して、コジェネで四〇～四五％の熱量で冷暖房をまかなう。廃熱は二〇～三〇％と、半分以下になる。


「これで夏のピーク対策は十分です！」藤田氏は、自信を持って言う。「原発をすべて止めても、夏の電力ピークを十分にまかなうことができます。技術的問題はありません」

　たった、これだけで日本もわが家族も、放射能地獄で絶滅する危険から解放されるのだ。

　さらに藤田氏の指摘するように、せめて八〇年代の前半程度まで電力消費を減らす。エネルギーをたくさん使うことが、イコール豊かさではない。

　隙間風だらけの家に住んで、ガンガン暖房や冷房を使っている。これが現代日本の消費者の姿だ。このボロ家を、断熱性のいい快適住まいにリフォームすれば、エネルギー消費は半分以下にすぐ減らせる。ちなみに我が家は電球のほぼすべてを、消費電力四分の一（寿命三倍）の省エネ電球に換えた。冷蔵庫も消費電力が従来タイプの五分の一の節電型に換えた。渓流沿いの自然住宅なので、真夏でも窓から涼風を入れ、クーラーはほとんど使わない。だから電気代は月一万円を大きく割り込む。省エネ工夫は家計も助かるのだ。

現代ニッポン電力需要は、まさに〝穴のあいたバケツ〟モード。バケツの穴を塞げば、原発推進どころか、すべての原発を止めることもカンタンに可能となる。

その〝バケツの穴〟の一つが自動販売機だろう。炎天下にさらされているのに、キンキンに冷えた清涼飲料水が出てくる。凄まじいエネルギーの浪費！　ヨーロッパを旅した人が自販機がなかったと感心している。これは町の景観を破壊するガン細胞のようなもの。大人としての美意識を備えているヨーロッパの人々は、省エネと美観保全の両面からも、頑として自販機を認めない。

〝詐欺師の方程式〟――放射能排出を無視するペテン

●原子力の致命的欠陥は放射能を出すこと

④炭酸ガスを出さない原子力は地球を救う。

つまり、石油は温暖化を促進する。原子力は炭酸ガスを出さないので、温暖化防止に貢献する。この〝迷信〟は、どうだろう。

藤田氏は、これを〝詐欺師の方程式〟と呼んでいる。

なるほど、石油を燃やせば、電力と炭酸ガスが出る。これに対し、ウランに中性子をあてると核分裂で、電力と大量の放射能が出る。

「ところが、原発推進派の方々は、この放射能のところを黒く塗りつぶした。単に炭酸ガスが出るか、出ないか、という問題にすり替える。『奥さん、これは炭酸ガスが出ないんですよ』と言うわけです。これは詐欺師の常套手段です」(藤田氏)

明快！　まさに、そのとおり。藤田氏は、地球上でもっとも深刻な環境問題は、チェルノブイリ周辺の放射能問題だという。

「この問題をまったく無視して、炭酸ガス問題だけを論ずる。これは環境論としても成立しない粗末な議論」と斬って捨てる。「原子力問題は、実は放射能問題でしかない。もし原子力発電が放射能を出さないのであれば、これは普通の化学プラントと同じであり、僕が自分の人生すべてを費やして反

対運動なんかいたしません」（藤田氏）

この言葉は重い。逆に推進側は、原発は電力を作れば作るほど、大量の猛毒放射性廃棄物をつくり続けている、という冷厳な事実を、アタマの中から必死で消し去っているかのようだ。高レベル放射性廃棄物の最終処理方法や処分地は、いまだに推進派のあたまの中にはない。しかし「考えない」イコール「存在しない」ではない。

藤田氏は、原発の放射能問題は三点ある、と言う。

①**巨大事故**　チェルノブイリや浜岡原発などで明らかにされてきた。

②**労働者被曝**　労働者が日常的に被曝することなしに電力をつくることができない。これは奴隷労働と同じ。

③**放射性廃棄物**　数万年も強い放射能を出し続ける。わずか七〇～八〇年の寿命の人間が、数万年もの寿命を持つ廃棄物を生み出している。いったい、どのようにして後世の人たちに手渡すのか。もはや、人類にとって解決不能の問題だ。

「この三つの放射能問題が、原子力問題の本質です。これを無視して、炭酸ガスが出るか出ないか、ということを議論するのは、とんでもない人間の過ちだと思います。こんな〝迷信〟から一日も早く離脱して、希望のある未来について、議論したいと思います」（藤田氏）

あなたは、日本民族に一瞬の絶滅をもたらす原発を稼働させ続ける道と、五五基の原発をすべて止め、ほんの少しの省エネで家族全員が、未来永劫、安心して生きる道の、どちらを選ぶのか。

五五基の原発をいますぐ止めても、火力、水力で一年間ほとんど何の問題もない。停電の可能性があるとすれば夏場の炎暑時、需要がピークに達する数日、数時間程度だ。だから、この突出したクーラー用電力需要を〝ピークカット〟できれば、われわれは原発のいっさい必要ない、安心の暮らしをエンジョイできるのだ。

原発をすべて止める。脱原発の日本は、目の前にある。夢ではないのだ。

風力五・六円、波力七円、地熱三円、水力一円。自然エネルギーの真実

●嘘だらけ！　自然エネルギー〝解説〟に唖然

浜岡原子力館の近くに別棟で小さな自然エネルギー館がある。とってつけた感じだ。一応、代替エネルギーも紹介しておかないとまずい、といったところか。

その展示と嘘だらけのデタラメ〝解説〟を読んで目が点になった。

その〝短所〟解説がメチャクチャだ。

風力発電　〈短所〉①発電効率が悪い。②年間を通して豊富な風量の場所に作らなければならない。③発電コストが従来の約二倍と割高。④騒音が出る。

よくも、ここまで嘘が書けるものだ。①意味不明。②当たり前だ。とくに③は完全に嘘。デンマークは九〇年ですでに風力発電は一キロワット時当たり六円をクリア。二〇〇〇年には洋上風力発電は五・六円で発電している。（市民エネルギー研究所、井田均氏：日経新聞記者の現地リポート。『地球号の危機ニュースレター』二〇〇一年二月号）

当時、日本での石油火力は約一一円。風力は、その二分の一を達成しているのに、なぜ「二倍」というでたらめな数値が出てくるのか！　④騒音は完全クリアされている。

現に自然エネルギー館の向かいに風力発電プロペラが海風に速く回っていたが、騒音はまったくしない。

波力発電　〈短所〉①エネルギー密度が低いので発電効率が悪い。②発電コストが従来の三～七倍と高くつく。③耐久性や信頼性などの面で、まだ問題が多い。

①は風力発電と同様、意味不明。小規模分散エネルギーなので、まったく問題無し。②は、呆れ果てた嘘八百だ。従来コスト（火力）を一一円とすれば、「波力発電コストは三三～七七円に達する」と、この浜岡原発の資料館は〝解説〟する。ところが、すでにノルウェーではクパエルネル・プラグ社が最大出力五〇〇キロワットの大型プラントを開発。半径五メートルのブイ（浮き）がガイドタワーを上下するシステムで、発電コストは一キロワット時当たり五・四セント（約五・七円）を九一年までに達成（一ドル：一〇五円換算）。技術向上で三円にまでコストダウン可能なのだ。（拙著『エコエネルギーQ&A』ラジオ技術社）

波力発電コストは火力の半分をクリアしている。それが三～七倍とは、デタラメにもほどがある。③「耐久性や信頼性云々」は笑止千万。原発設備の三〇年で二〇分の一まで〝減肉〟する配管構造や、脆弱な耐震構造、爆発したら約一〇〇〇万人をも放射能汚染で虐殺する原発に、こんな台詞を吐く資格などない。

バイオマス発電　〈短所〉①エネルギー密度が低い。②自然条件に左右されやすい。③植物などは食料、繊維、建材など、他にも使い道がありエネルギーとしてだけ利用できない。

①小規模エネルギーなので問題外。②意味不明（気温などか?）、③牛糞などメタン発酵発電のように他利用できない生物系原料をバイオマスと呼ぶ。定義から逸脱した珍解説。

潮力（潮汐）発電　〈短所〉①地理的条件が厳しい（干満差三メートル以上の入口の狭い湾など）。②干満差は季節によって変わる。③エネルギー密度が低く発電効率が悪い。

①②は当たり前。しかし、入り江の多い日本列島には適地は多いはず。たとえば有明海は干満差五・四メートル。地震に弱い原発こそ①地理的条件が極めて厳しい——ではないか。③は誤り。潮力は風力などより、はるかにエネルギー密度は高い。発電効率も高い。燃料代がいらない自然エネルギーなのでコストは火力、原発などよりはるかに安上がり。

実際に潮汐発電所は、一九六七年、フランスのドーバー海峡に面したランス川河口に七五〇メートルのダムを建設。上流を貯水池として潮差を利用。二〇〇メガワット発電所として現在も稼働している。四〇年近い稼働実績は見事だ。

なお、海底にプロペラ式発電装置を設置した潮力発電もノルウェーで実用化されている。風力発電プロペラ装置を海底に設置するという大胆な構想。空気よりはるかに大きい潮流エネルギー密度で、高い発電実績を誇る。

●コストを高くし〝普及させない〟

その他、「マイクロ水力発電」も有望。一〇〇キロワット以上の未開発水力は一〇〇万キロワット原発の一三基分もある。これに一〇〇キロワット未満のマイクロ水力発電を加えると総火力発電量に相当するという。

「理論上は日本の電力の四三％は水力発電でまかなえる」と試算する学者もいる。

とりわけマイクロ水力は国内でほぼ完全黙殺されたままだ。ちなみにアイスランドの水力発電コストは約一円という驚愕の安さ（井田氏リポート）。改めて自然エネルギーのコストの安さを痛感。

「地熱発電」も、イタリアは九〇年時点で一キロワット時当たり、ナント三円を達成。日本では地熱発電のコストが一五円と言うが、「わざとコストを高くかけ、自然エネルギーを〝普及させない〟」のが〝彼ら〟の真の狙いだ。これをネガティブ・キャンペーンと呼ぶ。

政府鳴り物入りのサンシャイン計画、ムーンライト計画など、いずれもそうだ。つまり「自然エネルギーの発電コストは、原発を下回ってはいけない」のだ。なぜなら、原発推進ができなくなるから。つまり原発利権が迷惑する。日本の某地熱発電の開発担当者がポツリつぶやいたという。「どうせ、これはネガティブ・キャンペーンですから」。まさに、現場の苦渋に満ちた独白ではないか。

「風力、波力などは、代替エネルギーとは考えない」（通産省＝取材当時）が、彼らのホンネなのだ。

●「二〇一〇年まで黙殺する」という閣議決定

それを、証明する証拠をあげる。

一九九〇年一〇月「石油代替エネルギー・供給目標」が、政府閣議で決定されている。地球温暖化防止、さらに酸性雨や環境汚染を防ぐために、今後二〇年間にわたる日本のエネルギー政策の根幹である。

私が九二年に政府（通産省・資源エネルギー庁、省エネ・代替エネルギー課＝当時）を取材した折のやりとり。

通産省 そこ（代替エネルギー供給目標）には、太陽電池は入っています。しかし、風力、波力、マイクロ水力は入っておりません。これらは、新エネルギー（代替エネルギー）として考えておりません」

――エッ！ それはどうしてですか？

通産省 理由は、二〇一〇年を目標にしてますが、現在の技術ではムリだということです。

――とんでもない。風力発電装置など㈱三菱重工製はアメリカなどに七〇〇台以上輸出。世界最高水準と評価されているんじゃないですか？

（注：九一年四月、カリフォルニア州に当時世界最大のテハチャピ風力発電所が完成。このウィンドファーム風車はすべて㈱三菱重工製。発電コストは、なんと七円を達成。羽根の角度がコンピューターで制御される超ハイテク風車。「非常に優れた風車。信頼性も高い」と地元エン

ジニアも太鼓判）

通産省　（絶句）アノ、立地条件などもございまして、風致調査をじっくりいたしませんと……。

――気象台のデータは住宅地だから無意味です。丘や岬など、そのデータの二、三倍も風が吹いていますよ。すでに、通算省管轄のＮＥＤＯ（新エネルギー開発機構）の調査でも、有望地が三二ポイントもあると報告されているんじゃないですか。

（注：さらに、資源エネルギー庁は九三年「一〇〇万キロワット級原発二五基分、日本の電力の約二割は風力発電でまかなえる」と公表）

通産省　はあ、ＮＥＤＯですか……。

――そこまで調査が進んでいるのに風力発電をまったく無視するとは理解に苦しみますが。

通産省　しかし、技術開発とともに原発・火力とくらべて信頼性、コスト的に遜色のないものでございませんと……。

――チェルノブイリ原発、美浜原発など事故続きで、さらに放射性廃棄物の山を生み出して、原発のどこに信頼性があるのですか？　原発のコストが安いなど放射性廃棄物の処理費用、原発の解体費用など無視して、子どもでも見破るペテンでしょうが……。

通産省　イヤ、アノ、（困惑）私に言われましても……。

――風力発電のコストは、デンマークでは六円を達成して、日本の火力の約半分です。どこにコストの問題がありますか？　波力発電でも、ノルウェーは約七円を達成していますよ。

通産省　……。

あとは、沈黙を守るだけ。マイクロ水力発電への取り組みのやる気のなさも同じ。

——今後、河川法、農業用水関連法などのネックをクリアしてマイクロ水力促進法を作るなど、施策の動きはないのですか？

通産省 そういうものは、とくにないんです。促進法なんて考えてもいない。（公益事業部、発電課）

結局、日本の政府の方針は、自然エネルギーを育てるより黙殺（というより圧殺）する、ということ。それが二〇一〇年を想定した〝石油代替エネルギー〟の目標に歴然と現れている。ナント原発がトップなのだ。

以上。読者は、呆然として息を呑むしかなかろう。私は九〇年一二月、アメリカのロッキー・マウンテン研究所に、著名な環境学者エモリー・ロビンズ氏を訪ねた。その折り、氏は「日本は先進国の中では稀なほどの自然エネルギー大国。その開発で世界に貢献して欲しい」と我々にメッセージを託された。世界屈指の自然エネルギー大国が、世界で稀なほど自然エネルギーを圧殺しているのだ。なんというグロテスクな国家だろう。

この一五年前の取材時と現在の政府の姿勢は、まったく変わっていない。それが、浜岡原発・自然エネルギー館の嘘だらけの〝解説〟に露骨に現れている。彼ら原発利権にとって、コストが安く安全な自然エネルギーは不倶戴天《ふぐたいてん》の敵以外の、なにものでもないのだ。

原発はもはや斜陽産業。ばれた高コスト、高リスク体質

●高コスト、高リスクしわよせ犠牲

美浜原発の地元では「五人犠牲の水蒸気漏れ事故は、合理化、賃金カットの結果」と指摘する声が強い。約三か月はかける定期点検を関西電力は一か月で切り上げ、下請け会社は工賃を四割もカットされたと嘆く。理由は電力自由化による原発利益の悪化だ。原発は政府の手厚い庇護のもとにはない。自由化の波で原発産業が苦戦するのは当然だ。なぜなら、「原発は〝安上がり〟」とは、建設推進するための世界原発マフィアの虚偽キャンペーンでしかなかった。

■世界で最も危険な日本原発の労働現場。

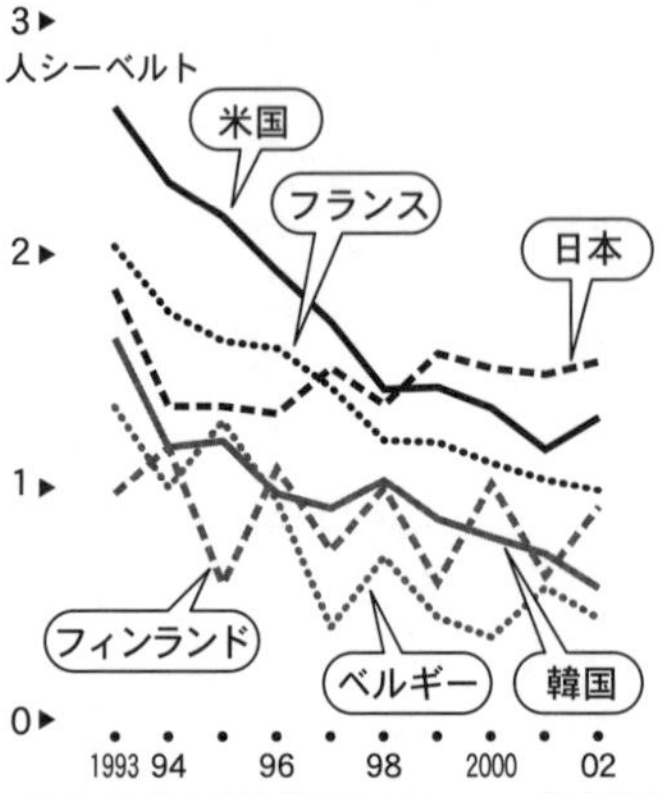

図6－1
主要国の軽水炉1基当たりの年間被曝量の推移
（『東京新聞』2004年5月7日）

原発こそ、もっともコストがかかり、もっとも危険なエネルギー源なのだ。現在の不平等な〝自由競争〟ですら、原発産業は衰退、悪戦苦闘している。そのしわよせが、弱い下請け労働者たちの悲劇につながった。

原発作業員の被曝量は、日本が世界最悪である。

図6-1は軽水炉一基当たりの年間被曝量の推移。二〇〇二年度には、日本はアメリカ、フランス、韓国などを上回るワーストワン。いかに日本の原発労働者が過酷な労働条件にあるか一目瞭然だ。

二〇〇四年五月七日、経済産業省原子力安全・保安院は他国の保守点検方法などを分析し、作業改善を計る調査に乗り出した。世界の原発作業員の被曝量は減少している。これに反して増加傾向にある日本の作業員被曝は「原子力安全に関する条約会議」（二〇〇二年四月ウィーン）でも指摘されている。

●解体原発を再利用して安全なのか？

作業被曝と関連し、気になるニュースもある。

同保安院は、二〇〇四年五月三日、原発解体処分の新基準を決めた。それは「解体した原発を産業廃棄物として再利用する」という仰天情報だ。廃炉原子炉の解体にともなって大量に出るコンクリートや金属など廃棄物について、放射能レベルが一定以下なら再利用や産業廃棄物としての処分が可能とする新基準導入を決定した。

現在、主流の一一〇万キロワット級原発を解体した場合、約五〇万トンの解体ゴミが出る。まず、解体作業員は、このとき間違いなく被曝する。さらに問題は、原発部材はすべて強く放射能汚染されている、という事実である。保安院は自然界から受ける放射線レベルに比べて十分に小さく人体への危険が無視できる年間〇・〇一ミリシーベルト以下になるよう、放射性核種ごとに濃度基準を設定した。

一九九八年に運転を終えた日本原電の東海発電所は二〇〇一年から始まった解体作業で二〇万トン

近い廃棄物が発生する。

国内で稼働中の五五原子炉のうち、営業開始から三〇年を超えた炉がすでに五基。これから続々と廃炉ラッシュが続く。これらの瓦礫は残念ながら多少の差はあれ放射能汚染されている。

●高汚染廃材を他に混入する危険性

保安院は、「危険が無視できるレベルに放射能は抑える」というが、どこまで信用できるものだろうか。これまでの原発業界の虚言、詭弁、妄言、トラブル隠し、情報隠蔽は目に余る。一事が万事である。今後、〝安全レベル〟と称して、放射能汚染されたコンクリートや鉄筋がリサイクル市場に出回るのではないか。

同様の悲劇は台湾でも続発している。一九九〇年代、旧ソ連の原子力潜水艦の解体にともなう鉄くずが闇に出回り、溶鉱炉で鉄筋に製造されて建築現場で多用されたのだ。その結果、数百棟に住む住民たちに、深刻な放射線障害の症状が現れた。（拙著『コンクリート住宅は九年早死にする』リヨン社参照）

放射能汚染された廃棄物が、めぐりめぐって思わぬところで被害をもたらす。一般の人々は放射能測定装置など、だれも持たない。高濃度汚染された原発廃棄物が、安全レベルの廃棄物として、密かに混ぜられて流通することを懸念する。〝彼ら〟だったら、やりかねない。

補助金という「麻薬」――原発に頼らず自立するふるさとを！

●補助金〝天国〟、原発〝地獄〟

補助金天国、原発地獄……。日本各地の原発立地の地域には共通するホンネだろう。

水蒸気噴出事故で五人が犠牲となった美浜原発。それでも地元の民宿経営者は九九％関西電力を信じている、という。たび重なる不祥事、ミス続発にもかかわらず、である。「不安がある」のに「怖くない」と言い張るしかない。

美浜町の場合、税収三一億一七〇〇万円のうち原発関連税収は二一億円超。なんと七割近くが原発頼り。まさに関電城下町。町民人口の一割強が関西電力の関連事業で職を得ている。脱原発は、脱関電だ。それに代わる雇用を確保しないかぎり〝脱原発〟も空念仏になりかねない。

「いったん原発に頼ってしまうと、危険だとわかっても断ち切れない」。それは麻薬にも似ている。

電気料金の中に「電源開発促進税」というものが含まれているのをご存じか。税率は一〇〇〇キロワットにつき三七五円（二〇〇七年四月一日より）。それを財源に、原発の地元に補助金がバラまかれているのだ。原発CMも研究開発費もここから。

なんのことはない。原発反対であろうがおかまいなしに国民全員のフトコロから金を掠《かす》め取って、危険極まりない原発推進費用としているのだ。

●甘い汁を吸うのはゼネコンばかり

「凄まじい〝手抜き工事〟が行われ、全国にその名が知れ渡ったのが、九九年オープンした刈羽村の学習センター『ラピカ』である。総事業費約六二億円のうち電源三法交付金が、約五七億円と実に九割を占める。プール付の体育館、図書館、茶室などがあるが、茶室では一畳一二万八〇〇〇円の超高級畳を使うハズが、発泡スチロール製の二万円程度もので済ませていたことも問題視された」(『週刊ポスト』二〇〇二年九月二〇日)

原発推進のハコモノばらまき行政の甘い蜜に群がった悪徳業者たちも凄まじい。この刈羽村には建設費一八億円もの「郷土運動広場」まである。建設費を間で〝抜いた〟業者は、どれくらいだろう。やはり原発林立の柏崎市には建設費各々三〇億円の図書館と体育館がある。さらに東京電力から六〇億円が寄付され、〝環境共生公園〟を建設……などなど。

こうなると原発推進の補助金は、地域住民を助けているのかゼネコン利権を助けているのかわからなくなってくる。

●自然エネルギーは補助金削って〝妨害〟

これだけの補助金をクリーンな自然エネルギーに向ければ、日本はデンマークやドイツを抜いて、とっくに自然エネルギー大国として世界に誇れる国になっていたはずだ。

ところが原発には大判振舞いなのに、代替エネルギーへの補助は、徹底的に絞っている。たとえば、一九九四年から導入された太陽光発電の住宅用補助金も、最初は二分の一だったのが九七年、三分の一に減らされ、九九年度はキロワット当たり三三万円となった。二〇〇〇年には同二七万円、一八万円、一五万円と、一年で三度も補助金は引き下げられる始末。そして、〇一年には同一二万円、〇二年にはついに同一〇万円とスズメの涙に。〇二年には辞退者が続出した。九九年度の三キロワット太陽電池システムの個人負担は一七一万円。それが〇二年一九五万円と高くなっている。

かくして、補助金は二〇〇五年を最後に打ち切られた。

こうなると、もはや嫌がらせとしか言いようがない。政府はCO2削減、地球温暖化防止をうたうが、それが本心でないことは、この自然エネルギー導入への〝妨害策〟でも明らかだ。

●バカな政府をつくっているのは国民だ

カニは甲羅に合わせて穴を掘る、と言う。国民も自らに似合った政府を持つと言える。

バカな政府をつくっているのは、国民自身である。間抜けな政府を笑ってはいけない。それは、国民であるあなた方がつくったのだ。

「権力は腐敗する」「権力は虚言する」「権力は弾圧する」――これは政治学の三大命題だ。原発一つとっても、これら命題は恐ろしいほどに符合する。「政府がやっていることに間違いはない」。これは大間違いだ。「政府が嘘を言うはずない」。政府とは嘘を付く〝装置〟なのだ。「政府は真面目にやっている」。そう、政府のやることに反対したり批判する人々の摘発、弾圧には恐ろしいほど熱心だ。

●切ないほど愛する人のために

阿呆な政府、阿呆な電力会社を笑っているうちに、恐怖の破局と地獄は目前に迫ってきた。二〇〇七年七月一六日、柏崎刈羽原発七基を襲ったM六・八の激震は〝終わりの始まり〟にすぎない。その直後に行われた参議院選挙で、自民党は三七議席という歴史的大敗を喫した。それは、日本国民の潜在的な生存本能の現れかもしれない。「生きたい」「殺されたくない……」。

まず政権を換える。そして、この国のエネルギー政策を、一八〇度換えなければなりません。豊かな自然エネルギーと巧みな省エネ・テクノロジーで、それは可能なのです。「ウランは一粒もいらない」「石油は一滴もいらない」。そんな、豊かな日本の未来社会は実現可能なのです。

あなた自身のために、切ないほど愛する人のために……声を上げましょう。行動を起こしましょう。教え合いましょう。まだ、まにあいます。あなたが、目覚めてくれれば……。（了）

＊本書に掲載及び引用させていただいた方々の肩書きは、取材時または原稿初出掲載時のものです。

あとがき

気がつけば、八年もの歳月が流れている。チェルノブイリ地震説に出会って以来、この真実を知らせなければ……。その必死の思いで取材を続けてきた。その間に色々な人たちの協力も得た。挫折もあった。出版を諦めたときもあった。

そんなとき地湧社の増田正雄社長との出会いが、ついに出版の形で実を結んだ。人の縁のありがたさを感じる。甘蔗珠恵子《かんしゃたえこ》さんの本、『まだ、まにあうのなら』の存在も励みになった。一人でも声をあげ続けなければならない。この一人の主婦の「いちばん長い手紙」が出版されたのは一九八七年。なんと二〇年も前のことだ。

●

当時は、広瀬隆さんの『危険な話――チェルノブイリと日本の運命』（八月書館）など原発への不安、怒りも大きかった。反対運動の火は全国に広がっていた。私も反対デモの中の一人として街を歩いた。反対の声を上げた。しかし、今の日本にその盛り上がりはない。

各地住民の反対運動も孤軍奮闘を強いられている。建設や運転反対の裁判は、住民側の連戦連敗が続く。住民側に立つ数少ない学者、生越忠氏（地質学）のお話には目の前が暗くなる。

裁判官は、被告（電力）側の準備書面を丸写しで〝判決文〟を書くのだ。司法はとっくの昔に地に墜ちている。〝国策〟に異を唱える判事は皆無に近い。とくに最高裁は、すべて原発是認派の判事ばかり。また、権力追従でなければ、内閣が指名するはずもない。この国の司法の正義はとっくの昔に腐敗、崩壊しているのだ。奇跡とも思える〝もんじゅ〟の高裁勝訴判決も、最高裁で叩き潰された。「志賀原発を止めよ！」。二〇〇六年三月二四日、金沢地裁は「国の耐震基準は崩壊している」と運転中止を命じた。数少ない良識派の裁判官は、勇気を持って正義の判決を下した。しかし〝悪魔の巣窟〟の最高裁が、これを叩き潰すことは火を見るより明らかだ。

●

なぜ、このような恐ろしくも悲しい狂気の妄動が、私たちの国を支配しているのだろう？　それは、ひとえに国民一人ひとりの無知から生じる。

人間は情報で動く動物である。だから、誤った情報を与えられれば、誤った行動に導かれる。

あのアジア太平洋戦争がそうではなかったか？　だから大本営は虚偽の情報を流し続けた。勝ってないのに〝勝った！〟と言い、敵艦を撃沈してもいないのに〝撃沈した！〟と、派手な軍艦マーチとともに流した。国民は、そのたびに日の丸の小旗を打ち振って狂喜乱舞した。私には、その悲しい姿が、今と重なってしょうがない。空しさと悲しさで、その姿が曇りそうになる。

無知ほど悲しいものはない。操作された無知ほど恐ろしいものはない。

その思いが、私にこの一冊を書かせたのだ。小さな一石かもしれない。しかし、それを投じないことには、波紋は広がらないのだ。

「……『どうして人類は、こんなところまで来てしまったのだ！』悲痛な叫びを上げたくなります。どうか空想物語であってほしい。私は今SF小説の中にいるのだ……ふと、原発のことなど知らなければよかったとさえ思います」。甘蔗さんの嘆きである。

私もそうだった。

日本には古来から便利な諺がある。「知らぬが仏」。何ごとも知らなければ、仏のような穏やかな気持ちで過ごせる。まさに真理。しかし、この諺には、裏の意味があることをご存知か？

〝無知でいれば、すぐ仏にされる〟。

現代社会を思うと、後者がどうも〝真意〟のようだ。巨大な悪人たちのうそぶきが聞こえてくる。〝どうせ庶民は、知らぬが仏……〟。その横顔が目に浮かぶ。もはや人間の顔ではない。このとき、私の心の奥に小さな怒りの炎が燃え上がった。

チェルノブイリ地震説を知ったときもそうだった。無知が人類を殺すのである。知ることを恐れてはいけない。知ることは生存への一歩であり、無知は滅びへの一歩なのである。

●

この日本を見回しても、〝彼ら〟は国民を完全になめきっている。

〝民は愚かに保て〟――その成功に酔いしれているように思える。

原発関連でも同じ。

「関電ほぼ全発電所で、データ改ざん、手続き不備」（二〇〇七年二月一五日）

「東電、原発検査で偽装……故障ポンプが合格に」（二月一八日）
「原発配管『減肉』六六か所」（二月二三日）
「三原発でも定期検査・確認漏れ」（二月二六日）
「美浜原発事故、上層部不問に憤然」（二月二七日）（以上『東京新聞』より）

表に露見した不正だけで、このありさま。これらも、当然氷山の一角。闇は底無しに深い。つまり、人類滅亡の危機もまた、底無しに深い。

●

旧ソ連のKGBとIAEAが結託したチェルノブイリの事故隠しの陰謀も、勇気ある学者たちの献身的な調査で破綻した。「チェルノブイリは地震で起こった」。それを知り、それを常識とすべきなのだ。


隣の方に、この本とともに真実を伝えてほしい。

地球市民のネットワークは、まずクチコミから始まる。

日本人の直面する危機は、浜岡原発である。

東海地震の一撃で、浜岡原発は爆発し、首都圏を巻き込んで約一三〇〇万人が〝殺される〟ことは、確実である。いま、目の前にある危機……。まだ、それを防ぐことができる。「浜岡を止めろ！」と声を上げよう。

あなたと、愛するひとびとの未来のために……。

著者　船瀬俊介

◆参考文献

『まだ、まにあうのなら』甘蔗珠恵子　地湧社
『原発事故を問う』七沢潔　岩波新書
『原発はなぜ危険か』田中三彦　岩波新書
『原子力発電』武谷三男　岩波新書
『死の灰と闘う科学者』三宅泰雄　岩波新書
『原発事故…その時、あなたは!』瀬尾健　風媒社
『柩の列島』広瀬隆　光文社
『科学者と人生』藤岡由夫　講談社
『研究と大学の周辺』伏見康治　共立出版
『原子力開発三十年史』同編集委員会　日本原子力文化振興財団
『東海大地震と浜岡原発　シンポジウム（全記録）』浜岡原発を考える静岡ネットワーク編
『原子力市民年鑑』二〇〇六年　七つ森書館
『巨怪伝』佐野眞一　文藝春秋
『東京新聞』二〇〇一年九月二八日／二〇〇二年四月二五日・八月三〇日・九月一三日・九月一四日／二〇〇四年五月七日・一〇月二五日・一二月二九日／二〇〇五年四月二四日・六月三日・五月三一日／二〇〇六年三月二四日・一二月一日・他
『毎日新聞』一九九五年三月二二日・三月二九日・六月六日／一九九七年四月一六日／一九九九年四月一六日
『日経新聞』二〇〇四年六月二九日・一二月三一日／二〇〇五年一月八日
『環境新聞』一九九八年八月五日
『静岡新聞』二〇〇一年一月四日
『サンデー毎日』二〇〇〇年九月一七日／二〇〇四年二月二九日・八月二九日・一一月一四日／二〇〇五年六月一九日
『週刊現代』二〇〇〇年五月二七日／二〇〇一年一〇月六日
『週刊新潮』二〇〇一年一一月二三日／二〇〇六年二月一六日
『週刊ポスト』二〇〇二年九月二〇日
『週刊金曜日』二〇〇〇年五月一二日・他
『たんぽぽ通信』七一号・七四号
『日本原子力学会誌』一九八五年一一月
『地球号の危機　ニュースレター』二〇〇一年一二月
『原始力時代の思想』一九五七年
『軍縮』一九九九年五月
『食品と暮らしの安全』No.二〇四　二〇〇六年四月一日
『地球物理学ジャーナル』三号　一九九七年

船瀬俊介（ふなせ しゅんすけ）

1950年、福岡県に生まれる。69年、九州大学理学部に入学。70年に中退して71年上京し、早稲田大学第一文学部に入学。同大学在学中は、早大生協の消費者担当の組織部員として活躍。学生常務理事として生協経営にも参加した。約2年半の生協活動ののち、日米学生会議の日本代表として訪米。ラルフ・ネーダー氏のグループや米消費者連盟（CU）と交流。75年、同大学社会学科卒業。日本消費者連盟に出版・編集スタッフとして参加。86年8月の独立ののちは消費者・環境問題を中心に評論・執筆・講演活動を行い現在に至る。主な著書として『買ってはいけない』（共著、週刊金曜日）、『温暖化の衝撃』『地球にやさしく生きる方法』（三一書房）、『大地の免疫力キトサン』（農文協）、『環境ドラッグ』『屋上緑化』（築地書館）、『ガンにならないぞ！宣言』『抗ガン剤で殺される』（花伝社）、『早く肉をやめないか？ ── 狂牛病と台所革命』『ケータイで脳しゅよう』（三五館）、『日本の風景を殺したのはだれだ？』（彩流社）、『コンクリート住宅は9年早死にする』『木造革命』（リヨン社）他多数。

巨大地震《きょだいじしん》が原発《げんぱつ》を襲《おそ》う　チェルノブイリ事故《じこ》も地震《じしん》で起《お》こった

2007年9月1日　初版発行

著　者　船　瀬　俊　介

発行者　増　田　正　雄
発行所　株式会社　地《ち》　湧《ゆう》　社
東京都千代田区神田北乗物町16　（〒101-0036）
電話番号・03-3258-1251　郵便振替・00120-5-36341
装　幀　金子眞枝
印　刷　壮光舎印刷
製　本　根本製本

万一乱丁または落丁の場合は、お手数ですが小社までお送りください。
送料小社負担にて、お取り替えいたします。
ISBN 978-4-88503-194-6 C0095